欲 望 动 力 心 理 学 书 系

21世纪经典原创理论推荐与精选

欲望的世界

欲望与场域心理学

人类欲望场理论的物理学解读

张振学／著

zhang zhenxue

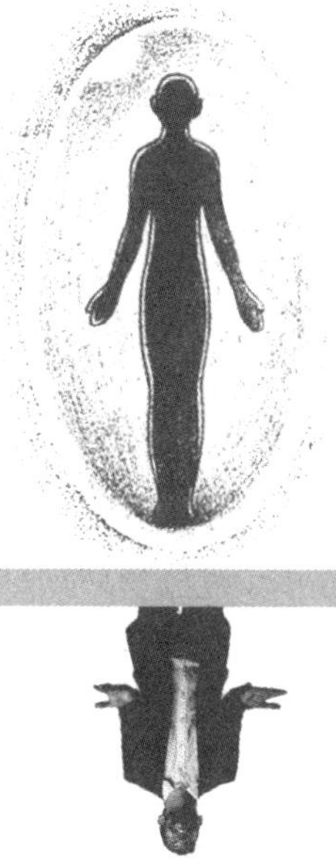

中国商业出版社

图书在版编目（CIP）数据

欲望的世界．Ⅵ，欲望与场域心理学 / 张振学著．-- 北京：中国商业出版社，2016.12

（欲望动力心理学书系）

ISBN 978-7-5044-9680-5

Ⅰ．①欲… Ⅱ．①张… Ⅲ．①欲望 Ⅳ．① B848.4

中国版本图书馆 CIP 数据核字（2017）第 015016 号

责任编辑：朱丽丽

中国商业出版社出版发行

010-63180647 www.c-cbook.com

（100053 北京广安门内报国寺 1 号）

新华书店经销

北京洲际印刷有限公司印刷

*

710×1000 毫米 16 开 16.25 印张 260 千字

2017 年 5 月第 1 版 2017 年 5 月第 1 次印刷

定价：39.80 元

* * * *

（如有印装质量问题可更换）

致　谢

一直以来，我们似乎都被一个共性的问题所困扰：快乐与烦恼总是频繁交替地出现在我们的生活中，几乎每一天都在搅扰着我们的心灵难得安宁。小时候，我们哭着哭着就笑了；长大后，我们笑着笑着就哭了。那么请问，有谁知道我们的心情为什么总是处于如此这般的波动起伏之中呢？我们的心灵天空为什么总是一会阴一会晴呢？

后来，再后来，我终于找到了问题的根源所在，那就是，我们每个人自打出生之日起，便都不可避免地坠入了欲望的世界里。巡睃着眼花缭乱的人间万象，我们心神摇荡，迷离惝恍，不知所从。无论我们怎样努力，似乎也摆脱不掉欲望之魔的蛊惑与纠缠。我们因此而惊惶失措地意识到，如果不能解决好欲望问题，如果不能把欲望解释清楚，我们将永无解脱之日，永无释怀之时。于是，为了寻求人生的解脱与心灵的安宁，我开始把关注的目光转向了欲望的世界，并将它作为专门的课题进行了长期的探索和研究。

然而随着研究的不断深入，我发现人类欲望问题几乎与宇宙中的一切事物和所有问题都交织在一起，很难给出一个明确的边界。为此，我陆续阅读了古今中外大量的哲学、心理学、物理学、认知神经科学等经典著作，从柏拉图、亚里士多德、笛卡尔、斯宾诺莎、康德、黑格尔、弗洛伊德，到牛顿、爱因斯坦、普朗克、麦克斯韦、薛定谔、德布罗意，再到达尔文、巴甫洛夫、詹姆斯、马斯洛、皮亚杰，等等，正是他们思想的璀璨光辉，将我心中的宇宙照亮，将人类欲望的世界照亮，并使我有条件援引和借鉴他们优秀的理论成果作为阐述本书系观点的强大支撑。我为此要特别感谢历史上这些学术巨人们的慷慨赐惠。我对他们充满了无限敬意！

而当今时代更是一个群英荟萃、大师辈出的时代！全世界各地的科学家以异乎寻常的力量，不断推出一个又一个惊人的发现，使现代基础科学的天空不断放射出奇光异彩，使人类的世界观不断发生巨大的改变！人类主客观两个世界在现代物理学所建构的统一理论模型中有可能正在合并为一个特殊的奇点，一旦将这个奇点揭秘出来，整个世界都将为之震撼！人类对于世界的解释可能由此发生一场天翻地覆的革命。新时代科学巨匠们的惊世发现和优秀理论成果，更为我研究欲望问题增添了新鲜的活力，提供了诸多非常直接的有益启示，我在此向这些伟大的科学家们表达深深的敬仰和谢意！

同时，我还要感谢本书系的文字校对、内文排版、封面设计等工作人员的辛勤努力，他们连续加班加点地工作，大大加快了本书系出版的进程，我对他们的热心和勤奋充满了感动。

我也要感谢一位未满 16 岁的绘画少女。她用她天才的绘画技能帮助我完成了内文中几幅人物漫画插图的绘制工作。

最后，我更要衷心感谢出版社的编辑们。他们为本书系的出版做了大量辛苦的审读工作，并提出了很多宝贵建议，使得本书系能够以如此精美的面貌呈现在读者面前。

正是得益于如此众多人的福赐与成全，才使得本书系的创作过程成为一种令人激动而愉悦的经历。我对所有支持我的人深表感激，当然也包括所有阅读本书系的读者。

作　者

2017 年 4 月于北京

目 录
Contents

前言：一本解释世界并改变自我的书

本书系将欲望作为具有开端意义的学科门类进行研究，并以物理学为依托，以生理学为基础，以心理学为导向，以认知神经科学为介质，以欲望作为人类主观世界的第一推动力，借助欲望层次理论和自我质能结构理论模型，构筑了一个规模宏大、经纬万端、独出机杼的理论体系，藉此演绎并绘制了人类精神宇宙的巨幅画卷。从此，人类主观世界的大门在欲望力所指引的方向上被一脚踹开，虽是庭院深深，红尘滚滚，却是三观尽显，一览无余！

同时，我们借助主观世界不断闪烁的幽微的光芒，一路走去，甚至还惊异地发现了主客观两个世界所存在的奇点性契合与叠加，进而别具只眼地领略到了客观物质世界的发生与发展的神奇风貌和诡异踪迹。

欲望动力心理学是为了让人们更好地了解人类欲望与生理机能之间的关系、人类欲望对精神宇宙的形成和发展所具有的特殊驱动作用、人类欲望与心理的本质以及由此产生的行为与表现，从而更理性地把握自身言行、更准确地解读他人动机，并藉此恰到好处地处理社会关系和引导人类文明未来走向的一门新兴科学。

人类的所思所言，所作所为，无一不源于自身欲望的诱使和驱动，人类社会的一切现行状态、一切人文成果和客观面貌无一不掩映着欲望碾轧的辙痕，无一不是内心的欲望在外部世界绽开的魔幻之花。这是对于人类整体而言的。对于人类个体而言，也莫不如是。

任何人的所思所想，所言所行，无不串掇着无形的欲望的丝线，无不是自身内在欲望的展露与体现。表面上的成功或失败，平凡或卓越，顺利或坎坷，平安或灾难，吉凶或福祸，等等，无一不是源于内心欲望的蛊惑、诱使、感召和驱动而造成的一种客观现状和自我感受。

社会要求每个人都要把握好自己的言行，规范好自己的言行，其实从根本上说就是要求人们把握好和规范好自己的欲望以及对欲望的表达方式与表现分寸，从而更好地适应社会，适应自然，适应各种不断变化着的生存环境。

同理，如何把握好或规范好别人的言行，其实也是如何把握好和规范好别人的欲望的问题。特别是作为各行业、各领域的领导者或管理者而言，不但要善于把握好自己的欲望坐标，也要善于把握好别人的欲望曲线，从而才能更好地实现有效领导和科学管理。

欲望动力心理学不但能帮助你实现梦寐以求的夙愿和理想，让你的人生获得可期待的幸福和满足，而且还能有效地帮助你避开"欲壑难填、利欲熏心"的罪恶的渊薮；不但让你更全面和更深刻地认识和改造外部客观世界和人类主观世界，而且也能让你更准确和更现实地认识自己、改造自己、完善自己和提升自己；不但让你更有分寸地把握欲望底线，让欲望之手成为推动自己前进的动力，绝不让欲望的无底洞成为蛊惑自己抬脚踏空的人生陷阱，而且也可以让你在为人处世、职场交际、商场运营、员工管理、社会治安以及化解各类社会矛盾纠纷等过程中更好地揣摩和洞察别人的欲望脉搏，让欲望之衡成为丈量别人品德与意志的尺度，让欲望之力成为引导和激发别人产生特定行动的精神号角。

可以说，欲望动力心理学就像一剂良药，既能养生又能健体，既能治病又能防疾，不但可以使自己的人生功德圆满，而且也可以对别人的七情六欲洞幽烛微，并施以恰当的指教、规范、训诲与管理。

当然，研究欲望动力心理学的功用还远不止于此。按照法国哲学家德勒兹与精神分析学家伽塔利的观点，欲望者同时还是一台创造和生产世界人文万物的"机器"，在西方被广泛描述为"欲望机器"，即在宇宙系统与社会伦理关系中，有一种普遍存在的对偶或对称关系。此即对立者或对应者的永恒轮回，永恒重复。它是因主体向往获得某物或达到某种目的而自行运转、产生能量、并经由零件与要素组成的一种特殊装置。

我认为这台特殊装置不但可以将客观世界映照、投射、拼接、组合、演绎为主观世界，而且也能将主观世界辐射、描摹、仿造、复制、落实为客观世界。正像人类看到飞鸟便会产生飞的想法，而后便能制造出飞机；看到美的景观便会产生美的蓝图，而后便能创造出丹青；看到野兽奔跑便会产生追赶的念头，而后便能制造出汽车；看到好的人物便会产生爱的欲望，而后便能施与爱的情感，如此等等，皆可理解为欲望机器在工作，在运转，在生产，在创造。通过这台机器，客观的现实似乎都可以变幻为主观的梦想，而主观的梦想似乎也都可以演变为客观的现实。

欲望作为一种“对缺乏者的抱憾”，蕴藉了愿望、想往、要求、欲求、物欲、性欲、肉欲等所想要的东西，与此同时排斥其反义领域的诸如疼痛、苦闷、轻蔑、冷漠、惰性、恐慌、忧虑、厌恶、不安、无视等不想要的东西。机器作为一种创造工具或研发器械，也涵盖了具有机械装置或类似器械装置的诸如工具、器物、火车头、计算机、机器人、动物机体、身体器官、机构、机关、文学创作、绘画作品、雕刻作品、影视作品，以及人、东西、地球、宇宙、基本粒子等可以实现人类意图的一切事物。“欲望机器”把技术、技艺、力量、观念、理想、精神、计算、缝纫、打印、复制、传输、虚拟处理、翻译、战争、航海、交通、舞台、人、动物、政治、社会、经济、艺术、世界等统统融入其中，并试图像变戏法一样将这些东西一一研发和制造出来。

这就是说，人类的一切文明成果和不文明成果，无一不是欲望生产和制造出来的，这也许就是“欲望机器”之概念被提出来的重要意义。

因此，研究欲望动力心理学不仅可以造福于个人，也可以造福于社会，不仅可以解读内在的主观世界，也可以解读外在的客观世界，不仅可以解读自然景观的形成之妙，还可以解读人文景观的形成原理。

就简单的社会个体意义而言，人在自我认识与自我保护方面（内部力量）要寻求最大限度的满足，有赖于得到他者力量（外部力量）的呼应、支持与配合，也正是在内部力量与外部力量的相互合作、竞争、交融的共同作用下，作为人的自我才能不断成就自身、满足欲求、净化心灵、提高素质，从而达到改善环境、美化生活、实现幸福的目的。

欲望在帮助你成功把握前进方向的同时，还能帮助你有效地洞穿和驾驭他人的欲望，使他人的欲望目标与自己的欲望相契合，然后借势而动，借力而行，轻松而高效地达成自己的目标。这一点，对于领导者来说尤其重要，它同时还是一种有效管理下属、带动下属和激发下属工作积极性的高明的管理手段。

欲望如火。生活中我们知道，只有用适当的火苗才能为自己烹食煮饭，保暖护身；火苗太大，不但可能会烧着自己，也可能会烧着别人；而别人的欲望之火太大，在烧着他自己的同时，也要小心烧着你、烧着其他人。所以，欲望之于人、之于社会都是一种不可小觑和利害攸关的事件。

同时，我们还会认识到，人们的一切活动都是为了寻求欲望的满足，为其喜，为其忧，为其忙，为其休，人生的每一种感受，比如喜怒哀乐忧思惧等等，都是由欲望决定并创生的。欲望就是串连人生一切心理和行为的不可见的细线。印度 20 世纪哲学家、心灵导师克里希那穆提也曾说过："对欲望不理解，人就永远不能从桎梏和恐惧中解脱出来。如果你摧毁了你的欲望，可能你也摧毁了你的生活。如果你扭曲它，压制它，你摧毁的可能是非凡之美。"

欲望并非人类所特有，一切生物都不同程度地具有诸如生命欲、生长欲、生存欲、生理欲等不同的欲望表现形式，特别是动物，同人类一样也具有食欲、性欲、安全欲、自由欲以及与生存群体或地域环境等相关的情感欲或归属欲。人类是高级动物，不仅智力发育的水平高，改造自然的能力强，谋求生存的本领大，而且欲望水平和敏感度也比其他一切生物或动物都要高级很多，无论在欲望的数量上还是在欲望的质量上、层次上，人类的欲望都是其他生物或动物所无可比拟的。

具体来说，欲望动力心理学所研究的内容，不但包括人作为动物的本能需求及其反应，还包括人作为社会成员的物质需求和精神需求及其反应。

关于这一点，马斯洛的需求层次论已做了较为详细的论述。这使欲望动力心理学兼具了生物学和社会学的性质。同时，欲望动力心理学所研究的是关于欲望形成的心路历程，即人从欲望发起至产生动作行为的整个心理活动和满足过程，这使欲望动力心理学与行为动机理论有了交集的内涵。欲望有着相当强的自利性，欲望的过度贪婪必然要冒犯到道德和法律的界限，因而欲望动力心理学又与道德学、法制学和管理学牵扯到一起。

再详细点说，欲望动力心理学既要研究人的生存、繁衍的本性，又要研究人的性格、意志、思维、意识、爱好、情感、理性、信仰、精神、品质等特性，以及由此而形成的人生观、世界观、价值观，还要研究人与人之间的关系，人与社会、团体、组织之间的关系，研究人因欲望而形成的善恶念头及行为准则，研究人因欲望而对社会产生的积极作用和消极作用，研究人看得见摸得着的显性的物质需求，研究人看不见摸不着的隐性的精神需求。

同时，欲望与需求两者既有联系又有本质上的差别。

①欲望诞生于需求与要求的裂缝中。拉康曾经指出："在有关欲望方面，我们觉得不可归结为要求的理由，也同样使它不等同于需求。"拉康将欲望、要求、需求区分开来，认为需求是指人机体的需要，隶属于生理学的范畴；要求是指对爱的要求，它涉及的是一种人际互动；而欲望则是诞生于需求和要求的裂缝中，"在要求和需求分离的边缘中欲望开始形成"。

②欲望“内核于需求而存在”，需求“外缘于欲望而产生”。欲望是产生需求的根本动因，需求是欲望产生之后的递进反应；就是说，先有欲望然后才有需求。对人类自身来说，需求的本质是欲望，欲望的本质是人性，人性的本质是生理，生理的本质是生命。

应该说，欲望动力心理学是一门横跨哲学、生物学、生理学、人类学、医学、解剖学、脑科学、认知神经科学、社会学、道德学、政治学、经济学、行为学、法制学、犯罪学、精神现象学、宗教学等多学科的人学，是对人性深层最本质的透视学。

它的研究对象是人，核心内容是研究人的生理功能及其产生的意志反应，并将人的肉体和精神辩证统一，以物质性的肉体生理为基础，藉此推导出人的心理、情绪、情感、意识、理性、思想和精神等形成的轨迹和管道。它面向个体和世界，反思自我并提升自身，管理别人并规范自己。它关注人的心灵世界，追寻生命的意义，并为个体找到最合适的存在方式，为群体找到最合适的相处方式。它是研究关于人对于欲望追求的本质、行为、现象及其产生、运动、发展、变化规律的新兴科学。

因而，欲望动力心理学对人生、对社会、对整个人类文明都有着极其广泛、深刻的指导作用。

欲望是来自于人类的精神世界还是来自于人类的物质世界？这个问题似乎也有着许多令人困惑的模糊边界。因为人类除了与生理有关的欲望之外，还有许多心理欲望或精神欲望。心理的东西或精神的东西一直以它与物质世界相对应的姿态二元于人类的观念中，并成为哲学家们争论不休的永恒话题。

随着科学的高速发展，人类对物质世界各种规律的认识已日臻清晰，而对于精神世界的认识却依然踯躅不前。有关于欲望、心理、心灵、情绪、意识、灵魂、观念等精神内容一直散发着诱人的魅力，并吸引着无数哲人志士为此苦思冥想，上下求索。但遗憾的是，人们对这个神秘王国的上层建筑和物质基础，似乎始终不得要领，不得路径而登堂入室，一睹芳容，只能凭借自身有限的表征、以及与其他动物的类比或自造的仪器介质以自证或他证的方式而猜想臆度，于是在大量的关于人类心理世界和精神世界及其来源的讨论中，正确与谬误常常混杂在一起，令人眼花缭乱，不知所宗。

作为人类精神的载体，人心到底什么样，没有人能够探进头去看个究竟，甚至在很长一段时间里，包括中国人在内的很多文明都把“心脏”作为灵魂、心灵、意识“中枢”所在，主宰着人的精神世界。直到笛卡尔的出现，才找到了心灵的真正居所——大脑。笛卡尔认为大脑才是人类心灵起源或发动的中枢。从此，人类洞察心理问题和精神问题的视角开始向“神经问题”的物质层面转身。

在西方哲学史上被公认为第一位哲学家的泰利斯首先提出了“什么是世界本原”的问题，并试图借助经验观察和理性思维来解释世界。亚里士多德认为，“所有的人都主张，研究最初原因和本原才可称为智慧”“智慧是关于某些本原和原因的科学”。[1]我同样也坚定地认为，任何一种学说，都需要有一个开端。“一个哲学的本原，当然也表现了一种开端，但并非主观的，而是客观的，即一切事物的开端”“但是，关于开端问题，近代的仓皇失措，则由于另外一种需要而来，有些人不认识这种需要，他们独断地以为这是有关本原的证明”“开端是逻辑的，因为它应当是在自由地、自为地有的思维原素中，在纯粹的知中造成的。于是开端又是间接的，因为纯知是意识的最后的、绝对的真理”。（以上三段话均引自黑格尔《逻辑学》第一篇，有论。）

我们在这里不但要厘清欲望动力心理学的开端，而且还要找到欲望本身的开端，更要通过欲望找到人类心理世界或精神世界的开端，包括智能、知识、意识、思想、情感、智慧、理性、信仰、心灵、灵感、灵魂等起源问题和本原问题，这类问题可以统统称作端问题，而将这些端问题作为研究对象的学问，我们可以称之为端学。端学是研究事物本原或终结的科学，甚至可以不限于精神世界，也包括物质世界的本原问题和终结问题。那么，我在这里所要讨论的欲望动力心理学便是端学研究的正式开端。而欲望则是人们研究一切学科和一切问题的开端。

哲学家尼采在论及欲望时曾遇到了无法突破的思维瓶颈，他认为欲望乃一人之本能与目的之结合，其功利性勿能视，不可见，因此得出了“欲望之论难以尽善人意”的结论。

而本书系试图破解尼采的认识瓶颈，利用理论与现象互证、抽象与形象互补，从多个角度揭开了人类欲望迷离的面纱，洞穿了其深邃的本质特征和诸多表现形式，破解了在欲望驱动下徐徐展开的人类主观精神世界的整体风貌，力图使读者在阅读本书系之后，能对人生产生深刻的感悟和启示，能给自己的欲望在“清心寡欲”和“欲壑难填”之间找到一种最佳的生存位置和自处坐标，并在生活、学习、工作、处世以及改造自我、改造社会、改造自然等实践中获得有益的帮助。

1　亚里士多德《形而上学》，中国人民大学出版社，2003 年 12 月第一版，第一卷 3-4 页。

另外，特别值得一提的是，本书系最初冠名为《欲望学》，后来考虑到其中大部分内容属于心理学范畴，遂更名为《欲望心理学》，而这个书名经查证发现被一位美国学者用过了，尽管与我的创作意图和基本观点没有本质的联系，但我还是决定避让一下书名的雷同关系，于是定名为《欲望动力心理学》。

后来随着研究的深入，逐渐发现本书系所阐述的内容与哲学、物理学、宇宙学等学科竟然也存在着特殊的渊源关系，遂以“欲望动力心理学书系”作为总冠名，以“欲望的世界”来界定本书系所涵盖的基本内核，然后再向下细分为若干个专题，每个专题即以一个单行本出版。

我最初的计划是推出八个专题，分别为《欲望与认知心理学》《欲望与意识心理学》《欲望与精神心理学》《欲望与人格心理学》《欲望与行为心理学》《欲望与场域心理学》《欲望与舒适心理学》《欲望与情绪心理学》。

除此之外，我甚至还设想以上述八个专题为基础，进一步创作并出版《欲望与政治心理学》《欲望与经济心理学》《欲望与文化心理学》《欲望与道德心理学》《欲望与法制心理学》《欲望与犯罪心理学》等多部作品。但由于时间所限，未能如愿。

全书系写到 2016 年的时候，前五本便基本完成了，后面三个专题由于时间关系，仅仅写出了主要观点，未能展开铺陈，不免有些遗憾，但我自觉确实有些倦了，便临时决定把欲望与舒适、欲望与情绪这两个专题全部合并到欲望与场域心理学之中，因为欲望与舒适、欲望与情绪问题虽然未能展开论述和独立成书，但细究起来，它们皆在我创设的欲望场理论的统摄范围之内，也是完全可以自圆其说的，更何况这样安排也并不妨碍这两大课题可以自成体系的特点。

这样，我的《欲望动力心理学书系——欲望的世界》至此算是正式完成了，八个专题合成六本书出版，共计一百多万字，也算是一个不小的工程。如果将来兴致再起，或许有机会可以对后面的诸多专题深研细究，展开论述，以补遗憾，也是可能的。

这里还需要特别说明的是，本书系缘起于现代量子物理学对于哲学和心理学产生的巨大影响，特别是近年来出现的一些惊人的理论成果，更给作者带来了强烈的思想震撼。本书系借用美国著名粒子物理学家和诺贝尔物理学奖得主利昂·莱德曼在《上帝粒子》一书中提出的“上帝粒子”概念，试图借助量子物理学最前沿而奇妙的理论模型，为现代哲学和心理学寻找一种更独特而有趣的逻辑推演方法和证明路径。所以，本书系在探索世界本原问题上，以《圣经·创世纪》中上帝的概念开始说起，最后落实到莱德曼所提出的著名的“上帝粒子”的概念，整个讨论过程富有缜密而生动的逻辑推演机趣。我们高兴地看到，为了回答亚里士多德时期既已提出的关于“宇宙第一推动力”的千古疑问，量子物理学家们以其高妙的证明手段，正在逐层剥去套在人们心灵中的宗教外衣和神话色彩，进而为人们确立科学的世界观提供最基本的理论依据。

我在本书系中对于人类欲望的分析和阐述，借鉴了经典物理学和量子物理学大量的研究成果和成熟的理论范式，以独成体系的论证方法，对宇宙演化、物质结构、生命起源、大脑认知等事关人类终极之问的基本问题提供了别开生面的观照视角，开创了一个全新的用以解读人类欲望心理、行为动机、人格品质、自我意识和精神宇宙的理论模型，试图对人类各种心理现象和行为动机做出更精准的数学解释。

鉴于我对于经典物理学特别是量子物理学的理论造诣和理解深度所限，在逻辑架构上和观点阐释上难免存在一些浅见、偏颇、甚至谬误之处，敬请各界专家学者提出宝贵意见，以利本书系在进一步修订和再版时参考和借鉴。

作　者

2017 年 4 月于北京

第一篇　欲望场理论
——人类一切活动现象产生的物理学基础

正是缘于自我与外在的他者所建立的直接或间接的各种联系，才使自我作为欲望主体而成为置于各种联系的中心。相信所有人都认为，眼前所看到的这个世界是我们人类赖以生存的世界，孟子所谓“万物皆备于我”的观念并非主观唯心主义的看点，而是站在自我的角度则必然以自我为中心而与万物之间所建立起来的特定关系。这在冥冥中便以外在他者为参照物而在自我主观世界的坐标中错误地解决了“谁是世界的中心”的问题。

我们知道，对于客观世界的中心问题可以经由物理学家来测定，而对于主观世界的中心问题，则必经由心理学家来考量。主观世界的中心是观察者本身，也是作为以生物个体形式存在的欲望主体。如果站在欲望主体的角度观察世界，便必然得出“世界属于我的世界”或“万物皆备于我”的结论；如果站在外在对象性他者的角度观察自我，则必然得出“自我属于他的世界”的结论。

这样，假若每一个生物个体都具有主观世界的话，那么，每一个生物个体便都是一个特定的主观世界的中心。外在客观事物则是这个中心所辐射或反映的对象。这些对象在作为主观世界中心的自我的头脑中形成的影像或表象，则成为构成主观世界的基本材料或元素。这就意味着，对于整个人类社会而言，主观世界是多中心的，每一个社会个体都是一个独具一格的特定的主观世界的中心。

哲学家、政治家、思想家、教育学家、心理学家、神学家们孜孜以求的便是将这个多中心的主观世界进行协调、理顺、统摄和整合，力求将主观世界的多个中心交合在一起，统贯成一个中心。

但迄今为止，这种努力没有一次获得圆满成功的先例。尽管一些伟大的人物在人类社会的某个局部地区和某个有限的时间段里，临时将人心统一到了一个中心上，一个方向上，一个目标上，但对于宇宙整个时空序列中的所有人类来说，对于整个人类的漫漫历史长河来说，不过是昙花一现的美丽。

第一章　欲望场概说

按照《欲望与人格心理学》中所提出的观点，对于人类本身来说，我们每一个人都是由生理机能、神经智能等多种能形式组合而成的特殊的功能体，并由自我人格系统中的诸多功能的自在运转而演变为一个具有特定意志倾向和行为倾向的欲望体。

每一个欲望体都能沿着特定意志力所驱动的方向而在大脑中形成一个相对独立的主观世界，也可以称之为意识体或精神体。因而每一个人也便都是这个主观世界的主体。

这就意味着，任何一个社会的主观意识形态，都是多主体的，多中心的，只有通过政治、宗教、文化、宣传、教育等方式的教化和引导才能在一定程度或一定阈限内统一到一个特定的方向或目标中去。而作为社会个体自我的主观世界的中心则是欲望，欲望作为从生理本能中发出并驱动个体自我朝着特定的目标方向而产生各种思想、情绪和行为的第一精神推动力，并理所当然地成为自我主观世界的绝对中心。

人类个体自我主观世界中的所有内容和元素都不可避免地要围绕着欲望而活动，而运行，并呈现出一道光怪陆离的诡异奇幻的风景。

一、欲望场的定义

也正是欲望驱使自我或诱使自我从幽闭的内心世界中走出来，而与外在的客观世界建立起了各种各样的联系。

我们把以欲望主体为中心、通过欲望辐射而与外在万般事物建立起来的各种联系及其范围，称为欲望场。

而联系的概念本身不可避免地包含着作用与被作用、驱动与被驱动、吸引与被吸引、排斥与被排斥、刺激与被刺激、感应与被感应、反应与被反应、辐射与被辐射、干涉与被干涉、纠缠与被纠缠、震荡与被振荡、影响与被影响等各种场域关系。

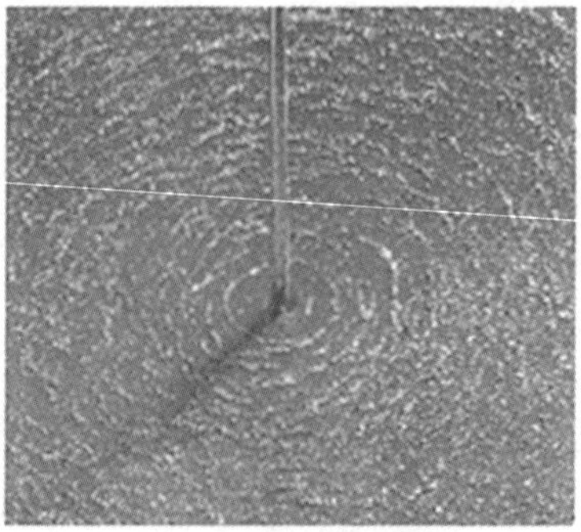

图 1-1 以磁棒为中心的物理学磁场

人类个体自我作为一种特殊的生物体，同时也是一个特殊的功能体和欲望体，既生活在一个有形的世界上，也生活在一个无形的欲望场中，就像某些有形的磁棒被置于一个特定的无形的磁场中一样。见图 1-1。

图 1-1 是以磁棒为中心的物理学磁场示意图。由此我们可以联想到人类主观世界与客观世界存在着某种非常有趣的相似与契合。在我们已经掌握了诸多具有特定规律的物理世界当中，一个磁棒置于凌乱分布的铁屑之中，就会以其自身所产生的磁场力而使凌乱的铁屑按照磁感线（磁力线）环绕的方向有规则地运行和排列，这就使无形的磁场通过有形的铁屑而进入人类的视界之内。

图 1-1 中展示了磁体产生的场力对于周围凌乱的铁屑所产生的特殊效应。世界本没有主观设定的逻辑、秩序或规则，但在一个特定的磁场中，一块磁铁通过场力作用而建立了有方向、有规则、有逻辑的时空秩序。而且磁体越大，磁性越强，产生的场力也越大和越强，对于周围物质产生的作用和影响也越大和越强，其辐射或干涉的场域范围也越大和越广。

人处在各种各样的客观事物目标之中，就像磁棒或磁铁被置于形状各异的铁屑之中一样，原本不规则分布的客观事物目标及其影像在欲望所产生的吸引力和排斥力的共同作用下，成为被欲望主体辐射或干涉的对象，并沿着欲望力的方向在由大脑支持的主观世界中呈现为一种有逻辑、有秩序、有规则的联系方式、运动方式、排列方式、组合方式和结构方式。

由此我们可以联想到，在这个现实世界上，每一个人就如同一个磁棒或一块磁铁，我们可以称之为欲望体。每一个欲望体都可以通过自己的欲望力而建立起一种特殊的场域，这个场域就是欲望场。任何一个作为社会个体的欲望场总是以自我为中心，对周边的客观事物产生反向吸引力或正向排斥力，这也是人类个体自我必然产生自私自利心理倾向的根本原因之一。

以自我匮欠为中心的欲望场与以目标填充物为中心的欲望场在本质上是叠加并契合在一起的，但在发力方向上却是相反的。目标相对于人（欲望主体）而言，产生的是吸引力。而人相对于目标而言，产生的是被吸引力，所以这个吸引力是反向的，是由他而我，由外而内的。同样，排斥力也是如此，对于本身不具有特定欲望性的客观目标而言，对人不产生排斥力。但当这个目标对人构成威胁或损害时，作为欲望主体的人就会对这个目标产生排斥力，所以，这个排斥力是正向的，是由我而他、由内而外的。

在个体欲望场内，不管是反向的吸引力还是正向的排斥力，都属于欲望力。欲望力的大小是由两个初始性因素决定的：

一个是匮欠因素，包括匮欠的属性、程度及自我体验或经验的横向或纵向比较效应。如果其属性是与生命息息相关的生理性匮欠，比如食欲、便欲、呼吸欲，如果这其中的某一种生理性匮欠的程度（即匮欠度）比较大，如果是比以前曾经有过的类似匮欠体验表现得更为强烈，则其欲望力越大，反之则越小。

二是目标因素，包括目标的属性、大小、特征、功能和效用。如果是与生命安全息息相关的目标，如果是与财产安全息息相关的目标，如果是与性爱安全息息相关的目标，如果是与家庭安全息息相关的目标，如果是与人格安全息息相关的目标，如果这个目标所显现的欲望特征足够明显，如果这个目标的满足功能足够高，如果这个目标的实际效用足够大，如果这个目标关乎人生福祉的分量足够重，那么，这个目标对于个体自我所产生的欲望力就越大。反之则越小。

比如当你产生食欲之后，四处寻找食物，最后看到自己所获取的食物却低劣粗糙，味道艰涩，难以下咽，你的食欲可能会因此而降低大半甚至黯然消失了；当你作为一个血气方刚的八尺男儿在产生性欲时，看到一个年轻漂亮、丰乳肥臀的性感女人，你的眼睛可能会为之一亮，性欲大增，巴不得立刻捕获这个女人的芳心并与之拥抱在一起，反之，当你看到的是一个瘦骨嶙峋、奇丑无比的干瘪女人时，你的性欲则可能会因此而一落千丈，甚至荡然无存了。

这说明，欲望力与外在目标的优劣程度、功能强弱和满足效用成正比。生理匮欠所产生的欲望形式属于本性欲望，外在目标所激发的欲望形式属于感性欲望。

一般地，本性欲望越强烈，其所激发的感性欲望也越敏感。同时，感性欲望对于本性欲望具有反作用力，即针对同一属性、同等程度的生理匮欠，感应于不同数量和不同质量的外在目标，则主体自我所产生的感性欲望力是大不相同的：目标质量好、数量多，则针对本性欲望的生理匮欠可产生较大的感性欲望力；反之，目标质量差、数量少，则针对本性欲望的生理匮欠可产生较小的感性欲望力。而对于具有危害性的目标而言，目标危害性越大，越多，则其回应于个体自我的本性欲望而产生的感性欲望力也越大，越强，越惊悚，越惶急；反之，目标危害性越小，越少，则其回应于个体自我的本性欲望而产生的感性欲望力也越小，越弱，越轻松、越从容。

很显然的，欲望力的大小不但取决于自我匮欠，也取决于客体目标。我把由匮欠程度所产生的驱动力称为匮欠需能。需能按字面意思解释，是指因匮欠程度而产生的与之等值等效且对称的需求力。一般地，匮欠程度越大，意味着所需要的填充物越多，需求量越大，其需求力也越大，反之则越小。匮欠需能本身没有实实在在的能量，而仅仅是对于匮欠本身所造成的不利或伤害做出的排斥性反应与评价。

这种排斥性反应与目标能量不在场而产生的需求性反应在遥感性对应和拓扑性对称中形成合力，欲望主体对于匮欠的排斥性反应则是一种被反向激活的负能量，而且匮欠越大，这种排斥性反应越强烈，说明匮欠与反应之间也是一种特殊的对称关系。甚至严格说来，匮欠需能最后总要转化并落实到这种反应力上，并通过这种反应力体现出来，由此显示为匮欠所具有的实实在在的驱动作用。

同时，我把与特定匮欠相对应的外在目标中所蕴藉或所显现的吸引力、诱惑力、冲击力、排斥力或破坏力，统统称之为目标性能，或外应物能。对于特定属类的欲望而言，目标性能越大、越多、越全、越好，满足匮欠的特征越明显，则其对欲望主体产生的吸引力越大，欲望主体对这样的目标所产生的（感性）欲望力也越大。

在现实生活中，我们看到，社会上所有的个人、企业或其他科研机构，总是费尽心机地大搞各种创造发明，借以增加社会性欲望体对于特定客观事物的目标性能。目的是用这种具有优质性能的目标物吸合于社会上每一个欲望体，并使这些欲望体产生强力欲望感应，从而增加对这些欲望体的吸引力和诱惑力。简言之就是提升社会性欲望主体的（感性）欲望力，由此促进消费、有效实现商品交换和赚取社会利润的目的。

所以，以目标性能为中心而建立的欲望场只能对主体自我产生作用，以个体自我为中心而建立的欲望场既对自我本身产生作用，也对外在目标产生作用，同时还会对其他相关欲望人或欲权人产生影响。

二、社会个体欲望场

从更广泛的意义上说，每一个生物个体，都是一个欲望主体，每一个欲望主体都必然构成一个以自我为中心、以周围各种可能性目标为半径的欲望场。我们把每一个欲望主体所构建的欲望场，称之为个体欲望场。

这说明整个生物界是由无数个体欲望场构成的，有多少个生物体，就有多少个属于这个生物体的个体欲望场。

在个体欲望场内，所有的事物都有可能成为作为中心质点的欲望主体（自我）的联结目标，而作为个体欲望场的中心质点的欲望主体（自我），同时也可能成为其他个体欲望场的联结目标。我们把这种现象称作欲望拓扑效应。

比如“螳螂捕蝉，黄雀在后”“鹬蚌相争，渔夫得利”“大鱼吃小鱼，小鱼吃虾米”等现象都是不同个体欲望场在交叠互动过程中产生的欲望拓扑效应所致。甲追逐乙的同时，也可能被乙或者被丁追逐着。比如一个人去山上狩猎，也有可能遭遇野兽的袭击，并不幸成为野兽的美餐也未可知。

这说明，不但人类社会个体与个体的欲望场存在着相互交叠与互动的关系，在包括人类在内的整个生物界，每一种生物的个体欲望场都可能或多或少而与其他个体欲望场存在着交叠与互动的关系，自然界中的生物链就是诸多个体欲望场相互交叠与互动的最好证据。

社会中的每一个人都是一个自成系统的有心欲望场。由特定生理匮欠而在大脑中形成的具有特定倾向的意志便是这个欲望场的绝对中心。从物质形态上说，其场心可以界定为大脑位置；而与特定生理匮欠反应做出遥感性呼应的外在填充物目标则是这个欲望场的相对中心，由自我大脑出发，从内在匮欠到外在目标之间所建立起来的感应关系即是个体欲望场的场域半径，以这个半径所画的圆即可理解为个体自我欲望场的场域范围。当然，这个场域并非简单的欧几里得几何空间，而是不断变幻的多维拓扑结构空间。

与其他生物相比，人类欲望场维度的延展性和拓扑性是最高的，这得益于人类所特有的超强的感知力、想象力和认识力。欲望场的维度既是一个标量，也是一个矢量，还同时是一个变量。随着人的认识广度和认识高度的提升，其个体欲望场的广延性、衍射性也都会随之增加，其维度也会与之同步上升。欲望场的大小和维度代表了一个人一定的智识水平，一只蚂蚁、一只鹰隼、一只海豚或者一个人的欲望场的大小和维度，是不可能同日而语的，其方向和范围是不可能等值等效的。即便同一个人，在不同的认识成长阶段，其欲望场的维度和阈值也是一个不断增长的变量。

在个体欲望场内，欲望主体的认识层面越高，便越能拓延欲望场的目标范围；欲望主体的能力越强，便越容易控制欲望场内的各种目标。也正是为了控制目标的需要，才致使人类个体不得不提高自身的协调能力和生存本领。

社会人际关系同一切生物关系一样，在本质上都是场际关系。一个场域与另一个场域相互干预的集合是彼此之间产生关系的根本原因，不能发生集合的场域，是不存在任何关系的。这样，人与人的关系，人与动物的关系，在欲望场理论范畴内都可以给予物理的或数学的精确性解释。

一个患有风湿性关节炎的人听说食用蚂蚁可以解除病痛的信息，这就使蚂蚁不幸而成为这个人欲望场内的联结目标，并被圈定成人的欲望场内的补集或子集，蚂蚁与人的关系便产生了。甲手中掌握着食物，乙手中掌握着衣物，甲希望得到衣物，乙希望得到食物，彼此互缺，两个欲望场产生了交集或补集，两个欲望主体便可以自发地建立物理量的互补性交换关系。个体欲望场的交集或补集是以异质性、对缺性和互补性实现的，这种异质性、对缺性和互补性主要表现为他们各自拥有不同质或量的物理性资本。

这些物理性资本在各个欲望场中不是平均分配的，不同类型、不同数量的物理性资本分布结构，体现着社会的资源和权力结构，这对每一个人的欲望场来说，这种不平均，不但决定了诸多个体欲望场之间必然产生集合互吞互侵的子集、交集、并集、补集关系，而且也决定了反映在现实世界中针对各个物理量的社会合作与竞争活动的不平等。

一切社会关系，都可以通过不同个体欲望场之间出现的集合关系，变换成物理场中的物理关系而进行矢量、标量或变量的数学统计与分析。

值得一提的是，某欲望主体将另一欲望主体划定在自己的欲望场内，而成为母集、子集、交集、并集、补集的关系，对于另一欲望主体来说是绝对被动的，这种关系带来的结果可能是幸运的，也可能是不幸的。

某女孩在毫无心理准备的情况下而成为某男孩的追逐目标，男孩将女孩设定为自己欲望场内的子集，这对于女孩来说绝不是公道的，幸运或不幸运不遵循公道原则，命运就在欲望场的物理性运动中产生了。

一个领导者用人，以其伯乐之慧眼将一个下属看中，这个下属成了领导欲望场中的猎物，但下属本人却可能一无所知，下属的命运也自在其中了。

不同个体欲望场的集合关系体现的是彼此相互需要的关系。双方或多方可能都具有一定的主动性。但有些集合关系，比如母集与子集的关系还可能是一种单方面需要的关系，其中必有一方是完全被动的。

社会上一切政治关系、经济关系或商业关系，在本质上来说都是场际关系，都是可以变换成物理量的数学计算关系。包括权力的交接与分配、税赋的课征与利用、商业的运营与管理等等，都必须将多个不同欲望场内的合集、并集、交集、补集或子集置换成物理量的数据模型，然后按照物理场内的物质运动规律进行统计分析和运筹安排。

我们在社会上总是本着志同道合的原则处世，而志不同者则道不合，道不合者则不相与谋。其所同者，即为每个人的个体欲望场存在的交集，交集越大，凝聚力和团结力越强。反之，个体欲望场没有交集，便可能会出现“志不同”“道不合”的现象，彼此之间的场力相对、相左、相斥和相反，便会演变为陌路关系甚至对立关系。

三、社会群体欲望场

群体欲望场也是社会欲望场，即一个社会同时也是一个自成系统的欲望场。社会欲望场的中心不是具体的某一个人，也不是某一个人所特有的欲望匮欠，而是大家所共有的欲望匮欠的交合点。这个具有社会共性的欲望匮欠的交合点所形成的共同意志便是社会欲望场的绝对中心，而由这个绝对中心的驱动力所引起的社会群体共同趋之若鹜的客观事物目标，则是这个社会欲望场的相对中心。

比如大家同处于饥饿匮欠状态时，这个具有共性的匮欠交合点会使大家的意志一拍即合，交叠成一个具有共性的点位，由此成为这个群体欲望场的绝对中心，在这个中心驱力作用下，大家的意见、想法、行为很容易达成一致，当指明一种目标（比如食物）时，这个目标也很容易对大家产生唯马首是瞻的吸引力、诱惑力、感召力。其他如一个性对象，或某个社会性官位、某项财产、某种荣誉，等等，都可以成为一个社会欲望场的相对中心。同样的，社会欲望场的空间形式也是一种拓扑结构形式。

在社会欲望场中，上面图 1-1 中的磁棒或磁铁便不再象征着某个具体的人，而是一个具有共性特征的匮欠事件，其周围的铁屑便象征着用来填充匮欠的外在客观目标。

当然，这个磁棒或磁铁亦可以被理解为社会诸多个体自我的欲望力向外在环境目标衍射的交点，这个交点必然聚焦于某一特定的客观目标填充物上，这个填充物即是社会欲望场的相对中心，其周围的铁屑则象征着社会群体中性别不同、能力不同、年龄不同、形象各异、条件各异却具有相同或相似匮欠的人。他们在同一种欲望目标的吸引力或排斥力的作用下，不得不打破原有的心理秩序、思想秩序、精神秩序、行为秩序和生活秩序，开始重新排列组合，形成与获取这一目标的欲望方向有关的观念、意志、情感、精神、理想、标准和规则。

这样，在社会欲望场中，个体自我的欲望场必然与其他社会个体的欲望场产生交叠、互动、吸引、排斥、干扰、矛盾、冲突、对立和统一，人与人之间的关系就在个体自我欲望场与社会他者欲望场以及社会群体欲望场的整体统合中建立起来了。包括合作关系、互助关系、竞争关系、交换关系、掠夺关系、矛盾关系、情感关系、婚恋关系、家庭关系以及政治关系、经济关系、文化关系、征伐关系、掠夺关系等等一切社会关系都属于欲望系统中的场域关系。

社会群体欲望场大而言之可以覆盖整个生物群落，这个广义的社会群体欲望场是以一个生物群落或一个生物族群的共性欲望为中心，而与这个群落或族群之外的其他各种目标所构成的欲望场。一个狼群围攻一个目标，一群蚂蚁合力推动一只昆虫的尸体，都是群体欲望场发生的场能性事件。人类社会的集团、党派之争皆属于群体欲望场发生作用的场域性事件。

社会群体欲望场的形成，源自于三个基本因素：一是诸多欲望体在特定时空序列点位上发生匮欠的一致性，以致在特定时空维度内产生相同、相近或相似的意志倾向；二是诸多欲望主体在特定时空序列点位上锁定目标的一致性，以致在特定时空维度内产生相同、相近或相似的目标；三是在个体欲望场内，单一自我欲望主体对于实现目标的能力匮乏，即仅仅靠个体力量或分散的个体力量不足以使自我匮欠得到有效填充，不足以实现自我意志，不足以抵达这一共同目标。

这三个因素使多个欲望主体一拍即合，从而形成合力，并构成了群体欲望场。群体欲望场虽然是经由诸多个体欲望场的交集组合而成的，但对个体欲望场却具有反向干预、协调和控制的功能，正如一个人加入了一个组织，并依靠组织的集体力量实现自己的某些欲望，但这个组织同时还会对这个人产生一定的干预力和控制力。这说明个人与组织之间的关系也是一种特殊的场际关系或场能集合关系，而群体欲望场对于非场域内的其他个体则具有一定的排斥作用、威慑作用、甚至胁迫作用。正如亚里士多德在其所著《政治学》中所言："人是天生的政治动物。"群体欲望场是人类介入社会政治生活的主要表现形式，当群体欲望场发展到一定的规模之后，便契合到了布尔迪厄的社会场域层面。

通常情况下，个体欲望场的场力远远小于群体欲望场的场力，这是作为群体的组织常常以其强大的力量支配和挟制个人的原因。如果把整个人类看作一个相对独立的群体，那么整个人类便与其利益对象构成了一个巨大的欲望场；如果把一个种族看作一个相对独立的群体，那么这个种族便与其利益对象构成了一个较大的欲望场；如果把一个国家看作一个相对独立的群体，那么，这个国家便与其利益对象构成了一个更大的欲望场；如果把一个党派看作一个相对独立的群体，那么，这个党派便与其利益对象构成了一个具有独特召唤力的欲望场；如果把一个企业看做一个相对独立的的群体，那么，这个企业便与其利益对象构成一个具有独特竞争力的欲望场。

同样的，一个行业，一个专业，一个学派，都可以与其关联对象构成了一个独特的欲望场。每一个群体欲望场，都是一个以群体共同意志为出发点、以抵达群体目标的征程为半径、以跨越时空的各个关联对象为集群的相对独立的小世界，这个小世界具有统一的意志规则，并同时受到其他个体欲望场或其他群体欲望场的排斥、干涉、牵制、掣肘、影响、甚至竞合。

第二章　欲望场与电磁场的比较性研究

对于虚体世界的研究必须依托于刚体世界的既有理论成果，特别是物理世界的理论成果，否则便无从比较，无从证验，无从依循。物理学家提出的场论，特别是质量场、电磁场、温度场、引力场、密度场、统一场等各种物理场为我研究欲望场理论提供了诸多有益的启示。

一、欲望场与电磁场的相似性

欲望场的特点与电磁场的特点具有惊人的相似之处。个体自我产生的欲望场就像磁铁产生的磁场或电流产生的电场一样，在被特定客体吸引或排斥的同时，也在吸引或排斥着周边的特定客体。

在人类个体自我欲望场中，只有与自我欲望有关的客体事物才能对自我产生引力或斥力；与自我欲望无关的客体，则不会对自我产生引力或斥力，而只能以中性的干扰物形式存在。比如在食欲旺盛的时候，只有食物才能对主体自我产生引力，并对其他争夺或妨碍获得该食物的客体产生斥力，而对身边那些非食物性客体却不会产生引力和斥力，只能以类似于原子核的中子形式而置于主体自我欲望场中，并对整个欲望场产生一定的干扰作用。

这些干扰物所起到的干扰作用，有的是正面的，有的是负面的。比如获取食物时隔开的一扇门或一块绊脚石，可能会对满足食欲产生阻碍性或妨碍性的负面干扰作用。欲望主体对这些干扰物只会产生逆欲望而动的负面情绪，其中也有一些干扰物对获取食物和满足食欲具有积极的帮助作用，这些事物应属于正面干扰物。

比如男子 M 在性欲洋溢的时候，走在大街上，可能会把身边走过的一位美丽女子当成自身性欲欲望场中的视觉辐射猎物，眼睛恨不得把她的丰胸、肥臀、美腿全部吸进去和嵌进去，证明这个女子进入了男子 M 的性欲的欲望场中，并对 M 产生了极大的引力。而这时另一个人走过来或一辆车开过来意外挡住了 M 的视线，这就对 M 的欲望场产生了负面干扰作用，并可能因此而激发 M 的负面情绪。相反，如果这时 M 发现还有一个男子 N 也在暗自偷窥这个女子性感的身段，则 M 就会对 N 产生一种斥力，对 N 产生反感。如果这时恰巧有一个朋友 S 出现了，S 竟然跟那位美丽漂亮的女子很相熟，并把这个女子介绍给了 M。那么，S 便成为 M 欲望场中正面干扰物，M 也自然会对 S 产生正面情绪。欲望场不但是一种矢量场，也是一种时变场，其场强和场力在不同环境和不同时间里会不断发生能量消长和能量转换性的变化。

任何欲望场都有很多干扰物存在。不管是正面干扰物还是负面干扰物，都会对欲望的产生及其满足产生影响。正像一个人要去往某一目的地办事，其整个路途必将遇到很多干扰物，比如迎面随时可能遇到拥挤的人流或车流的妨碍，也可能遇到疾风暴雨的阻隔，也可能遭遇其他突发事件的掣肘，既可能遇到坏人骚扰，也可能遇见好人相助。整个行程或顺或逆，不但与自己的能力有关，也与正面或负面干扰物的偶然性和机遇性影响有关。这就是说，在欲望主体与欲望目标之间连接而成的感应线（相当于磁感线或叫磁力线），随时可能会遭遇各种有益或无益的外物切割与干扰，从而对整个欲望场产生波动性影响。一般地，欲望目标越大，实现欲望的时空跨度越大，其间出现的干扰物也会越多和越复杂。

个体欲望场的大小范围取值，是随着欲望层次的上升而不断扩大的。在本性欲望层次中，本性欲望场的辐射区间比较小，仅限于本能性感官阈限和当下可实现本性欲望的现实能力所及范围内。

感性欲望场则完全以感官能力所辐射的区间作为自己的欲望范围，既包括本性欲望场的范围（一般是身体可触及的范围），又包括感官所及的更大的范围，比如眼睛能够看到或耳朵能够听到的范围。

知性欲望场不仅仅包括主体所感的范围，也包括主体所知的范围，已然超越感官能力而辐射到感官所不及的更大的范围，比如在知道了珠穆朗玛峰为世界第一高峰之后，便可能会产生攀登天下第一高峰的念头与豪情。

情性欲望场则以联系为纽带，在知性欲望基础上沿着联系的方向层层叠叠伸展出去和延展开来，在范围和层次上比知性欲望更大和更复杂。

理性欲望场的空间则更广阔，不但涵盖着本性欲望场、感性欲望场、知性欲望场、情性欲望场，也同时以判断、推理的形式使得各层次的欲望场得到了更大更远的延伸和拓展。

慧性欲望场则仰仗于悟性的力量可以使个体欲望场的时空范围得到更大的突破。

神性欲望场则借助灵性的翅膀辐射到更远的地方，可以穿越任何时空，穿越任何维度限制，使人类欲望场趋于无穷大，变得几近没有边界。

人与人之间，只有较低层次的欲望所表现出来的欲望场才有更多的相同或相近的内容，特别是本性欲望场的绝大部分内容都是相同或相似的，交叠的或重合的。人类纯粹的生理匮欠所产生的欲望基本上都是相同的，其欲望指向的吃喝拉撒睡等内容是本性欲望场必然辐射的目标对象，是人的本能或本性的具体体现。

不同的人的感性欲望场，其交叠的内容也较多，因为人的感性来自于人的感官，眼耳鼻舌身是上帝赐给人类感知世界的特殊工具或窗口，每一个人通过感官所获得的感性也都基本上是相同的，对于美景、美乐、美味的偏好大同小异，所以不同的人的感性欲望场也有很多内容是相同或相似的，或交叠在一起的，以致经常造成同一个事物成为被很多人期待和垂涎的目标。自知性欲望层次以后，其欲望场出现交叠的情况便越来越少了，因为不同的人常常会表现出不同的知性、情性、理性、悟性、慧性和灵性。你所知者我可能不知，你的学习阅历，我可能未曾有过，你联系的目标对象，我可能未必联系过，你的理解可能不等同于我的理解，你的灵感可能不会成为我的灵感。这些不同，就造成了各自欲望场必然存在一些较大的相异之处。

但毕竟，由于人类自身所具有的智能形式是大致相同的，所面对的客观世界的面貌也是大致相同或相似的，其头脑所形成的影像资料也是大同小异的。

所以，人类欲望场的相似性往往多于相异性。一个人的欲望与另一个人欲望的不同，一个人的追求与另一个人的追求的不同，大多表现在较高层次的欲望上，而对于低层次诸如本性欲望或感性欲望则会表现出更多的交叠和重合。这也是为什么社会上知识层次较高的人越不会与知识层次较低的人成为竞争对象的基本原因。社会上构成竞争关系的人往往差不多有着相同或相近的认识层次、能力素养和身份地位。

图 1−2 是由一块磁铁构成的磁场示意图。任何一块磁铁都分为N极和S极，而且，N极和S极遵循着同性相吸、异性相斥的磁性原理。

按照我提出的欲望场理论，我们有理由把一块磁铁想象为某一特定的个体自我，周围的铁屑则可以想象为分布于个体自我外部环境中的诸多客观事物目标。这样，人类任何个体自我都是一个有机的生物性磁体，我称之为欲望体。每一个欲望体的外面都有很多被欲望体欲望着、辐射着、联系着、吸引着或排斥着的客观事物目标，在此简称为目标。目标有益于（吸引）或危害于（排斥）欲望体自我的，其实并非目标这个东西本身，而是目标所具有的独特的功能，我在本书系中称之为目标性能或外应物能。

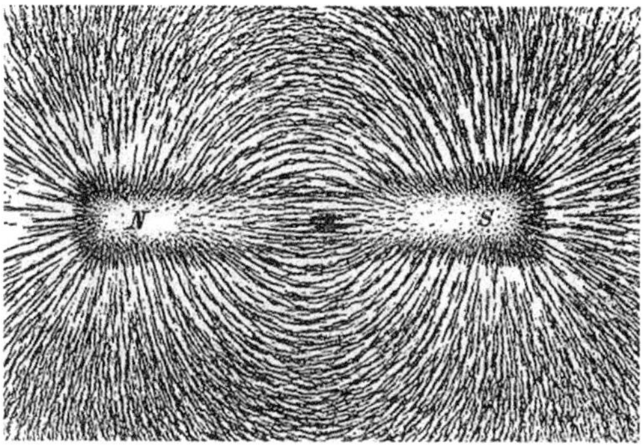

图 1-2　由一块磁铁构成的磁场示意图

由于任何一种欲望都在神经智能感应范围内分为匮欠和目标两个部分，匮欠引起神经反应，这个反应传递到大脑，便会产生负欲望。负欲望经与大脑目标性表象或外在实时目标性影像的对接与联通而即刻演变为朝向特定目标做出期待性意志倾向反应的正欲望，从而使个体自我由简单的生物体而变成了复杂的欲望体。其中，自我内部匮欠相当于N极，而外在目标相当于S极，N、S两极相感构成个体自我欲望体。

图1-3是由两块磁铁构成的磁场。相对于人类欲望场，可以想象是由两个

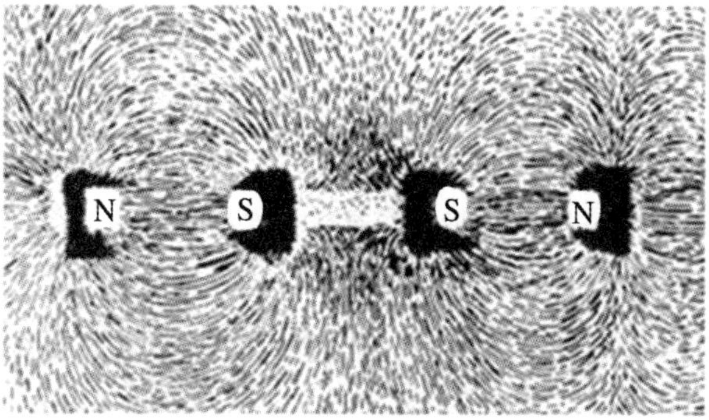

图 1-3　由两块磁铁构成的磁场示意图

人构成的欲望场，按照同性相斥、异性相吸原则，在闭合的个体欲望场内部，N极和S极是相互吸引的。但在两个或两个以上的个体欲望场发生竞合现象时，彼此之间的N极或彼此之间的S极则是相互排斥的。

两个磁体在一起，就像两个人作为两个欲望体在一起一样，彼此之间也同样遵循同性相斥和异性相吸原理。就像两个人同时倾注于一个共同的目标，彼此都属于欲望人，彼此之间便会构成竞争关系和相互排斥关系。一者得到了这个目标，就意味着另一者失去了这个目标，二者以同一个目标为焦点而呈现为对立而不相容的关系。

同属性磁极相互排斥时，二者任谁也得不到足够多的目标物，图1–4中显示N–S极之间的空间中，外部的铁屑可以共有共用，就像两个异性在一起生活时，所有生活物品皆可共用而无虞一样；但不同属性磁极相吸时，二者都会得到足够多的目标物。图1–3中显示在两个S极彼此相对的空间中，排斥力是最大的，外部的铁屑目标几乎被二者之间发生的排斥力清空，就像两个同性在一起生活一样，彼此之间对于身外的财物或事物一般是不能共享共用的。

在两个以上的个体欲望场发生竞合现象时，彼此之间的关系也同样遵循物理场原理。参见图1–4。

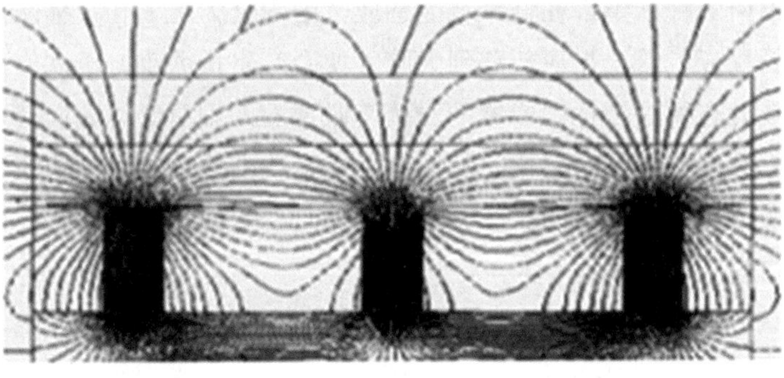

图1–4　由多块磁铁构成的磁场示意图

图1–4是由多块磁铁构成的磁场示意图。这个示意图用以表示多块磁铁各自独立，每一块磁铁都是一个闭合的场系统，但在同置于某个特定的空间时，彼此必然发生辐射、干扰、交叠、互动、对立和统一的关系。当然了，三块磁铁的组合方式是多种多样的，不同的组合方式所产生的磁力线以及对于周边带有磁性的事物的影响也具有明显的不同，但任何不同也仅仅是现象的不同，其在本质上所遵循的场际原理或场域效应则是完全相同的。

我们当然也可以用每一块磁铁象征不同的人类社会个体自我欲望体，由此构成一种简单的社会关系。不同的人聚合在一起，也就相当于不同个体的欲望场交合或竞合在一起一样。人类的社会关系，并非简单的物理位置坐标关系，而是不同个体欲望场的交合或竞合关系，或者简单地说就是欲望关系。没有欲望，人类社会关系便无从谈起。这一观点可以被简述为社会关系欲望决定论或人际欲望场论。

在个体欲望场中，人与环境的关系仅限于自我与目标的关系，并由目标关系而扩展到与目标有关的背景以及与目标有关的他者的关系，这就使个体自我不得不被拉进社会欲望场的广大范域之中，并因由与他者所发生的特定场际关系而促使自我与自然界、与社会之间进一步建立起了更广泛、更复杂的欲望场际关系。

所以，欲望目标是个体自我与其他人建立社会关系的桥梁和纽带，这里的其他人包括其他欲望人和欲权人。没有欲望目标，人和人之间的关系便不复存在。社会关系的实质既然是欲望关系，那么，按照欲望场的竞合原理，自我与他人的关系就变成了个体自我欲望场与个体他者欲望场以及与社会欲望场之间的关系。欲望的主观意义由此逐渐演变为欲望的客观意义，因为自我性欲望场虽然具有自我闭合的主观性，但他者的欲望场和社会欲望场却不随个体自我意志为转移，而具有自我不能支配、不能控制和不能改变的客观性，这种客观性同时还包括自我欲望场与他者欲望场或社会欲望场的吸引与排斥关系、交叠与竞合关系。这样，作为个体自我的人就不得不参与到社会性竞争与合作中来，以此实现适应性和妥协性的自我保障、自我完善、自我成全、自我实现和自我救赎。

同时，欲望场竞合关系非止于不同个体的匮欠竞合、目标竞合，也包括彼此整体性竞合，即一方的匮欠是另一方的目标。甲男对于乙女产生爱慕之情，乙对甲也产生了爱慕之情，甲之所需正是乙之所欠，乙之所需也正是甲之所欠，甲乙双方发生性欲场际竞合便顺理成章了。如果乙对甲没有任何好感，甚至产生了厌恶之情，则甲与乙不产生欲望竞合关系，二者之间只存在欲望竞差关系，即彼此关注的更多是不利于自已的较差的一面。

人置身于这个物质世界的磁场、电场、引力场、斥力场等物理场中，同时也置身于一种自设的随心所欲的欲望场中。而且还被动地处于其他人的欲望场中，被他人垂涎着、追逐着，或者厌恶着、排斥着。

人类社会关系就跟磁体与磁体之间的关系一样，不同磁体之间存在相吸关系，也存在相斥关系，因相吸而相慕、相好、联手、扶助、合作；因相斥而对立、干扰、冲突、竞争。一个人除了夫妻关系和家庭关系之外，与社会其他人之间产生的相斥关系往往大于相吸关系。

比如甲、乙双方同时发生相同属性的匮欠，相互之间实际上是毫无助益的。因为甲索求的目标，也成为乙争夺的对象，即便是甲乙双方同时发现目标，相互之间也是毫无助益可言的。因为外在做为填充物目标的有限性决定了甲乙双方针对同一有限目标必然产生竞争关系，这对彼此双方显然是不利的（只有双方面对共同的阻碍时，才能一拍即合而成为联手合作的关系）。

所以，同性相斥、异性相吸的属性是由场域内部自我闭合属性决定的，欲望原理的自私自利性和趋利避害性也正是由场域内部所具有的自我闭合属性决定的。

在欲望场之内，甲欲望体锁定或获取的外在目标不能满足或回馈于乙欲望体的匮欠，而只能满足或回馈于甲欲望体自身的匮欠。同理，乙欲望体的匮欠只能指望或依赖于自身锁定或获取的目标，而不能指望或依赖于甲锁定或获取的目标。我们从图 1–3 中可以看到，同属性磁极在斥力作用下，会努力清空外在作为目标物的铁屑，使目标物无法顺利流入自己一方。

这就如同两个人同时争夺一个食物，一个性伙伴，或者一个官位、一项荣誉、一份财产时，在僵持不下的时候，谁都无法得到目标物一样。在社会欲望场中，两个人同争一个目标时，也常常导致两败俱伤以致渔翁得利的后果，这一点竟同宇宙底层设计的电磁场原理几乎是完全一致的。

二、从磁场的磁极看欲望场的欲极

假如我们把自我欲望体权作磁体来分析，那么对于这个欲望体的两极，我们可以称之为欲极。欲望体的两极结构究竟是如何分布的呢？在此，我们在这里提供了五种可能性分析报告。

1. 按照躯体上下结构来划分

人类个体自我作为欲望体的两个欲极，也必然体现在神经反应与被反应的两个层次上。其中，自主神经层次作为一极主司人体生理机能，所以自主神经层次在其范围上看基本等同于生理机能层次；神经中枢层次作为另一极，一方面要接受、汇总、分析、加工和整理来自于传导神经层次传导过来的各种信息，一方面发号施令并再度通过传导神经传导主体自我的主观意志，而且这种传导既可以通过内部感觉向人体内部环境目标进行内传导，也可以通过外部感觉向人体外部环境目标进行外传导。

所以，神经中枢层次几乎操纵了除自主神经层次以外的所有神经系统及其关系，我在这里将这个受神经中枢（即大脑）操纵并充分体现主体自我意志的神经系统，称之为随意神经系统，或笼统地称之为神经智能。这样，个体自我只有首先在生理机能层面产生匮欠之后，才能在神经智能层面反应出来，即经由感觉神经觉察并传导给大脑,然后由大脑做出应答反应,从而形成特定欲望体。

当自我生理机能处于完全平衡状态，也是自我无匮欠状态即无欲望状态，而无匮欠即无欲望状态的自我是不以欲望体形式而存在的自我，是无欲无求的暂时的自我。只有在生理机能发生匮欠而出现不平衡状态时,欲望才会产生出来,主体自我才会成为一个特定的欲望体。

而匮欠作为一种客观性存在，只有被主体自我感知到和意识到，才能以负舒适的刺激传导形式反应出来和表现出来，才能上升为主观层面的欲望，否则，离开了神经反应和大脑反应（这两个反应在这里可以笼统地合成为神经智能反应），匮欠也就无所谓匮欠，其本身不过是一种客观存在，而一切客观存在并不分多与少、大与小、好与坏、利与害、盈与亏、欠与满、得与失或正与负的关系。

因为事关事物关系的界定皆出自于人类自我的主观认知和主观评价，离开了欲望倾向，离开了神经反应，离开了大脑思维，离开了主观存在感或存在观，任何客观存在对于主体自我都没有实际意义。换句话说，客观存在本没有意义，只有被主观认知的客观才具有意义。所以，一切客观事物其实并不存在谁是谁的、谁归谁的或谁好谁坏、谁得谁失、谁是谁非的意义关系。因为客观世界万事万物的各种意义及其关系完全是主观自我赋予其上的，完全是以主观自我为中心并按照自我欲望意义赋予其上的，这一点，我们可以称之为主观意志认定论。

所以，在尚未进入神经反应层次之前，或者说在没有被自我感知到和意识到之前，生理匮欠可以被理解为客观事物的一种存在形式，而一切客观事物的存在性或实有性都可以表示为中性，当被自我神经智能感知到和意识到之后，才可在主观层面上被赋予舒适或不舒适的意义，才可上升为主观欲望倾向，一切主观认知的缺失性或空无性都可以表示为负。对于这种缺失或空无，我在本书系中统称为匮欠。

要知道，主观上想要的且不在场的东西方可界定为匮欠，其处于绝对的客观层面上并不会造成舒适或不舒适的主观反应，但其一旦被神经智能感应到或认识到，则必然会造成不舒适的主观反应。

对于生物体自我而言，客观层面的匮欠可以理解为生理机能层面上出现的不平衡状态（或是能量耗损而至缺乏或是能量积累而至饱胀），主观层面上的匮欠可以理解为神经智能层面上发生的不舒适状态。

如果生理机能层面上出现的匮欠不能在神经智能层面反应出来，那么，这个匮欠就不是主观层面上的匮欠，就不能产生任何欲望活动。

据研究不限于人的毛发或指甲等部位并没有感知神经，甚至内脏中有些器官（如肝脏）也缺乏感知神经的参与，这就使得这些特殊的肌体、组织或器官即便发生某种轻微的生理匮欠或病变，也不会在神经智能层面反应出来，这时的生理机能性匮欠便不会成为神经智能性匮欠，便不会造成明显的不舒适性反应，便不会成为主观认知的匮欠，便不会在主观意志层面上产生欲望反应。

比如轻微肝炎一般不会被主体自我感知到，当发现肝癌时一般已是晚期，就是这个道理。而当作为匮欠的负在主观层面上反应出来之后，对于外在可用来填充匮欠的目标物则可认定为正。所以，在主观世界中是先有负，然后才有正的，而且负与正是主观世界的产物，离开了主观世界的基本认知，变不存在负与正。

客观层面上的匮欠只有上升到主观层面上的匮欠才具有欲望意义。客观性生理匮欠经由躯体运动神经传递给大脑中枢神经并做出应答反应，首先形成的是一种主观性负欲望。

这说明，客观性的匮欠产生于生理机能层，主观性的匮欠产生于神经智能层。所以，对于自我欲望体而言，生理机能层处于客观性匮欠状态时可以视为正极 S 极，神经智能层处于主观性匮欠反应状态时可以视为负极 N 极。

这样，自我欲望体两极的空间分布位置就可以据此被初步确定下来了，即在客观层面上发生的匮欠现象居于躯干部位，这个躯干部位即为正极 S 极，在主观层面上形成的匮欠反应居于大脑部位，这个大脑部位即为负极 N 极（见图 1–5）。我们知道，由于人的大脑是整个自我的绝对主人和法定代表，人体中除了大脑之外的其他任何肌体、组织或器官都是支持、呵护和保障大脑存在性的生理部件，而且几乎所有的生理匮欠都来自于这些部件上，鉴于躯体运动神经做出的匮欠反应通常都首先发生在躯干部位中的这些部件上，大脑中枢神经做出的应答反应则只能发生在头脑部位。这样，整个自我的两个欲极的空间分布大概可以从颈项位置分成上下两个部分。

图 1-5　人类自我欲望体两个欲极的空间分布位置

图 1-5 是人类自我欲望体两个欲极的空间分布位置示意图。图中显示，作为生理机能层面的匮欠发生后，以其客观性存在形式而形成一极，可以视之为正极 S 极，这个匮欠一旦进入神经智能层面，便会以其主观性存在形式而形成另一极，可视之为负极 N 极。之所以设定为负极，就在于它在整个欲望体内部首先表现为一种负舒适感的欲望反应，亦即负欲望。如果我们把人体笼统地分为头部和躯干两个部分（这里的躯干可以涵盖颈、躯干、四肢三个部分内容），那么，我们发现人体生理机能的发生基本上集中在躯干部位，所以，头部以下的整个躯干部位可以设定为正极 S 极。而人的神经智能反应最终总要落实到大脑，并在大脑中形成负欲望，所以，大脑部位可以设定为负极 N 极。

图 1-6 是自主神经系统与中枢神经系统的层次关系示意图。自主神经系统主管着内脏、腺体、血管等生理机能层面的全部内容，包括器官与器官之间的相互联系、相互协调、运动方式等等，其所具有的这些功能属于客观意志范畴。虽然没有主观意志能力，但其与中枢神经系统却也必然存在着某种特殊的联结方式或联系机制，并通过这种联系而实现客观意志与主观意志的协调与转换。我们把生理机能层设定为正极即 S 极，也等同于把代表客观意志的自主神经系统设定为正极即 S 极，而把代表主观意志的大脑中枢神经系统设定为负极即 N 极。其中脊髓神经系统则承担着两极信息的传导功能。

从欲望产生过程上看，生理匮欠在尚未经由神经智能而进入主观层面之前应该作为正极 S 极来看待，匮欠被神经智能反应出来并在大脑主观层面形成不舒适的欲望反应，应该作为负极 N 极来看待。但在主体大脑中以匮欠性反应为基本内容的负欲望形成以后，必须在自我之外找到相应的客观性目标物来填充，这样才能构成一个完整闭合的和动态循环的欲望系统。

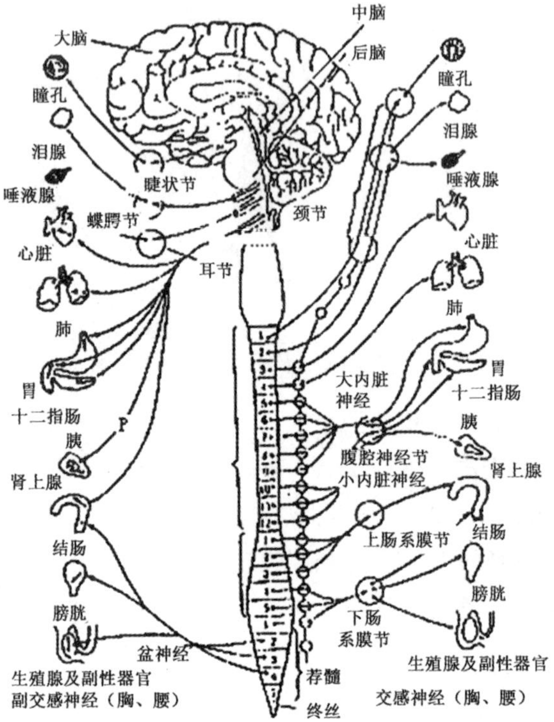

图 1-6　自主神经系统与中枢神经系统的层次关系

对于严密封闭于头颅之中并真正代表自我的大脑，如何与那些隔着坚硬的颅骨并远置于外界的客观性目标取得联系，却需要上帝格外赋予一种能够与之相衔接的特殊的神器才能实现。这个神器不是别的，而是把内在代表自我的大脑与外在代表目标的事物连接在一起的外部感觉器官，亦即眼睛、耳朵、鼻子、嘴巴等感官。

我们惊异地发现这些外部感官基本上都集中分布于距离大脑最近的地方，分布于包裹着大脑的颅骨周边，这种与大脑如此切近的分布格局和结构方式应该不是一种随机性偶然，而是先天的精密性造化和客观意志在质能转化过程中的最佳结构性设计、功能性组合和程序化安排。

大脑与周边就近分布的外部感觉器官直接连通，而外部感觉器官则与外部客观环境中的各种事物目标直接连通，就像大脑有意安排在身边并各司其职的信使一样，不断把外在环境目标中的各种信息传送给大脑，进而实现对于自我大脑之外的客观性目标的有效搜寻、探求和索取。

而居于自我欲望体之外的其他一切事物都可以首先当做自我欲望场的干扰物来看待，对于填充匮欠有利的目标则为正干扰物，对于填充匮欠有害的目标则为负干扰物，对于填充匮欠既无害也无利的目标则为中性干扰物。其中，正干扰物与自我欲望体的大脑负极 N 极相吸，负干扰物与大脑负极 N 极相斥，中性干扰物与大脑负极 N 极不产生作用，因此也不具有实际干扰作用。

作为欲望体的自我正是从外在这些干扰物之中寻找和选择赖以填充匮欠的特定欲望目标的，并通过这一特定欲望目标以外的其他干扰物（或关系物）而寻找、选择、谋划和设计特定欲望的具体满足方式、方法和途径。其中，除去特定欲望目标以外的其他正干扰物可以为欲望满足起到媒介性或条件性助推作用，并可以为欲望力加大权重，而负干扰物则对特定欲望的满足起到媒介性或条件性阻碍作用，并为欲望力减小权重。

这样，对于整个自我而言，匮欠驱动力与目标吸引力彼此遥相呼应，一推一拉，共同合成欲望反应力，亦即理论欲望力，但实际欲望力的大小还应该考虑干扰物作用力的权重。实际欲望力 = 匮欠驱动力 + 目标吸引力 + 干扰物作用力。其中，有意义的干扰物作用力分为正作用力和负作用力。在通常情况下，干扰物作用力等同于欲望产生或满足必备的环境条件，当环境条件成熟、适宜、允许、可行，则相应欲望及其热情会呈现高涨之势，其整体欲望力增强；反之，当环境条件不成熟、不适宜、不允许、不可行，则相应欲望及热情会呈现低落之势，其整体欲望力减弱。

这也是为什么人们在某些条件明显不成熟和不允许时，通常并不会产生某种欲望，不会对某一目标产生想法或抱有期待，只有在条件成熟或允许之时，才更有可能产生某种欲望，才更有可能对某一目标垂涎三尺并趋之若鹜。

整个自我欲望场的 N 极仅仅对不在场的目标产生了期待性感应力，自我本身并不能仅靠这种期待性感应力而直接获取目标，获取目标的途径必须通过四肢来完成，这就构成了一个从匮欠反应（神经反应）到负欲望反应（大脑反应），再到对于填充物目标的正欲望反应（大脑反应），再到驱动四肢做出满足欲望的行动性反应，从而使得整个欲望系统构成了一个完整的回路。

由此可见，在客观性匮欠与客观性目标之间，搭建并悬浮着一个特殊的“司令部”——即人的大脑。当大脑受到匮欠所造成的不适感的驱动而变身为欲望体的负极 N 极，即由此而成为整个欲望体的支配者，那么，被支配者便成为了欲望体的另一极即正极S极。其所对应的正极S极甚至不限于处于被支配地位的外在填充物目标，也包括自我躯体中处于被支配地位的颈项、胸腹、四肢等肌体部位，它们都是被支配的对象，都处在了正极S极的地位上。这样，除了外在填充物目标之外，仅仅在自我欲望体上便呈现出至少五个正极S极。见图1–7。

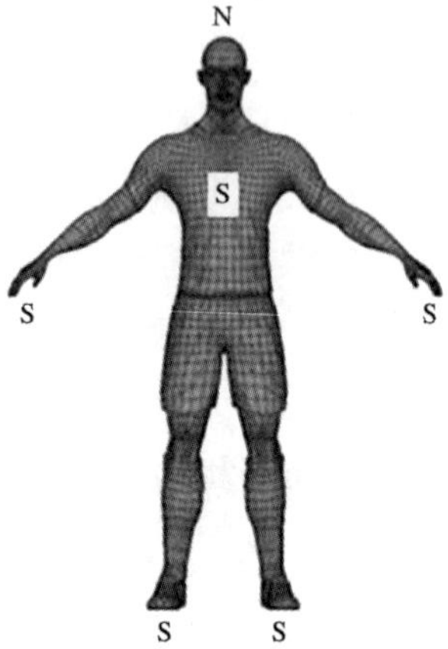

图1–7 人类自我欲望体S极与N极的具体位置分布

图1–7是人类自我欲望体S极与N极的具体位置分布示意图。图1–7将图1–5再度细化，由此确认了个体自我欲望体的负极N极总是对应着大脑之外的多个S极（这是仅就整个人体而言的S极与N极）。事实上，人体中的正极S极与人体之外作为目标填充物的正极S极，在大脑负极N极的驱动下是可以与之实现直接连通连接的。

人类个体欲望场的N极是人体内部生理匮欠在大脑中的欲望性反应及其反应位置，而要满足这个被大脑反应的匮欠，至少需要完成四个步骤：一是人体内部的传导神经将匮欠性信息传递到大脑，并转化为负欲望性反应即负极N极；二是大脑负欲望性反应即负极N极通过朝向外在目标的辐射性感应而将负欲望性反应即负极N极形式，转化为正欲望反应即正极S极形式；三是正欲望反应即正极S极发出指令给传导神经，进而驱动四肢为大脑负极N极索取其所辐射到的外在目标；四是四肢将外在目标回馈并填平生理匮欠，从而构成了一个类似于磁力线一样的连续循环的闭合回路。

其实，人类自我欲望体的正极S极的分布情况远比我描述的还要复杂。按照以上逻辑推断，我们将负极N极确定在大脑部位几乎没有什么悬念，因为所有的匮欠变身为欲望之后，都要无一例外地反映在大脑之中，并经由大脑总汇信息、分配信息、支配信息和发布信息。所以，大脑作为发出欲望感应的负极

N 极应该是理所当然的。但正极 S 极的位置由于处于大脑外部或自我外部，所以始终是欲望场中不断运动着的变量。

借助我在本书系中提出来的对于神经智能与大脑意能的分层理论，可以在宏观上按照如下思路来认定自我欲望体的负极 N 极和正极 S 极：在生理欲望系统中，自我欲望体的负极 N 极是大脑意能，正极 S 极是神经智能所覆盖的躯体（这个部分同时还是自主神经系统的非主观性辖区）。负极 N 极和正极 S 极作为两个层次的能结构都必然地依托于与之相对应的质结构（即神经和大脑）之中。所以，这两个欲极既具有特定拓扑性层次的能结构，也具有特定空间位置的质结构。

不过，问题似乎仍然没有得到很好的解决。人类个体欲望体代表外在目标的正极 S 极是一个飘忽不定的变量，其所变者，一方面缘于自我生理匮欠程度和满足程度上不断发生消长性变化，导致其代表内在匮欠的负极即 N 极反应和正极 S 极反应也同样处于相互对应的消长变化之中。一旦某种匮欠被目标物填平，欲望得到满足，那么针对这个特定欲望而产生的负极 N 极和正极 S 极便会自动消失，机体中新近萌生或业已存在的其他欲望场的负极 N 极和正极 S 极开始凸显并增强；另一方面，散置于人体外部的正极 S 极作为欲望所辐射的目标物，始终处于充满各种变数的复杂关系网络之中，既有可能因天时地利等因素的干扰而成为失之交臂的遗憾，也可能成为其他欲望体的猎物，其运动性和被动性必然使其具有不为主观意志所能掌控的变化性特征；还有一个方面是欲望层次的递升更使外在目标性正极 S 极的重要性呈现为一种特殊的变数，其在大脑中形成的目标性影像必然与匮欠性认知构成一种互联互通、互交互动的关系，特别是心理层次、情感层次、精神层次的欲望，其负极 N 极和正极 S 极会奇点般地交织或叠加在一起，让人似乎很难分清场极的真面目。

图 1-8 是心理性或精神性欲望中 S 极与 N 极发生交叠示意图。表明凡是人类的认知活动、心理活动、情感活动、精神活动，都产生于大脑之中。而一旦在这些方面发生匮欠，那么，匮欠位置也理所当然地隐匿于大脑之中，这就使代表匮欠的负欲望 N 极与寄托目标的正欲望 S 极存在着发生交叠现象的可能性。

人类心理或精神的内容发端于大脑，包括认知匮欠、心理匮欠、情感匮欠、精神匮欠发生时，其代表匮欠性反应的负极 N 极即处于大脑之中，这时有两种可能性：一是目标性正极 S 极在大脑之外，且只有通过大脑之外的目标性填充，才能使欲望获得满足；二是欲望主体从既有匮欠性负欲望中进行思考和筹谋，并试图通过既有表象而分析出特定结论来，这种情况下代表目标性正欲望 S 级也同样深居于大脑之中，这时 N、S 两个欲极便发生了交叠，形成一个无法分割、交互错动因而也具有无限曲率的主观世界的奇点。

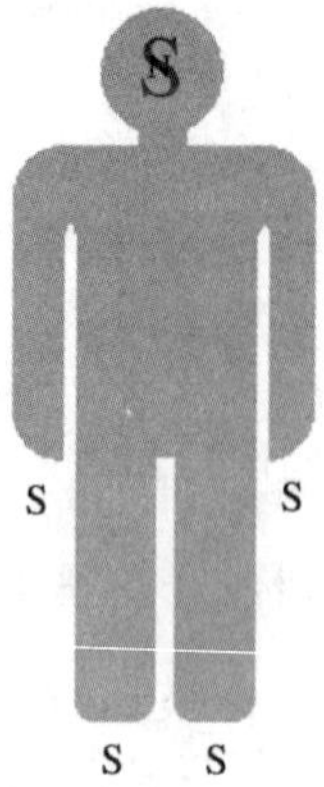

图 1-8 心理性或精神性欲望中 S 极与 N 极发生交叠

不过，这也大可不必担心，要知道，二者尽管交叠在了一起，但并不意味着彼此可以替代，也不意味着一极吞并了另一极或压制了另一极，二者居于一室，仍然遵循着负极 N 极信息向正极 S 极流动的基本规则，就像一种当面汇报方式一样，不像其他生理性欲望体的负极 N 极必须经过神经信使的传导，才能把匮欠信息传递到大脑中。但在这里，虽然是当面汇报，也仅仅限于单一方向的汇报，即正极 S 极只向负极 N 极汇报欲望满足性信息，负极 N 极只负责接收汇报，并不会在内部直接向正极 S 极反馈信息或发纵指示。

负极 N 极将正极 S 极汇报的内容进行分析比较，得出结论，并直接指示其下层的神经智能驱动肢体完成新生结论所指向的特定目标，这时的目标置于结论之后，而躯体内部的正极 S 极也会随着新生的目标而漂移。如果目标达成，那么，负极 N 极和正极 S 便会自动离场和消失，标志着该项心理性或精神性欲望获得了满足。否则，个体自我事关外在目标性正极 S 极便会一直赖在大脑中匮欠性负极 N 极旁边，与之纠缠振荡在一起不离不弃。

2. 按照躯体左右结构来划分

人类个体自我欲望体的欲极分布，是否可以分为左右两部分对称吸合结构也值得做一番考察。我们知道，整个人体结构可分为左右对称吸合的两个部分，其中间线从天生的人体腹白线上可以看得出来，腹白线的左半部分为一极，右半部分为另一极。体现在大脑上，则左半脑为正极 S 极，右半脑为负极 N 极。

我们知道，正常人的大脑有两个半球，除了脑梁与透明中隔相连以外完全左右分开，二者由胼胝体连接沟通，构成一个完整的统一体。

德国亚琛大学医院的神经科学专家格雷昂 · 芬克与同事在《科学》杂志上撰文认为，居于左右半脑之间的前带皮质是大脑的“管理中心”，它首先负责对来自各路的信息进行具体判断，之后按照问题的不同性质“通知”相应负责的半脑，也就是将任务“分配”下去，它同时承担着左右半脑之间互相交流沟通任务。在正常的情况下，大脑是作为一个整体来工作的，来自外界的信息，经胼胝体传递，左、右两个半球的信息可在瞬间进行交流（每秒 10 亿位元），人的每种活动都是两半球信息交换和综合的结果。

大脑两半球在机能上有分工，左半球感受并控制右边的身体，右半球感受并控制左边的身体。据神经科学研究的结论，人体在正常情况下，功能相反的交感和副交感神经处于相互平衡制约中。在这两个神经系统中，当一方起正作用时，另一方则起副作用，很好地平衡协调和控制身体的生理活动。

通常，一个器官都分布有两个系统的神经纤维，保持着双重的神经支配。同时，这两个神经系统对一个器官的作用，多数是相互拮抗的。这两个系统末梢径路的形态学特征,表现为从中枢神经系统或神经细胞延伸出来的神经纤维，在到达终末器官时都更换一次神经元。这说明，代表客观意志的自主神经系统与代表主观意志的中枢神经系统在本质上是互联互通的，并具有在内部实现主客观两种驱力相互转换的功能。其转换机制在于自主神经系统管控的生理机能在运转过程中发生匮欠并达到特定失衡性阈限之后，便会通过一个特定联通环节而自动转换到随意神经系统的感觉神经层面上来，然后再由感觉神经传导到中枢神经系统中，并在这里形成欲望性意志反应。

20 世纪 50 年代，美国加利福尼亚技术研究院的教授、著名生物学家斯佩里和他的学生开始在动物身上进行裂脑实验研究，就是将大脑左、右两个半球之间的胼胝体割断，外界信息传至大脑半球皮层的某一部分后，不能同时将此信息通过横向胼胝体纤维传至对侧皮层相对应的部分，每个半球各自独立地进行活动，彼此不能知道对侧半球的活动情况。特别是当切断猫（随后是猴子）的左右脑之间的全部联系时，发现这些动物仍然生活得很正常。

更令人兴奋的是，他们可以训练两个脑半球以相反的方式去完成同一项任务。后来他们又对裂脑人进行了实验研究，即对严重癫痫病人切断两半球之间的神经联系，使其成为相对独立的半脑半球。结果发现，各自独立的半球有其自己的意识流，在同一个头脑中两种独立意识平行存在，它们有各自的感觉、知觉、认知、学习以及记忆等。

也就是说，左脑同样具有右脑的功能，右脑也同样具有左脑的功能，只是各有分工和侧重点而已。比如左半脑主要负责逻辑理解、记忆、时间、语言、判断、排列、分类、逻辑、分析、书写、推理、抑制、五感（视、听、嗅、触、味觉）等，思维方式具有连续性、延续性和分析性。因此左脑可以称作“意识脑”“学术脑”“语言脑”。右半脑主要负责空间形象记忆、直觉、情感、身体协调、视知觉、美术、音乐节奏、想像、灵感、顿悟等，思维方式具有无序性、跳跃性、直觉性等。

为什么我们在欲望场理论中试图将左半脑及躯体右半部分设定为正极 S 极，而将人体右半脑及左半部分设定为负极 N 极，其理由是依据美国威斯康星州麦迪逊市大学情感神经生物学实验室主任理查德 · 戴维逊教授为首的一批专家所得出的大脑半球与情感反应之间的特殊关系，即一个人的好心情总是藏在他大脑的左半球里。他们的这项研究认为，一些诸如善于享受生活、自得其乐、朝气勃勃和充满希望等优良品质都存贮在大脑的左半球里；而右半球存贮的则是忧郁、失望与懊恼。

这是人类生物学的一个很有意思的发现：大脑正面皮层几乎完全相同的两个半球所控制的却正好是完全相反的不同情感。为什么会是这样？

对这一问题或许可以借助于欲望场理论的欲极分布格局给出一些合理性解释，即人体作为一个特定的欲望体，大脑左半球属于正极范畴，设为 S 极，主控正感觉、正舒适和正欲望，直接与目标性事件相联系，因此可以存储并激扬积极乐观的情绪；而大脑右半球属于负极范畴，设为 N 极，主控负感觉、负舒适和负欲望，直接与匮欠性事件相联系，因此存储并激发消极悲观的情绪。

大脑以下部分的躯体则与之相反，右半部分为 N 极，为负极，左半部分为 S 极，为正极。生理学和医学已经证实，大脑左半球主司躯体的右半部分，而大脑右半球则主司躯体的左半部分，从自我欲望体的欲极上看，大脑左右两个半球与躯体左右两个部分的欲极属性关系或正负关系是一种交互对应关系。这一点或许可以对人体结构与神经结构的交错性支配关系和感应性传导关系，以及对这种特殊组合关系的认知和分析具有特殊的启发意义，甚至还可以据此解释人类为什么总是右侧肢体比左侧肢体更富有力量的原因，即右侧肢体在左脑支配下更倾向于对外在目标的获取，更倾向于对目标负责，因此其对外攻击力显得更强劲，更适合于出击。

左侧肢体在右脑的支配下则更倾向于对自我的保护，更倾向于对内在匮欠负责，因此其对外攻击力显得更柔弱，更适合于自我保护。比如人在遇到目标特别是遇到敌人时通常总是以左手护身，而用右手攻击。这或许与人体左右脑的欲极正负属性及其神经感应不无关系。

神经感应关系可以理解为能量波的传导或转化关系，但这种传导和转化竟神奇地暗合于电磁场内部结构并遵循的电磁感应基本原理。

按照以上分析，我们就可以解释一个人之所以有时悲观有时乐观、有时苦恼有时开心、有时愤怒有时欢喜等情绪变化多端的原因。

一个人生活在变化万千的自然环境和社会环境之中，不可能总是经受正刺激，也不可能总是经受负刺激，这两种刺激总是轮番交替地干预着个体自我的日常生活。当内外环境发生负刺激作用时，传导到大脑右半球的N极（即负极）之后，便迅即产生负感觉、负舒适、负欲望，此时悲观、苦恼、愤怒等消极情绪随之产生，即便连面部表情也会因此而变的愁眉不展，黯然神伤；反之，当内外环境发生正刺激作用时，传导到大脑左半球的S极（即正极）之后，迅即产生正感觉、正舒适、正欲望，此时乐观、开心、欢喜等积极情绪也随之产生出来，即便连面部表情也变得眉开眼笑，乐不可支。

这就是说，一个人的喜怒哀乐忧思惧等情绪反应与其大脑的欲极性质密不可分。哪种正负性质的欲望占了上风，哪种正负性质的情绪反应就会成为整个人的心情主导力量。

我们知道，任何一种匮欠都发生在特定的时空序列之中，并由此产生特定的欲望体形式，当这个特定的匮欠被特定的目标填平之后，则正负相抵为零，欲望消失，欲性消失，针对这一特定匮欠而形成的欲望体便不复存在。比如，饥饿总是发生于某个特定的时段之内，一旦食物目标将饥饿之匮欠填平，则食欲不复存在，针对食欲意义的欲望体也在这时转换成了一个普通的生物体了。如果此时在饱暖之后而生出淫欲来，则这个生物体便又变成了一个以淫欲形式存在的欲望体了。

这就是说，每一个欲望体都是相对的，随着欲望的发生和满足，欲望体的性质和形式也在不断发生变化或转换,其欲性也同样要发生相应的变化或转换。

个体自我欲望体在欲望力的作用下，周围原本凌乱分布的客观事物目标及其影像按照欲望力的方向重新在自我主观世界中进行排列组合，构成一种特定的主观逻辑秩序和主观运动规律。

但人类个体自我欲望体的内部欲极结构分布绝不像磁体的磁极分布结构那样简单，它的内部结构极为特殊而复杂，我们可以设想人类个体自我欲望体最有可能的结构方式还应该考虑到以下几种形式。

图 1–9 是人类个体自我作为欲望体的特殊结构方式（二体四极式）示意图。图中黑粗实线代表的是整个人体，虚线部分代表外在环境中与自我欲望体有关联的其他客体目标，代表整个人体的黑框中间有一条自上而下的细线，将整个欲望体分为左右两个部分；阴影部分的 N 极与 S 极可以联想为左右脑，N 极系负欲望反应，S 极系正欲望反应。

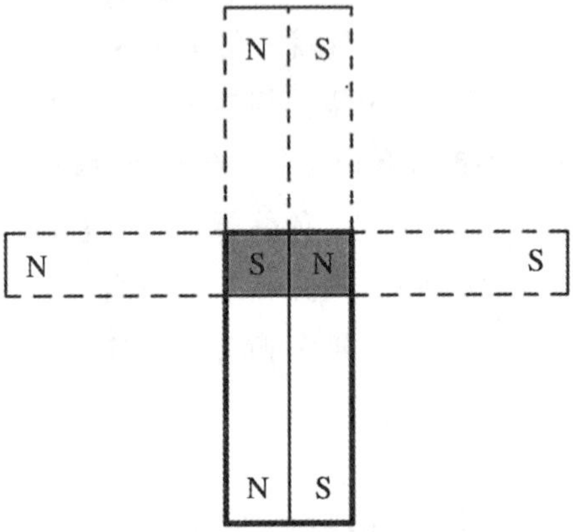

图 1–9 人类个体自我作为欲望体的特殊结构方式（二体四极式）

按照这一构想分析，人体酷似两块磁铁完全吸合状态下组成的一种特殊形式结构（见实线部分）。这一点我们从人体中间的皮肤上就可以看到这个吸合在一起后形成的对接线，医学上叫做腹白线。

但迄今没有资料证实其结构原理以及功能，腹白线从出生就有，看上去就像整个人体是由对称的两瓣肉体对接后缝合在一起的先天性痕迹，以这条对接线为中轴，整个人体各部分都呈现为一种明显的对称关系。包括左右脑对称关系（可参考灰度部分），左右眼对称关系，左右耳对称关系，左右肢对称关系，左右胸对称关系，左右乳房对称关系，左右躯体对称（可参考实线内两侧白色部分）等等。

这些对称关系的产生和存在不可能是毫无厘头的。君不见人体中事关生命且深切影响自我生理性舒适感的关键器官都集中生长在腹白线所在的中轴线上，比如鼻腔、口腔、肛门腔、生殖器等等。而舒适感不过是生物电磁场感应电流产生的谐振波动效应在神经系统传导过程中的特殊反应。

所以，我有理由推断生理学的神经感应与物理学的电磁感应遵循着相同或相似的原理。对于物理学电磁场而言，我们是置于事件之外的旁观者和考察者，无法让电磁感应在自己身体内部直接发生作用。而对于生理学电磁场而言，我们是置于事件之中的觉察者和体验者，使得这种电磁感应以神经反应的形式而在自己身体内部直接发生了作用，我们作为感应者本身而为此倍感神奇甚至迷惑不解，也许这是人类永远也无法实现自我解读的原因。

很显然的，人类个体自我作为生物性欲望体，其之所以呈现为对称关系，或许正是因为按照左右结构分布的两个欲极相互对应、相互作用、相互平衡的结果。

图 1−10 是人类个体自我作为欲望体的欲极分布特点及欲性结构形式示意图。一个人的躯体就像两块相互吸合的磁铁，其内外所存在的感应关系构成了类似于电磁场的欲望场。躯体内部产生的匮欠（负极 N 极）反应传导给大脑形成负欲望（此时负极 N 极形成于大脑中），个体自我由此变成了一个特定的欲望体。这个欲望体头部的大脑在负欲望的驱动下产生了对于不在场的目标（正极 S 极）感应，形成正欲望（此时正极 S 极形成于目标中），这个正欲望的方向是朝向人体之外的，但正欲望的终极目的是回馈于躯体内部的匮欠，从而构成一个完满的环形的闭合回路。

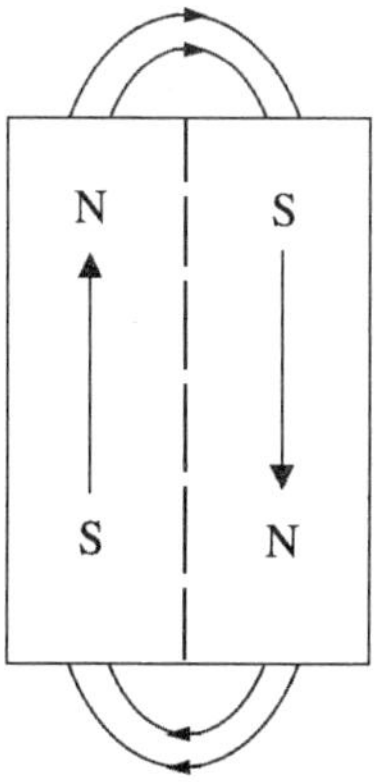

图 1−10 人类个体自我作为欲望体的欲极分布特点及欲性结构形式

而针对大脑右半球负极 N 极，有时可以通过外部感觉传导并感应到一个不在场的同性质的外在有害的目标，并对大脑右半球的负欲望反应起到加大权重的作用。从而可以推论人类大脑右半球负极 N 极总是与不利的事物、带来危害的事物、带来悲情的事物直接连通，彼此呼应，相互感应，并引起大脑右半球负极 N 极对这些事物产生注意，产生悲观的意识反应。

由此可以认为，右脑发达的人，一般也是比较内向悲观、郁郁寡欢的人。而且奇怪的是，个体自我大脑右半球负极 N 极又总是通过左半球正极 S 极而对外在同性质的有益的目标产生注意，并对大脑左半球的正欲望反应起到加大权重的作用，产生积极乐观的意识反应和情绪反应。

这说明，外部感觉与大脑之间的关系，同内部感觉与大脑之间的关系一样，都遵循“同性相通”原理。比如某男人发生性匮欠时（性欲），需要以同样具有性匮欠（性欲）的女人为目标，才能在彼此之间产生爱恋之情。倘若某男人产生了性匮欠，而目标中的女人却是个性冷淡者，根本没有性欲发生，那么，这个男人就不会从这个女人身上获得真正意义上的性满足。这种关系在彼此双方都是基于匮欠属性而建立起来的联通联动关系，所以不能简单地理解为“异性相吸”关系，而应视为“同性相通”关系，这里的同性指的是匮欠属性，而非性别属性。

大脑左半球的正极S极与右半球的负极N极并不是各自孤立存在的，二者之间具有互联互通的功能转化装置和机制。即不管是负感觉还是正感觉，上传到大脑两半球之后，大脑两半球将自动对这两种感觉进行分类编码和分类存储。如果是躯体左半部分的负极N极发生的负感觉，则其径直传导到大脑右半球负极N极后可实时进行存储（存储过程遵循同性相通原理），并产生负欲望；如果是躯体左半部分的负极N极发生的正感觉，则其径直传导到大脑右半球负极N极后并不能实时进行存储，而是通过大脑中间的连接通道，将这个正感觉信息辐射、传导、转换并存储于大脑左半球的正极S极中（存储过程遵循异性相抵原理），并产生正欲望。反之亦然，即躯体右半部分的正极S极产生正感觉，则其径直传导到大脑左半球正极S极后可实时进行存储（存储过程遵循同性相通原理），并产生正欲望；如果是躯体右半部分的正极S极产生负感觉，则其径直传导到大脑左半球正极S极后并不能实时进行存储，而是通过大脑中间的连接通道，将这个正感觉信息辐射、传导、转换并存储于大脑左半球的正极S极中（存储过程遵循异性相抵原理），并产生正欲望。

这样，左半球大脑S极作为正极，主要存储并发射正欲望信息；右半球大脑N极作为负极，主要存储并发射负欲望信息。

躯体神经层次与大脑意志层次的对应关系既不是简单的上与下的对应关系，也不是简单的左与左的对应关系或右与右的对应关系，而是左上与右下或右上与左下式的交叉式对应关系。这同我们真实的人体大脑与躯体神经网络的对应关系完全一致，即左半脑管控右半身，右半脑管控左半身。这种特殊的对应关系绝不是无缘无故的巧合，而是欲望场域的注定。

人类感觉对于各种刺激的反应具有不同的波长和频率、不同的振幅和振频，其传导路线在自我欲望场中遵循“同性相通”原理，即人类躯体内部发生刺激后，右半部分躯体 S 极所产生的内部感觉必然传导到大脑左半球的 S 极（S—S），左半部分躯体 N 极所产生的内部感觉必然传导到大脑右半球的 N 极（N—N），正刺激与大脑负极 N 极或负刺激与大脑正极 N 极之间存在相加并相抵的关系。这说明，按照二体四极式结构来分析，只有在欲极性质相同的情况下，人类内部感觉与大脑之间才能构成神经通路，才能产生互联互通的感应关系和传导关系。

而欲望体的异性欲极之间又是什么关系呢？经过研究，我认为，异性欲极遵循“异性相倾”（或称异性相抵）原理，即一极趋强时，则另一极便因受到倾轧而趋弱；一极趋弱时，则另一极便因势差效应而趋强。

当人类躯体右半部分的 S 极（见图 1-10）出现负刺激并产生负舒适感时，直接经由内部感觉传导到大脑左半球 S 极，感知神经层面的负舒适感与大脑左半球 S 极存储的正舒适感信息（记忆）相冲抵（而后才能存储于大脑右半球中）。当大脑左半球 S 极存储的正舒适感能量强度大于躯体神经层面现时发生的负舒适感能量强度时，主体自我对于这种来自于躯体神经层面的负舒适感不会产生太大的痛苦，即 $S_1+N_1=X$，S_1 代指大脑左半球正舒适感信息存储能量强度，实为正数，N_1 代指躯体神经负刺激引起的负舒适感能量强度，实为负数，X 代指整个自我的负舒适感指数或舒适感强度，此等情况下整个自我的舒适感指数或舒适感强度应该小于 N_1，即 X 为正数。

比如一个人在酒精或药物刺激下，左半脑 S 极处于极度兴奋状态时或在怒火中烧处于极度愤怒状态时，或者身体偶然出现轻微破损或划伤，一般不会获得明显的痛感。再比如当生殖器存在某种轻度不适感时，一般人也不会轻易产生性欲，但是，倘若这个人拥有足够多的性释放快感经验，在与异性交媾时，性欲勃发，其生殖器所存在的不适感便会被性的舒适感倾轧下去以致被自我暂时忽略，性快感体验大于生殖器不适感现状，且性交一旦进行，性快感便会立刻占据上风，这是好的感受压过不好的感受的例子。

反之，当正舒适感能量强度少于或小于躯体神经层面的负舒适感能量强度，则主体自我对于这种来自于躯体神经层面的负舒适感便会产生较大的痛苦反应，即在 $S_1+N_1=X$ 的等式中，X 为负数。

比如一个人外出旅游，一路上领略青山秀水、草长莺飞的旖旎风光，甚觉心旷神怡，但在沟壑旁边行走时，不慎失足落进水里竟被一只潜伏的鳄鱼咬断了一只胳膊，这使他的游兴一下子消失殆尽，游历中的正舒适感被惊吓和疼痛带来的负舒适感几乎完全倾轧下去了，其整个身心蒙受了巨大的痛苦考验，这个旅游过程很难再留下任何美好的记忆，而只能成为终生难忘的不幸遭遇。

3. 按照神经反应层次来划分

欲望来自于神经智能对于生理机能的匮欠性反应，或者更准确地说是来自于大脑对于生理匮欠性反应所做出的应答反应，所以，欲望过程即是一个连续且跳跃性应答反应过程。

我们研究欲望场，不妨先看一下我在《欲望与意识心理学》中提出的宇宙层次论。按照此一理论架构，人的神经系统也可以分为三个主要结构层次：一是低端层次亦即自主神经层次，二是中端层次亦即感觉神经层次（亦为传导神经层次），三是高端层次亦即中枢神经层次。这样，对于整个自我欲望体而言，我们可以把低端层次即自主神经层次设定为正极即S极，而将高端层次即中枢神经层次（这里主要指大脑中枢）设定为负极即N极，中端层次即传导神经层次则相当于磁场中的磁力线或电场中的电力线，在低端层次与高端层次之间起到连接与传导作用（当然，这仅仅是我按照推想设定的，并没有获得实验科学的证明）。

按照以上分析，大脑中枢神经层次是欲望形成的终极层次，鉴于欲望总是以匮欠性应答反应的形式而呈现出来，所以我们有理由将其设定为负极N极，而与其对立并存的另一极即为正极S极。这个正极S极我在本节上面归结到自主神经层次上，也就是其所主辖的生理机能层次上。

或许我们也可以将这种设想做一番调整，即鉴于生理机能发生的匮欠只有在被感觉神经感知到之后才具有实际匮欠意义的原因，我们是否也可以将感觉神经层次（也等同于传导神经层次）设定为自我欲望体的正极呢？按照我在本书系将神经智能分为两个层次的理论，即一者为主司感觉、传导之功能的神经智能，另一者则为主司汇总、分析、加工、整合与指挥之功能的自我意能两个层次理论，我们似乎可以将人类自我欲望体的正极归结到神经智能层，而将负极归结到大脑意能层（也可称为自我意能层），这样，人类自我欲望体的欲极就完全被圈定在神经反应阈之中了。

我们观察动物界，比如蜥蜴自己断开的尾巴在完全脱离开了大脑神经中枢的控制之后而仍在扭动，这一方面表明其尾巴上的神经智能犹在，一方面也表明神经智能与大脑意能是两个不同层面的神经反应。那么，这两个层面的神经反应，似乎可以理解为个体自我欲望体两个不同欲极的反应。

当然，我们按照神经层次理论而在神经反应阈之内寻找两个欲极的分布位置，还可以再调换另一个角度来审视，即在匮欠与目标这两个客观性内容在进入神经层次之后的呼应性反应，因为匮欠总是由内部感觉感知到，而目标总是由外部感觉感知到，藉此我们将内部感觉归为负极 N 极，简称内感应极，而将外部感觉归为正极 S 极，简称外感应极。这样，大脑本身就不再是一个特定的欲极，而是悬浮和搭建在内感应极与外感应极之间的中转站或协调室，对于两个欲极的反应具有联通、汇总、分析、加工和整合的功能。在这种情况下，大脑的作用就不再是特定欲极的作用了。

刺激的有益性和有害性决定感觉的性质。人类感觉对于刺激的传导路线遵循同性相通原理，其中可引起正舒适性的刺激才能产生正感觉、正欲望，而引起负舒适性的刺激则只能产生负感觉、负欲望；当正负两种或两种以上的刺激同时出现则遵循异性相抵原理，即正负刺激在感觉上表现为相互倾轧或相互抵冲的特点。正负关系之和决定整个欲望体的感觉舒适性和欲望倾向性。

对于在神经反应阈之内确定自我欲望体的两个欲极分布位置，以上分析仅仅是我个人的主观推演或理论猜想，其科学性还有待于后学者做出更进一步的研究和确认。

4. 按照正负欲望结构来划分

对于自我欲望体的欲极分布问题，我还考虑到按照神经智能层次中的舒适与不舒适两种反应性质来划分。即当自我欲望体表现为匮欠性负舒适反应时，则为负极；当其表现为满足性正舒适反应时，则为正极。体现在神经智能层次的不管是负舒适的负极还是正舒适的正极，最终都必然反应在同一个大脑之中。这就使得大脑作为欲极反应具有间歇性和反复性的特点，一会可能表现为负极，一会可能表现为正极。即当大脑针对内部匮欠或外部有害目标而产生不适感并进而产生负欲望时，则大脑为 N 极，为负极。当大脑针对内部舒适性满足或外部有益目标而引起的舒适感并进而产生正欲望时，则大脑为 S 极，为正极。

这说明，大脑欲极或正或负，完全取决于另一极是属于生理匮欠性刺激还是生理满足性刺激，或者目标有害性刺激还是目标有益性刺激，这些刺激都需要传导给大脑之后才能做出极性反应。所以，大脑之外的另一极有时来自于身体内部，有时来自于身体外部。当身体内部发生客观性匮欠，反应并传导到大脑中就会产生不适感，产生负欲望，此时大脑为负极，而身体内部的客观性匮欠及其部位作为另一极也为负极；当身体内部发生主观性满足，反应并传导到大脑就会产生舒适感，产生正欲望，此时大脑为正极，而身体内部的主观性满足及其部位作为另一极则也为正极；有时另一极也来自于外部客观性目标，当外部目标可以有效满足欲望，则通过外部感觉传递给大脑，大脑会在舒适感作用下而产生正欲望，则为正极，而外部目标作为另一极则也为正极；当外部目标将会给主体自我带来危害时，大脑则会产生负欲望，为负极，外在带来危害的目标作为另一极也为负极。

这说明，欲望体的感应信号传导路线，是从负极流向负极，从正极流向正极，在欲望体内部，这个传导路线就是内部感觉神经传导的方向和传导的线路，在欲望体外部，这个感应线就是外部感觉神经传导的方向和传导的路线（其实神经传导方向和传导线路也是主体自我欲望场中一种特殊的生物性电磁波的传播方向和线路）。大脑是负极时，一定是由内部不适性匮欠或外部危害性目标造成的，此时在负极作用下，主体自我必然表现为消极悲观的负情绪、负行为；大脑是正极时，一定是由内部舒适性满足或外部有益性目标引起的，此时在正极作用下，主体自我必然表现为积极乐观的正情绪、正行为。

5. 按照偶极子结构来划分

偶极子一般指相距很近且符号相反的一对电荷或磁荷。在电磁学里，有两种偶极子：电偶极子是两个分隔一段距离，电量相等，正负相反的电荷；磁偶极子是类比电偶极子而建立的物理模型。具有等值异号的两个点磁荷构成的系统称为磁偶极子。当场点到载流小线圈的距离远大于它的尺寸时，这个载流小线圈就是一个磁偶极子。磁荷观点认为，磁场是由磁荷产生的，磁针的 S 极带正磁荷，N 极带负磁荷，磁荷的多少用磁极强度 qm 来表示。相距为 L、磁极强度为 ±qm 的一对点磁荷，当 L 远小于场点到它们的距离时，±qm 构成的系统叫磁偶极子。

比如，一根小磁针就可以视为一个磁偶极子。地磁场也可以看作是由磁偶极子产生的场。磁偶极子受到力矩的作用会发生转动，只有当力矩为零时，磁偶极子才会处于平衡状态。利用这个道理，可以进行磁场的测量。但由于没有发现单独存在的磁单极子，故在物理学上通常将一个载有电流的圆形回路作为磁偶极子的模型。

基于以上的电磁物理学概念和理论，我们可以把自我欲望体与外在填充物目标看作是两个点磁荷，并构成一个具有完整闭合回路的欲望场。其中自我内在匮欠为负极 N 极，类似于负磁荷或负电荷，外在目标填充物为正极 S 极，类似于正磁荷或正电荷。如果一个自我欲望体面对几个外在目标填充物，相当于具有两两对应的几个磁偶极子（见图 1-11）时，则按照叠加原理，其总磁场是每一个磁偶极子的磁场的总矢量和。

图1-11是偶极子示意图。这个图可以类比于人类自我欲望体构成的欲望场。其中的负磁荷或负电荷，相当于由匮欠产生的自我欲望，其中的正磁荷或正电荷，相当于可以用来填充匮欠的外在目标；二者正负相反，构成吸引，而吸引力的发动源则在于欲望体自我，外在目标的作用力完全是沿着向自我欲望体内部的匮欠方向流动的。

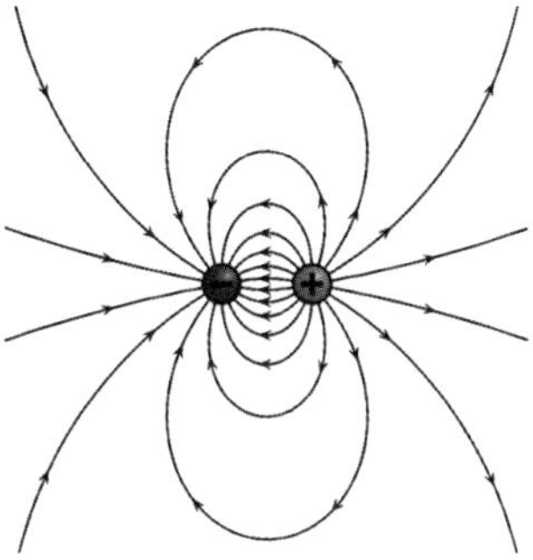

图 1-11　偶极子

按照偶极子结构划分的人类欲望体的欲极分布，则整个自我作为欲望体仅仅是一个特殊的单极子（类似于磁单极子或电单极子），对于不在场的外在目标也可以被看作是另一个特定的单极子，二者等值异号，且在有效距离内构成完整闭合的欲望场，因此二者相互感应，组合而成为偶极子。其中欲望体为负极，目标体为正极，当匮欠被目标填平，欲望得到了满足，表明正、负两个“欲荷”（其意义类比于电荷或磁荷）之间的距离消失为零，偶极矩亦为零，欲望体倏忽间不复存在。偶极子以正负异号、雌雄异性、阴阳异位且等值等效的对立统一形式存在于宇宙之中，对于个体自我欲望场而言，则突出地表现在雌雄异性之间。一者作为欲望体以正极S极形式存在时，则为正，为阳，为雄，而另一者作为欲望体以负极N极形式存在时，则为负，为阴，为雌。二者彼此等值等效且互为目标，互为吸引，以偶极子形式共存共衰。当一者消失，另一者便在欲性层面上失去了存在的意义。

人类欲望场的偶极子结构首先在男女异性的对立统一中表现出来，男性作为一种属性的单极子必须以女性作为相反属性的单极子的存在而存在，女性作为一种属性的单极子也必须以男性作为相反属性的单极子的存在而存在，在性欲层面上彼此成为对方等值等效的互应互感目标。彼此之间究竟以谁为雄、以谁为雌，二者在事实上是完全相对的，以谁作为欲望体的主体，则另一者即为这个欲望体的目标，当将欲望体的主体设为雄性时，则目标即可标注为雌性。雄雌关系的界定其实完全来自于人类社会以男性为主导的观念，来自于主观意志对于事物的评价。

借用偶极子理论，或许我们还可以设想到整个人体即为左右两个成对的类似于单极子吸合而成的生物性偶极子，中间的腹白线即为吸合衔接线的表观征象，左侧躯体相当于正单极子，为整个自我欲望体的正极S极，右侧躯体相当于负单极子，为整个自我欲望体的负极N极。大脑左半球对于右侧的躯体具有吸合连接性的神经感应意义，大脑右半球对于左侧的躯体具有吸合连接性的神经感应意义。这样，在本质上，整个人体就如一块独立的磁体一样，具有左右两极性特征。

图1-12是人类个体自我作为欲望体的特殊结构方式（一体两极式）示意图。加黑实体线表明人体作为一个特殊的欲望体，分为左右两瓣，一者为N极，一者为S极，两极中间在腹白线处对接并吸合。而在欲望体外部环境中，分别有若干有利的正目标和若干有害的负目标分别以一种外置的干扰物的形式与欲望体内部的S、N极相对应，并与有利的目标干扰物相吸，与有害的目标干扰物相斥，从而构成内外相感、彼此呼应的关系。

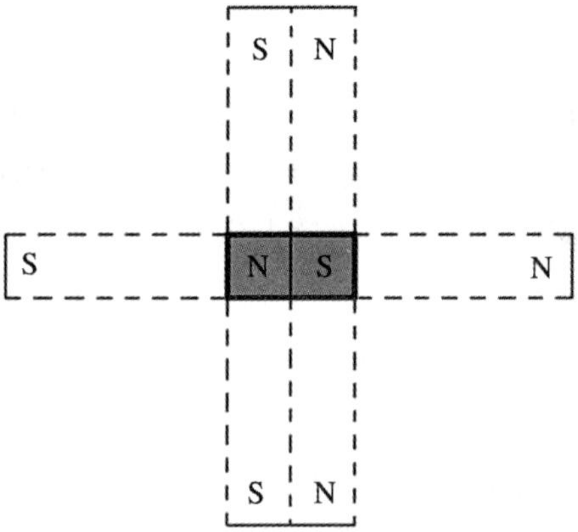

图1-12 人类个体自我作为欲望体的特殊结构方式（一体两极式）

人类个体自我欲望体似乎更切近于一体两极式结构。这个结构似乎可以解释自我欲望体内部及其与外部环境和目标之间的各种感应关系。

两个欲极的特殊结构机理，与外部环境目标构成了一个独立闭合的有心欲望场，其一忽产生负欲望，一忽产生正欲望，而且正负随时可以发生瞬时转化，即负欲望可以经由有益于填充匮欠的表象性目标或影像性目标以及舒适性感觉或感受而转化为正欲望，正欲望也可以经由对自我欲望满足有害的表象性目标或影像性目标以及不适性感觉或感受而转化为负欲望。

比如看到毒蛇这样一个负目标性刺激时，便会使某种正欲望形式瞬即转化为负欲望形式。

再看看人体作为自我欲望体之外的情况吧，任何一个特定的欲望体都必然对应于一个特定的外在目标，而外在目标与个体自我欲望体构成一种特殊的场极感应关系，即一个有利的好的目标总是代表了一种正能量，代表的是正极，亦即 S 极；一个有害的不好的目标总是代表了一种负能量，代表的是负极，亦即 N 极。人类外部感觉对于刺激的传导路线在自我欲望体外部遵循同性相吸、异性相斥原理。

图 1–12 中的虚线表明的是一种不在场的目标存在状态，虽然不在场，却可以产生或吸引或排斥的场极作用。当大脑右半球作为负极 N 极产生负欲望时，外在可用来填充匮欠的目标便以一种正能量 S 极的形式而对于主体自我产生吸引力，这就产生了异性相吸的欲极属性；当大脑左半球作为正极 S 极产生正欲望时，外部环境中出现的不具有补益性的目标对于主体自我非但不具有吸引力，却因为彼此之间存在竞争效应或冗余效应，通常还会产生一定的排斥力。如果这个目标具有危害性，则这种排斥力就会变得更为强劲，这就产生了同性相斥的欲极属性。

根据对欲望场理论的研究，我有理由认为，人体或大脑以其特殊的结构方式构成了一个极为特殊的“电磁场”，其中所有的生物电、神经电、神经反应、意识反应都是磁电感应的过程和结果。当然，就整个人体而言，或单就大脑而言，我们不知道上帝造人时究竟是把人设计成了单独一块磁体，还是用左右对称的两块磁体组合在一起的，或者是用大小不等的多块磁体组合在一起的，其组合结构究竟是怎样的，场极关系究竟如何，各磁体之间的磁感线流动方式究竟是怎样的，其中的感应电流是如何产生的，这个感应电流及其所承载的信息是否可以直接被认定为神经反应或意识反应？这一切基于现有的科学研究成果还很难给出完美的答案。

以上分析表明，心理学层面的欲望场与物理学层面的电磁场可能遵循着大致相同或相似的规律和原理，对于欲望场中各项元素和指标的计算，可以借由电磁场理论模型做出精准的数学解释。但在欲望场理论的描述中，由于作者无缘进入物理学实验室并获得相应观察数据，因此，对于欲极分布规律只能提供几种科学猜想，究竟哪一种猜想更符合真理，还有待后学做进一步研究。

第三章　欲望场中的欲感线

每一个人身体周围都存在着属于他自己的欲望场，就像每一种物质周围都存在着磁场或电场一样。在物理学中，我们把描述磁场分布的曲线叫做磁感线，每一块磁铁都有磁感线从 N 极出发，进入 S 极，其内部则是从 S 极流向 N 极。

一、从磁感线到欲感线

同样，我们把描述欲望场分布的感应曲线称为欲感线，或欲力线。欲感线是一种神经感应线、欲望感应线或意识感应线。没有神经反应、智能反应、欲望反应或自我意识，便不可能产生欲感线。每一个欲望主体都有欲感线从身体内部匮欠感应中被激发出来，并流向外在的客体目标，然后又从外部客体目标流回身体内部的匮欠感应处。

其中，欲感线在人体内部的传导方式属于有线传导，是以内部感觉所具有的神经纤维或神经细胞为载体而进行的传导，所以叫有线传导；而欲感线在人体外部的传导方式基本上属于无线传导，是以外部感觉针对外部目标的隔空感应方式进行的传导，所以叫无线传导，比如视觉传导、听觉传导等等。欲感线在欲望场内的运行规律几乎完全遵循磁感线原理，并具有与磁感线相似的特点和性质。

图 1–13 是物理磁场中的磁力线示意图。在磁场外部，磁力线总是从 N 极流出，进入 S 极；在磁场内部，磁力线总是从 S 极流向 N 极，而且这种流出和流入具有个体自我系统闭合性特征。这同人类个体欲望场内部的欲感线循环规

律是完全一致的。

人类任何个体自我都是一个有机的生物性磁体，我称之为欲望体。就像磁体所具有的两个磁性最强而且相互吸引的磁极一样，欲望体也有彼此对应、欲性最强而且相互吸引的欲极。

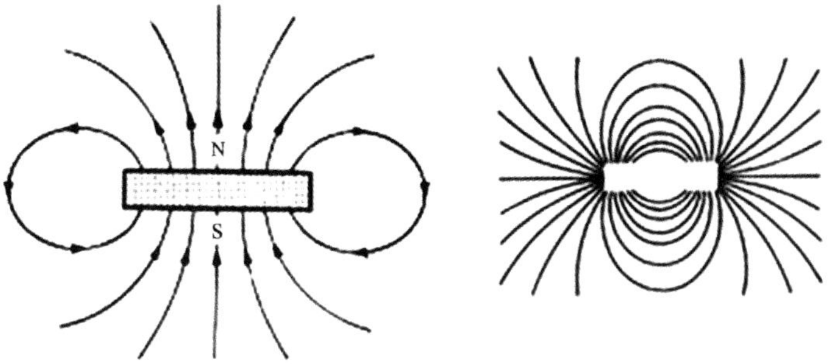

图 1-13　物理磁场中的磁力线

在个体自我欲望场的闭合系统中，针对每个欲望体外部环境而产生的欲感线总是从匮欠一极（N 极）流入目标一极（S 极），表明个体自我为了填平匮欠总是借助于外部感觉渠道朝着外在目标方向而施加作用力；针对每个欲望体内部环境而产生的欲感线，总是由大脑之外处于被支配地位的颈项、胸腹、四肢等肌体部位的 S 极流向处于主体支配地位的大脑 N 极，表明个体自我除大脑之外的躯体部位发生任何事件及其反应都将通过内部感觉渠道朝着大脑方向传递信息并发生作用，而来自于躯体部位的事件及其反应既可能是匮欠性负舒适反应，也可能是满足性正舒适反应，最终必将沿着特定的内部神经管道而辐射和传导到大脑中，并在大脑中产生与之相应的欲望倾向和欲望反应。

这样，整个欲感线在欲望体内外构成一个完整的、连续的、循环的、闭合的运行回路。我将欲感线这种始终不变的闭合性循环关系称为欲感连续性定理。这与磁通连续性定理异曲同工，都是对场力关系的虚拟性描述，但磁通连续性定理属客观世界的定理，而欲感连续性定理属于主观世界的定理。

图 1-14 是欲感线在欲望体内外流动方向及循环线路示意图。遵照欲感连续性定理，人类欲望体的欲感线从大脑部位（即 N 极）向外发出，经外在客观事物目标而流向躯体内部的 S 极，其内部则从代表感觉层次的躯体 S 极流向代表自我意志层次的大脑 N 极。这是从宏观上来描述欲感线循环路线的。

按照整体论思想，个体自我的躯体中任何部位发生舒适或不舒适感觉反应，虽然发生于某个特定的和局部的生理系统或肌体部位，但对于个体自我而言，这个感觉反应一当传导给大脑之后，便不再是躯体的部分问题，而是整个人的问题，整个自我的问题，是个体自我在整体上发生了舒适或不舒适反应，代表这个整体自我的是大脑，而不是部分，不是躯体其他某一特定的局部区域。

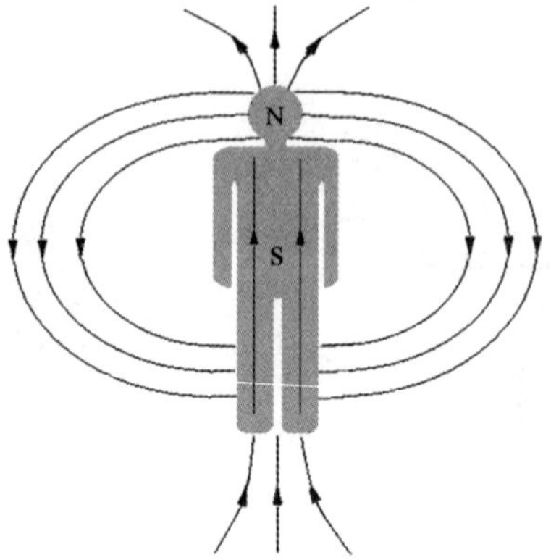

图 1-14 欲感线在欲望体内外流动方向及循环线路

比如，躯体某一部位一旦发生匮欠，必然导致整个身体或整个生理系统发生失衡，导致整个自我出现不适反应，这就意味着，部分是多元的，器官、组织、肌体是多元的，而大脑是一元的，因此代表大脑的负极 N 极是一元的，代表躯体的正极 S 极是多元的。

我们知道，人类大脑本身不会自动产生匮欠性反应，即便大脑发生病变，也不会直接产生匮欠性反应。所有的匮欠都来自于生理机能失衡导致的不适反应，来自于除大脑之外的躯体部件的机能失衡或运转失灵，即便有时感到心理空虚或精神失衡，也是基于整个自我内外环境关系不对应、不协调、不契合而造成的，并非来自于大脑本身。即是说，人类大脑思维必须借助于内部感觉或外部感觉所提供的基本信息材料之后才能运转起来。否则，大脑就是一片空白，一无所有，不会产生任何反应。

而这些信息材料本身针对于大脑这个欲极而言，就是与之相对立、相对应的另一极(而这些信息材料通过内部感觉或外部感觉而转化成特定信号的过程，其实质即是欲感线流动的过程)。两个欲极的关系构成了整个宇宙爱与恨的关系，构成了相吸与相斥、相通与相倾的关系，这一关系在人类自我欲望体身上体现得尤为明显，个体自我不再是欲望体或欲望场的简单的观察者，而是身处其中的自动感应者和直接体验者。

在人体亦即欲望体内部，欲感线就是内部感觉传导方向，亦即从代表生理部件的躯体到代表自我意志的大脑方向；在人体亦即欲望体外部，欲感线就是从代表自我的大脑到代表填充物目标的事物方向。

这个解释的终极答案只能是躯体的神经智能是一极，大脑意能是另一极，神经智能既可以感知匮欠性不适也可以感知满足性舒适，两种感知信号皆从身体特定部位传导给大脑。

这样，内部感觉是 S 极，大脑反应是 N 极，或者说是内部感觉神经层面是 S 极，大脑中枢神经层面是 N 极。

这说明，欲感线在欲望体亦即人体内部总是从内部感觉神经 S 极流向大脑中枢神经 N 极，而在外部，则从大脑中枢神经的 N 极流向外部，并经由对目标物的搜寻和锁定，再流回内部感觉神经中去，以实现目标与内部感觉的对应，这就意味着针对外在特定目标的外部感觉直接呼应于特定匮欠的内部感觉。这时，内部感觉和外部感觉都属于 S 极，亦即 S 极即是感觉极，分为内部感觉极和外部感觉极，一者从人体亦即欲望体内部传给大脑 N 极，另一者从人体亦即欲望体外部传给大脑 N 极。

内部感觉建立的欲感线属于有线感应或有线传导，外部感觉建立的欲感线属于无线感应或无线传导。这样人体欲望体的欲感线与磁感线的不同之处在于，磁场磁感线只有一个循环圈，欲场欲感线有两个循环圈：一个是内部感觉 s 极与大脑意识 n 极构成第一个循环圈，称为内圈；二是外部感觉 s 极与大脑意识 n 极构成第二个循环圈，称为外圈。外圈的运行以内圈为基础和条件，没有内圈运转，外圈便不可能流动，内圈相当于发电系统，外圈相当于用电系统。

这就是说，人体欲望体是一个以类似于一个完整而固定的磁体为基础，其 N 极在上部大脑，S 极在下部躯体。另有多个或无数个目标性磁体在外部且其 N 极皆与人体大脑交叠在一起，构成了一个极为特殊的“磁场”，亦即欲望场。

每一种匮欠、每一种满足、每一种感觉、每一种欲望，都会各自发出不同的欲感线，个体自我有多少种欲望就有多少种欲感线。在两种欲感线之间没有磁场（欲场），就像饥饿—食欲—食物构成的欲感线，与性饥渴—性欲—性对象构成的欲感线，两者之间不产生直接的磁场感应关系。

个体欲望场的 N 极既可以称之为匮欠极，也可以称之为负极；同样的，个体欲望场的 S 极既可以称之为目标极，也可以称之为正极。负极与正极借助神经感应力或意志倾向力构成彼此相吸的关系。

其实，人类机体结构的复杂性决定了欲望系统的复杂性。整个人体如果仅仅看作是类似于一块磁铁或一个磁棒的欲望体，可能并不能解释人类欲望的所有问题。所以，我们或许也可以把人体看作是多块类磁铁性的吸合，就像将多个磁块组合在一起构成一个整体一样。如果我们想象不出这样的个体自我将会是一个什么样子的人，那么我们可以先看看多块磁铁的组合模样。

图 1−15 是多磁极磁感线的分布与循环示意图。很显然，图 1−15 中显示的磁场之所以有多个磁极发出方向不同的磁感线，就在于有多块磁铁按照同性相斥异性相吸原则完全拼合在一起时的情景。这样，由多个磁块合成一体所构成的磁场，其磁感线的分布与循环就变得复杂而多头，纷繁而凌乱，其场力函数虽然变得非常难于把握，但也有规律可循。

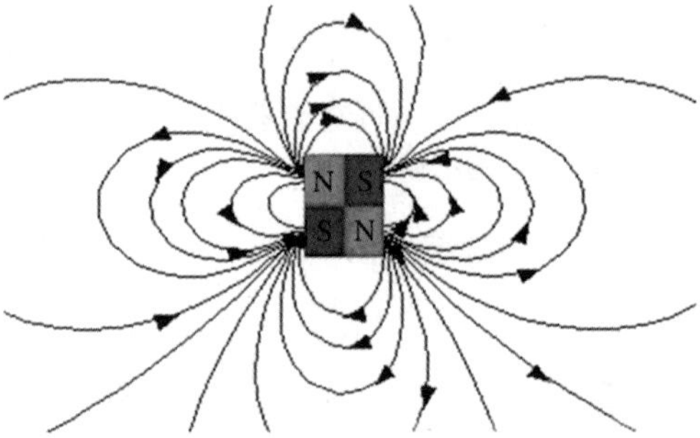

图 1−15　多磁极磁感线的分布与循环

我们知道，一个磁体无论多么小都有两个磁极，但一个人作为特殊的欲望体并不像磁体这样简单。

当一个人只有一个欲望时，那么，这个人就像磁体一样只有两个欲极，而当这个人具有两个欲望时，那么，这个人作为欲望体就会有四个欲极，当这个人有三个欲望时，那么，这个人作为欲望体就会有六个欲极。以此类推，有多少个欲望，就会构成多少个欲望场，就会产生多少对欲极，尽管这些欲望都衍生于同一个人的大脑之中，都弥散于同一个人的躯体之中。

事实也确乎如此，任何一个人活在这个世界上，吃、喝、拉、撒、睡、住、行、性、爱、美，其七情六欲叠加于同一个欲望体之中，并存于同一个大脑之内，就像多个磁铁被捆绑或吸合在一起时一样，其中每一种欲望都与大脑构成两个彼此对应的欲极。并衍射成一个相对独立的欲望场，而多个欲望拼合在一起，就会产生以大脑为中心而向外联通的多个欲极，即每一种欲望都必以大脑为 N 极，其 S 极则不固定于一处，既可能是来自于特定的内部感觉对象，也可能是呼应于特定的外部感觉对象，从而造成多个欲望场相互叠加的情景，各种不同欲望的欲感线均相交于 N 极（参见图 1−16）。

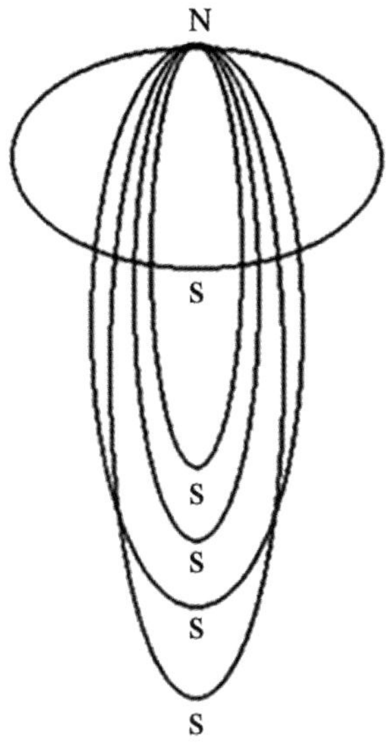

图 1-16 自我欲望体不同欲望引发的欲感线均相切于大脑 N 极

图 1-16 是自我欲望体不同欲望引发的欲感线均相切于大脑 N 极示意图。每一种欲望都有两个欲极，大脑的特殊性和复杂性在于其始终是各种欲望产生并形成欲望体之后的 N 极位置。不管是来自于人体内部环境中的 S 极（内部感觉位置），还是感应于人体外部环境中的 S 极（外部感觉位置），最终都将以特定的欲感线而与大脑 N 极实现对应、呼应、联通、互动和相切。

这也是作为欲望体的人必然比作为磁体的磁铁显得更加复杂的根本原因之一，也是欲望体与磁体之间所存在的最大不同。

这就是说，一块磁铁是一种仅仅具有两个磁极的磁体，而一个人最有可能的情况是单个大脑 N 极对应多个肌体 S 极或多个目标 S 极的多欲极欲望体。这就使得我们每一个人的头脑面对复杂多变的内外环境，不断应对多个生理部件产生的多种内部感觉和针对多个外部事物目标而产生的多种外部感觉，由此在个体单一的大脑中产生了多个欲望，产生了多个想法，这是世界上每一个人的大脑及其思维日益变得十分复杂的根本原因。

我们观察发现，年龄越小的孩子，其头脑思维越简单，越清纯，越天真可爱，而年龄越大的人，其头脑反而越复杂，越世故，越变化多端。其原因就在于个体自我作为欲望体随着年龄的增长，阅历的加深，见识的扩大，其在生理机能方面所体验到的内部感觉和其针对外部目标所产生的外部感觉越来越多，意味着其单一的大脑 N 极所面对的内部环境和外部环境中的 S 极越来越多，且变幻不定，从而使大脑思维在应对这些不断变化的S极过程中变得越来越复杂起来。

儿童期大脑N极只面对一个或几个简单的S极，因而其头脑中的欲感线也显得线条单一，如清池中有限的涟漪在微微荡漾，其喜怒也有据，其爱恨也分明。后来长大了，成熟了，见多识广了，其所感应到的S极日益增加，且变化无常，因而其头脑中的欲感线也必然变得纵横交织、盘根错节、错综复杂起来，莫说令其他人感到心神莫测，即便是自己也感到不可捉摸和无所适从，以致“认识自己”变得越来越难，仿佛整个心灵的池水被污染了一样。

人类个体自我每一种欲望都可以构成一个特定的欲望场，每一个欲望场都是以个体自我为中心并最终与外在目标之间构成虚实相应、有无相通的智能场、辐射场、感应场和行为场，其所辐射的外在目标总是与其特定的内在匮欠相对应。由于人类个体自我总是多种类欲望交织、多层次欲望并存的，所以人类个体自我通常是复合式欲望体。

复合式欲望体就像一块特殊的海绵体，其本身是一个四维体（空间三维加时间一维），内中所存储的空气也组合成了一个四维体，当其吸入水分后，内中所存储的水分又构成了一个四维体，这就使这块海绵体呈现为多个立体交融的复合形式。人类个体自我欲望场在特定时空序列中也必然是多个欲望体的复合形式，而且在个体大脑（自我）点位上是多体共心的，构成了主客观世界的奇点。

我们对多个圆共心（即共心圆）的情况比较熟悉，对多个球共心的情况则不太容易描画。而人类自我欲望体就是这样一个类似于多球共心并具有一定闭合性的复合体，其辐射半径和辐射目标点位也都各有不同，更何况由于目标所在时空序列位置的复杂性、运动性和变化性，其辐射半径也必然具有与之相应的伸缩性、运动性和变化性，这就使个体自我不同欲望场共心并存的立体球型场域同样具有伸缩性、波动性、不规则性、不固定性和变化性，甚至不同欲望场之间还存在个别目标的耦合和交织。比如某位男人娶了一位妩媚娇柔的媳妇，那么，这个媳妇既是他审美欲辐射而成的欲望场中供他欣赏的对象，也是他性欲辐射而成的欲望场中供他交媾的对象，甚至还是他赖以养家糊口和繁衍后代不可或缺的对象。

按照欲感线传导原理，每一种欲感线在自我之外的传导方式非常奇妙，既要针对特定的目标，又要围绕自我这个中心而运行。人体五大感官的辐射性运动是欲感线在人体外部以无线传导方式进行传导的基本表现形式，并最后通过内部感觉的有线传导而进入大脑中，而每一种外部感觉所发射的欲感线都形成一个符合其自身功能的运行轨道和运转模型。见图1−17。

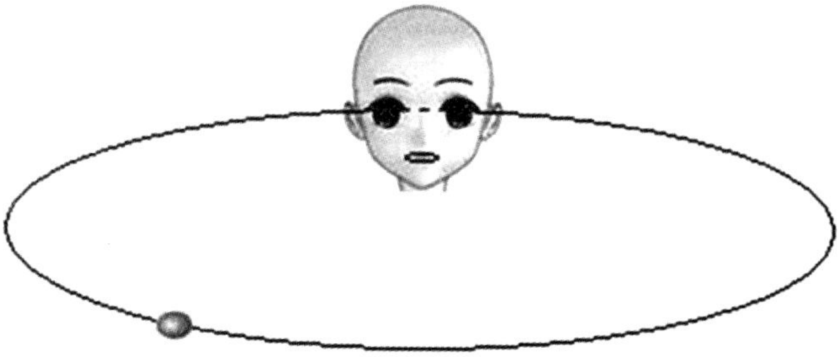

图 1-17 以个体自我为中心的视觉辐射范围和运行轨道

图 1-17 是以个体自我为中心的视觉辐射范围和运行轨道示意图。表明视觉性欲感线从人的眼部向外在目标辐射开去，以眼睛所具有的独特的视觉功能与外在事物目标之间构成一个具有一定广延性的辐射范围，同时，眼睛借助光承载信息的功能，将外在特定目标的存在性信息及其视觉特征信息再通过眼睛与大脑之间的有线传导而传输给大脑，从而构成一个完整有效的循环回路。假设个体自我的其他感官全部失去了基本功能，那么，这个人便只能借助视觉这样一个单一的或单层次的欲感线形态来寻求获得欲望的满足。

图 1-18 是以个体自我为中心的听觉辐射范围和运行轨道示意图。表明听觉性欲感线从人的耳部向外在目标辐射开去，以耳朵所具有的独特的听觉功能与外在事物目标之间构成一个具有一定广延性的辐射范围。同时以外在事物目标的声音所特有的承载信息的功能，将外在特定目标的存在性信息及其听觉特征性信息传输给大脑，从而构成一个完整有效的循环回路。假设个体自我的其他感官全部失去了基本功能，那么，这个人就只能借助听觉这样一个单一的或单层次的欲感线形态来寻求获得欲望的满足。

当然，图 1-18 仅仅具有一种象征意义，原因是我们只能看到一只耳朵发

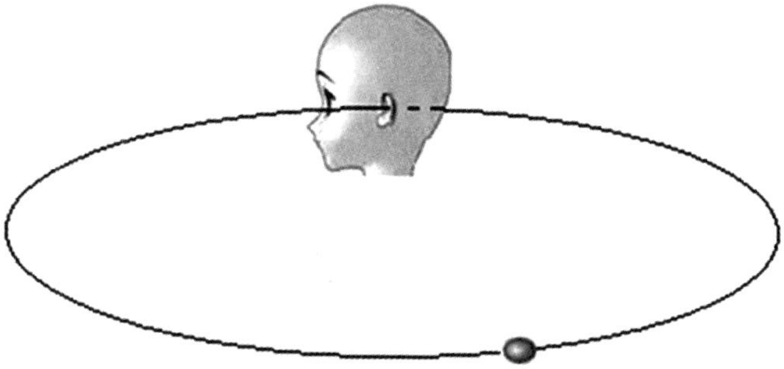

图 1-18 以个体自我为中心的听觉辐射范围和运行轨道

出的听觉性欲感线流动的情况。其实，人的两只耳朵共同实现了听觉性欲感线的流转和传输，并且在由双耳构成的听觉范围内没有死角。即大脑支配双耳倾听外部声音的意志是由内而外朝向事物目标的流转和传递，其恰好与声音承载着特定事物目标的信息由外而内的传递线路相衔接，两个传递线路在外在事物目标上汇合，一出一进，从而构成了听觉性欲感线首尾相接与进出循环的回路。我所描画的图示，对听觉欲感线的流转过程无法全方位显示出来。

图 1–19 是以个体自我为中心的嗅觉辐射范围和运行轨道示意图。表明嗅觉性欲感线从人的鼻子部位向外在目标辐射开去，以鼻子所具有的独特的嗅觉功能与外在事物目标之间构成一个具有一定广延性的辐射范围，同时以外在事物目标散逸的粒子所特有的承载信息的功能，将外在特定目标的存在性信息及其嗅觉特征性信息传输给大脑，从而构成一个完整而有效的循环回路。假设个体自我的其他感官全部失去了基本功能，那么，这个人就只能借助听觉这样一个单一的或单层次的欲感线形态来寻求获得欲望的满足。

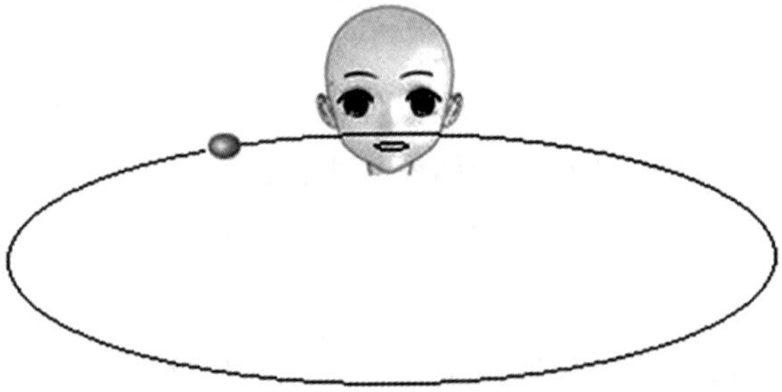

图 1–19 以个体自我为中心的嗅觉辐射范围和运行轨道

图 1–20 是以个体自我为中心的味觉辐射范围和运行轨道示意图。表明味觉性欲感线从人的口腔部位对外在目标进行零距离接触，以口腔或舌头所具有的独特的味觉功能构成一条与外在事物目标直接对接的无空间范围的欲感线。同时，以事物目标表层粒子所特有的承载信息的功能，将外在特定目标的存在

图 1–20 以个体自我为中心的味觉辐射范围和运行轨道

性信息及其味觉特征性信息传输给大脑，从而构成一个完整而有效的循环回路。假设个体自我的其他感官全部失去了基本功能，那么，这个人就只能借助味觉这样一个单一的或单层次的欲感线形态来寻求获得欲望的满足。

味觉性欲感线比较特殊，属于零距离循环，在空间上没有辐射范围，即味觉器官与外在目标只能直接接触之后才能产生感知意义，否则，便无法形成欲感线，因此其欲感线也可以归属于有线传导。

图 1–21 是以个体自我为中心的触觉辐射范围和运行轨道示意图。表明触觉性欲感线从人的任何肌肤部位对外在目标进行零距离接触，以肌肤所具有的独特的触觉功能与外在事物目标之间构成一条与外在事物目标直接对接的零距离空间范围的欲感线，同时外在事物目标以其所特有的温度、硬度、光滑度等承载信息的功能，将外在特定目标的存在性信息及其触觉特征性信息传输给大脑，从而构成一个完整而有效的循环回路。假设个体自我的其他感官全部失去了基本功能，那么，这个人就只能借助触觉这样一个单一的或单层次的欲感线形态来寻求获得欲望的满足。

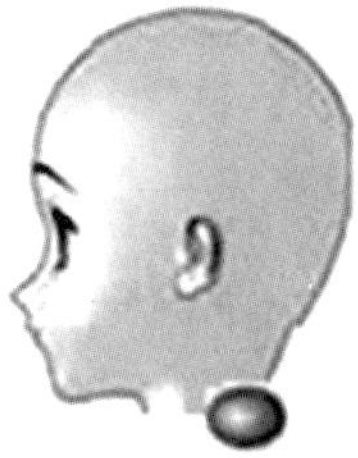

图 1–21　以个体自我为中心的触觉辐射范围和运行轨道

触觉性欲感线与味觉性欲感线一样，都属于零距离循环，也都可以归属于有线传导，即只有在外在目标与肌肤直接接触时才能产生感知意义，否则，便无法形成欲感线。

事实上，人类个体自我所具有的这五种基本感官功能，针对外在某个特定事物目标不可能总是单一使用，为了全面了解这个目标，而必然要多管齐下，或全面出击，或根据欲求点位而有选择地使用某一个或某几个感官功能。这样，个体自我与外在事物目标之间所形成的欲感线一般便不会呈现单一形态，更多的时候则是几种欲感线齐发，既有视觉的，也有听觉，既有嗅觉的，也有味觉的，或者触觉的。在人类五官感知范围内，五个层次或五条欲感线交叠运行，将事物的五个方面的特征性信息全部采集并传输给大脑，从而实现对这一目标事物整体属性的知性，并由此产生对这一事物的知觉。

而且，欲感线发射并构成循环回路的情况越多，则对特定欲望的刺激程度越高、满足过程越复杂、满足程度越大。比如食欲方面，人们往往对色香味俱全、温度和软硬度适口的食物目标更感兴趣和更有好感，获得这样的食物过程也相对比较复杂一些，而对感觉单一的食物，其获得过程也相对比较简单，同时一般也不会留下足够强烈的感觉或印象。我将人类依赖于多种感觉齐头并用，从而激发多方位或全方位的立体感觉刺激效果的现象，称之为集成刺激效应。

集成刺激效应现象的存在使人类很难满足于单一感觉刺激形式和感知形式，并总是想尽办法寻求更多的刺激，在感官上寻求更全面的立体刺激效果和感知效果，并且在整个欲望系统中，总是将多感官满足当作最高欲望目标。这既是人类不断获取进步的动力，也是人类经常发生欲望膨胀和腐败堕落的根本原因。

另外，对于整个自我欲望场而言，凡是顺应于欲感线方向呈现的正目标，都是看着顺眼的、顺耳的、顺嘴的、顺心的、喜欢的事物，相反，凡是逆应于欲感线方向呈现的负目标，都是不顺眼的、不顺耳的、不顺嘴的、不顺心的、不喜欢的、或厌恶的、烦感的事物。我将欲望场内由欲感线正负方向决定自我对于客观事物的体验方向和情感方向这一规律，称之为自我感应定则。

图 1-22 是以个体自我为中心的痛觉辐射范围和运行轨道示意图。人类内部感觉所产生的欲感线，其流转线路完全在躯体内部，而且是有线传导方式。这一

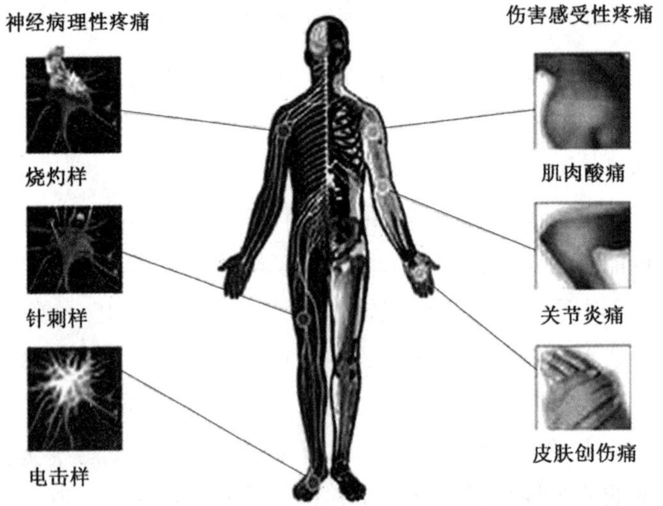

图 1-22　以个体自我为中心的痛觉辐射范围和运行轨道

点与外部感觉所产生的欲感线存在着明显的不同。人类内部感觉包括疼痛、眩晕、恶心、呕吐、饥渴、气闷、窒息、便意、性、胀等来自于躯体内部的各种感觉。我在这里仅以痛觉为例，描述一下内部感觉的欲感线在躯体内部传导的路线。

痛觉根据产生的原因和部位也有多种形式。有的完全来自于躯体内部原因，有的可能来自于躯体外部原因。这就分为神经病理性疼痛和伤害感受性疼痛两种基本形态。神经病理性疼痛又可分为烧灼样疼痛、针刺样疼痛、电击样疼痛等感觉形式，伤害感受性疼痛可分为肌肉酸痛、关节炎痛、皮肤创伤通等感觉形式。每一种痛觉都会从具体发生部位出发，沿着特定神经纤维通道，以有线形式传导给大脑，大脑为制止和消除痛觉而必然支配躯体做出各种反应。比如用手按压、揉捏，或在知性基础上而寻找药物治疗，这就使得内部感觉的欲感线通过外部感觉而发射到了外部特定目标或特定方式上，最后再从目标返回到大脑进行确认，从而构成一个皈依于特定匮欠的完整的循环回路。其他由内部感觉发射的欲感线，其传导线路和流转原理与痛觉欲感线相类似，本书对此将不再赘述。

欲感线从躯体内部代表匮欠的神经感知部位S极发出，流向代表自我欲望的大脑N极；在躯体外部则从代表自我欲望的大脑N极流向代表填充匮欠的目标（包括填充目标的有效方式和方法）S极，再通过目标的填充性满足经由躯体内部代表匮欠的神经感知部位S极传回给大脑N极，从而构成一个完整的欲感线循环回路。那么很明显，躯体内部的S极就是指匮欠部位的神经感觉，躯体内部的N即就是大脑；在躯体外部，欲感线从大脑N极流出，流向外在的填充物目标，再经目标填充程序而经代表匮欠的神经感知部位S极返回到大脑N极。这就是由内部感觉和外部感觉共同连缀而成的带有特定进出循环性质的欲感线流转回路。

任何一种内部感觉的发生，被传导到大脑之后，大脑都会尽可能调动多种外部感觉做出回应，即用多种外部感觉的欲感线与之相接，并构成循环回路。

比如，内部感觉的饥饿导致食欲产生后，视觉、听觉、嗅觉、味觉、触觉都会从各自的功能出发为寻找食物做出反应，视觉看到食物后还要在大小、色彩等方面做出反应，听觉要在食物的声音传递方面做出反应，嗅觉、味觉要在食物的气味、味道方面做出反应，触觉要在食物的软硬度、光滑度、温度等方面做出反应，五种官能均可以全部调动起来为食欲服务。性觉也是如此，不光异性的容颜情态可以产生吸引和诱惑作用，其声音也能产生挑逗作用，其散发的气味、肌肤的软硬度、光滑度都可以产生激发性觉和满足性觉的作用。

这就是说，外部感觉与内部感觉不是一一对应的关系，而是五对一的关系，只要有一种内部感觉发生，大脑便会将五大外部感觉器官全部动员起来，各尽所能地发射欲感线，设法与内部感觉发射的欲感线相连接和相呼应，直到构成特定的循环回路而后快。除非某种外部感觉因其功能局限而无法发挥作用，否则便全部都会被派上用场。其中有些内部感觉尽管尚未发生，但大脑却支配外部感觉经常做出防范性反应。比如为了防止疼痛事件的发生，就会动员视听嗅闻触等所有外部感觉而与外在目标建立联系，观察动静，防患未然，为主动避免这些目标对自我造成伤害而自动设立防火墙。

同时，欲望与睡眠也具有共轭性质。人在睡眠时，显在的欲望终止运行，大脑 N 极与内脏器官中的 S 极的欲性非常微弱，欲感线的振幅和振频逐渐降低，直到不再进行有效流动和循环。所以，大脑意识由此不再明确接受欲望的激发和挑逗，这是人体进入睡眠状态必备的条件。严格地说，睡眠是大脑意识活动临时停止运行的状态，而不是身体器官临时停止运行的状态。

当睡眠时，内脏神经系统（自主神经系统）仍然处于正常运行的状态，由这个系统所管控的内脏器官或机体部位发生微弱的匮欠性事件，也自然会产生微弱的欲感线循环关系，这种微弱的循环关系是人类产生梦的根本原因。

如在发生尿或性激素臌胀时，便会产生找厕所或找性伙伴的梦境，或者入睡时由于身体蜷曲导致某处肌肤或器官受到压迫时，就会产生类似于挣脱捆缚一样的梦魇，如此等等，都是内脏神经辐射范围内的欲感线与大脑之间建立微弱循环关系后而发生的大脑活动事件。

如果产生疼痛感觉时，内部感觉启动的欲感线便会自动增强，并与大脑构成更敏感的欲感线循环关系，这时大脑就从睡眠状态种立刻清醒过来，以保证欲感线实现更有效的循环和流动。

同样的，当人处在睡眠时，有足够强烈的光亮、声音或气味等来自于外部感觉的刺激，这些外部感觉发射的欲感线也会自动与大脑之间构成较为强劲的循环回路，大脑就会从睡眠状态中醒来。

所以，欲感线与睡眠之间存在着十分微妙的关系。人在欲望的干扰下，若有欲性强烈的欲感线与大脑相连，构成强循环回路，人就不会轻易入睡，这是一般人发生失眠的根本原因之一。一个人如果某种欲望过于强烈或急切，欲感线处于强循环状态，必然导致心志不宁，心神不安，心情烦躁而久久不能入睡。相反，若欲性微弱的欲感线与大脑相连，构成弱循环回路，人就会很容易入睡，这是调整自我尽快进入睡眠状态的根本途径之一。

一个人只有在欲性微弱、欲感线处于弱循环的情况下，或只有在清除欲感线强势干扰的情况下，才能较快地进入睡眠状态。而且，也只有在欲性较弱、欲感线处于弱循环状态中，才有可能产生梦境。如果欲性过于微弱，欲感线就会呈现为虚连状态，这时一般不会产生梦境，即便产生了梦境，也是断断续续的，不连贯的。当欲性稍强一些，欲感线就会呈现为实连状态，产生的梦境也会更连贯和更完整一些。而当欲性变得更为强烈起来，欲感线就会进入强循环回路中，并冲破内脏神经系统的管控范围和管控能力，这时人就会从睡眠状态中清醒过来。

其实，人体结构也宛似多块磁体的有机吸合，究竟有多少个类似于磁极的欲极，似乎并不像我们考察物理磁场那么简单。在个体欲望场内，针对一种欲望性匮欠的 N 极，为之争取目标、获取目标、消化目标、释放目标的肌体器官不止于肠胃、脏腑，还包括四肢，这些为了满足自我匮欠而与目标产生联系并受到大脑支配的肌体器官，都可以界定为 S 极。这样算起来，一个大脑 N 极可能要对应多个 S 极，从图 1-23 中可见有五个与期待目标和获取目标有关的 N 极，每一个 S 极与 N 极之间，都相当于更小的欲望体，其欲感线都各自构成一个完整闭合的回路。

图 1-23 是人类自我欲望体欲感线多头循环流动原理示意图。图中仅就欲望体即人体自身的大脑 N 极与包括胸腹、四肢等在内的 S 极之间所产生的欲感线循环流动情况，这里没有显示与外在环境中的特定目标 S 极之间所产生的欲感线循环流动情况。其实，自我欲望体 N 极与外在诸多复杂多变的填充物目标之间的欲感线，也是从大脑 N 极发出，辐射到目标 S 极之后再返回到大脑 N 极。

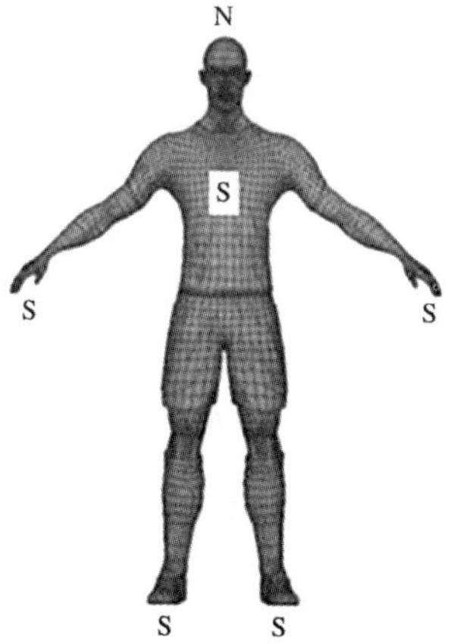

图 1-23 人类自我欲望体欲感线多头循环流动原理示意图

这样，在内外环境之间有如此众多且变化不定的S极与N极之间的欲感线全部交织在大脑一极中，并与大脑N极互联互通、互叠互动，从而导致人的大脑N极必然变得越来越复杂起来。要知道，每一条欲感线都代表了一种关系，无数条欲感线错落交织，导致各种关系盘根错节，纠缠不清，在这种情况下人的头脑就像一团乱麻一样揉搓在一起，纷繁杂乱，一时半会理不清头绪。这或许就是造成“人心莫测”“心神不定”“魂不守舍”“思想复杂”“情绪纠结”“精神混乱”的根本原因。

人类自我欲望体的欲感线通常是多头绪、多方位、多层次的，以大脑N极为坐标点位，分别指向多个不同的匮欠部位S极、目标对象S极、肌体器官S极。这样，整个人体便是多个不同欲望体的有机契合，由此构成了一个特殊的欲望机器。我们把这些针对不同匮欠部位、不同肌体器官、不同目标对象而与大脑N极构成的各自相对独立的不同欲望回路称为欲望责任分解式。意指一个欲望被分解成多个具有叠加性、交织性、连续性、顺延性的不同回路、环节、过程、层次与形式，被分解的不是欲望本身，而是发生或满足该欲望的责任目标、传导路线或辐射对象。

一个欲望的产生，首先由内部感觉把匮欠传递给大脑，大脑为之做出意志反应，然后经由传导神经把大脑指令传递给外部感官，外部感官借助外部感觉投向外部目标对象，并将采集到的外部信息经由传入神经回传给大脑。大脑经过对外部信息的比较分析做出决策，然后将决策经由传出神经传递给外部感官、肌体和四肢，并由肌体和四肢做出相应的行动反应，肌体和四肢再将行动结果借由传入神经汇报给大脑，从而构成一个完整的大循环回路。但各个环节与大脑之间都分别构成了各自相对独立的小循环回路，这些循环过程都是沿着欲感线的方向和线路完成的，每一个回路也都构成了一个相对独立的欲望责任分解式。而这些欲感线流动的路线其实就是人类神经的感应路线和传导路线。

在人体内部，大脑N极对应于某一个特定的肌体器官或匮欠部位的S极，其欲感线构成一个相对独立的内部闭合回路。在人体外部，大脑N极对应于填充物目标S极，其欲感线构成一个相对独立的外部闭合回路。内部闭合回路与外部闭合回路相切于大脑N极，从而使内部回路与外部回路相互联系在一起，并构成一个相对完整的欲望闭合系统。

二、欲望感应

从上面的讨论中我们已经认识到，欲望的发源地来自两个方位：一个是内部，即身体内部生理匮欠之所在，并通过外部感觉传输给大脑；一个是外部，即身体外部用来填充内部生理匮欠的客观事物目标之所在，亦即外在的“他者”，并通过外部感觉传输给大脑。

这两个方位的内容都要通过神经感应最终汇聚到人的大脑，由大脑将汇聚而来的各路信息酝酿发酵，并演绎出具有一定生理能量、心理能量、情绪能量、意识能量、理性能量和精神能量的欲望形式，而后以欲望为中心，以神经作媒介，由大脑发纵指示，传达命令，驱动相应器官或肢体做出行动，从而产生一系列与欲望有关的自我反应，包括为欲望的满足而服务的感觉、思维、思想、言语、行为。

这里有一个十分关键的节点性转化问题：即信息是怎样演变为欲望的，这一点显然有待我们做出进一步的阐释。

对内部的东西（比如匮欠）的反应靠的是内部感觉，意味着欲望来自于身体内部（从内部匮欠到内部感觉）；对外部的东西（比如匮欠的填充物目标）的反应靠的是外部感觉和由外部感觉整合而成的知觉，意味着欲望来自于身体外部（从外部感觉到内部匮欠），外部事物必须与内部匮欠性事件存在某种关联性、对应性、补给性和互动性关系，才能产生欲望。

换句话说，匮欠及其内部感觉与目标及其外部感觉彼此对应，具有对缺互补意义，才能在大脑中达成一个完整闭合的欲望系统。否则，单独地存在一个方面，只能构成半个欲望。比如匮欠本身便是半个欲望（负欲望），目标本身也是半个欲望（正欲望），这两“半个欲望”通过神经发射和感应的方式而在大脑中相切并实现意念性的黏连和对接，从而使一个完整闭合的欲望系统便呈现出来了。当这两“半个欲望”完全恰合在一起，表明匮欠得到了目标的有效填充，正负相抵为零，欲望消失。

藉此，我把在一个完整闭合的欲望系统中存在的内在匮欠与外在目标通过神经智能（内部感觉线与外部感觉线在大脑 N 极位置相切）反应而激发出大脑意能反应，并进而实现的内外相感、互联互通、互应互动的关系，称之为欲望感应。

不管从内到外，还是从外到内，各种信息的汇聚最终使一种带有驱动力的东西——欲望，在人的神经指挥中心——大脑中枢那里正式形成了。欲望感应在日常生活中还体现在人们对于外部事物的感觉或感受总是与心理期待的方向（心理期望）相一致，并不自觉地按照预先想好的结果或被期待的结果去寻找和发现相关信息，这就使人们对于各种事物信息的感觉、感知、感受从一开始便带有明显的主观色彩和自我意志倾向。不止于人类，其他动物也都或多或少地存在着这种所谓的“聪明的汉斯现象”。[1]

其实，关于欲望感应问题，我们尽可以借助欲望场理论得到更完美的解释。对欲望主体有意或有害的客观事物从欲望场中经过时，或与欲感线做平行运动，或与欲感线做切割运动。当平行运动时，意味着该客观事物对个体自我的欲望不具有利害干涉关系，所以也不会对个体自我产生明确而深刻的刺激和影响，个体自我自然也不会对这类客观事物产生明确而深刻的意志反应。

但当客观事物对欲感线做切割运动时，表明其与个体自我的欲望产生了能量波的利害干涉关系，这就必然会引起自我欲望体产生心理感应、情绪感应、意识感应、精神感应。通常我们把这种感应称为心理反应、情绪反应、意识反应或精神反应。这种在欲望场中由客观事物做切割欲感线运动而引起的具有特定倾向的神经感应或意志反应，即为欲望感应。

人类主观世界的欲望场与客观物理世界的磁场、电场、引力场等物理场十分相似，其存在形式、运行规律、效力等可能完全符合法拉第电磁感应定律、库仑定律、楞次定律、高斯定理、洛伦兹定理、麦克斯韦方程组等物理磁场方面的一切公式或原理。我将人类心理学欲望场与物理学电磁场在理论上高度吻合的现象，称之为人类个体自我欲望场主客观感应复合原理，简称欲望场感应原理。

按照欲望场感应原理，我们可以借助既有的物理学电磁场理论的标准模型推导人类欲望或主观世界中的各种神经反应事件、生理反应事件、欲望反应事件、心理反应事件、意识反应事件、精神反应事件及其运行规律。藉此，我们

1　100多年前在德国有匹聪明的马叫“汉斯”，使它声名鹊起的原因是它会算数。柏林心理学院的卡尔·斯顿夫组织了一批专家调查事实真相。其中有位名叫奥斯卡·芬斯特的心理学家猜想可能是马的主人给出的主观暗示帮助了汉斯。结果证明确如他所想，当马主人不在汉斯视野范围内，它就无法通过人们提出的算数测试。原来在马主人在场时，当主人身体主动向前倾斜，汉斯开始拍打前蹄，而主人身体微微挺直或眉毛略微翘起或鼻孔张开时，汉斯停止拍打。事实证明汉斯的确聪明，但它仅仅在于能够读懂几乎难以觉察的身体暗示而已，并非能够算数。汉斯告诉我们，在一定程度上，我们的自我意志常常受到他人的影响，并按照他人所期待的那样去发展自我和实现自我。

有望经过后续更加深入的研究，对人类精神世界魔方做出更精准的物理学推演，因为人类一切精神现象都是在欲望力的驱动下产生并形成的，都是在欲望场中按照特定的欲望场感应原理运行的。

体现在人体外部的欲望力沿着欲感线的方向和路径，将周围外在客观事物中有用的填充物目标进行搜罗和采集，并朝着匮欠一极做出有明确倾向的意志性皈依和倾注，以冀满足欲望产生的各种实际需求。鉴于人类精神世界是欲望驱力的产物，所以，人类一切精神现象及其运行规律都可以在欲望场中沿着欲感线的方向和循环路径寻找到它的芳踪和运行轨迹。

这样，每个人自降生开始，便形成了一个特定的具有类似于电磁性质的欲望场，并与身边其他个体欲望场、群体欲望场、社会欲望场交合、拼合和竞合在一起，同时也与自然界中各种物理场融汇在一起。这就使得人类个体自我欲望场始终处于交织与被交织、辐射与被辐射、干扰与被干扰、振荡与被振荡、纠缠与被纠缠、牵制与被牵制、影响与被影响的复杂关系之中。但不管外界如何纷乱，个体欲望场以其自我闭合性特征始终保持其相对独立的系统性、完好性和自组织性。这种闭合性特征源自于欲感线的空间圆形循环流转形态。但也正是因为欲望场所具有的闭合性，才使得个体自我接触和见识外在客观世界的范围受到了局限，并由此对于外在客观事物产生了认知阈限，从而导致每个人的世界观也不可避免地受到这种阈限的钳制和影响，并表现出各具千秋、自成一格和自我封闭的特点。

在自我欲望体（人体）内部，欲感线是沿着内部感觉神经传输的方向从躯体内部的匮欠部位向上传导给大脑；在自我欲望体（人体）外部，欲感线是沿着外部感觉神经传输的方向从大脑向外传导给填充物目标，并经由填充物目标传回给大脑，最后再由大脑借助内部感觉反馈并辐射到躯体内部相应的匮欠部位。

大脑居于内部感觉与外部感觉之间，对于二者传导的信息进行接收、存储、交织、汇聚、映射、解读、整合，并形成指令，用以驱动躯体肌体、颈项、四肢、器官等各生理部件与填充物目标实现有效对接与洽和。就是说，欲感线从肌体的感应器经大脑的解读器解读后形成指令并传向肌体的效应器，从效应器传导到外在的目标对象上，再从目标对象身上经大脑认知后传导到体内的感应器上，构成了欲望系统从内在匮欠不适反应到外在目标满足反应的完整的循环回路。

欲感线的密度、强度与欲望匮欠度成正比，匮欠度愈大，则欲感线密度和强度愈大，欲望场的场强和场力也都愈大。在人体外部，欲感线将欲望主体与欲望目标连接在一起，并构成闭合回路。每一种欲望都有相对独立的欲望场，也都有相对独立的欲感线以及相对独立的欲感线闭合回路。

比如食欲的欲望场的欲感线由内部匮欠发出，经内部感觉神经传导到大脑，再由大脑发动感官功能（外部感觉）与某一特定的食物目标相连接，这样食物目标与欲望主体之间的欲感线便构成了一个相对独立的闭合回路；性欲的欲望场的欲感线由性器官产生的匮欠发出，经内部感觉神经传导到大脑，再由大脑发动感官功能（外部感觉）与某一特定的性对象相连接，从而与欲望主体构成一个相对独立的闭合回路。一方面，欲望匮欠度决定欲望力的大小，欲望力的大小决定欲感线的强度、密度、持久度，另一方面，客体目标对欲望主体的有益程度和有害程度也同样决定欲望力的大小和欲感线的强度、密度、持久度。

个体自我欲望场同时还是一个独立闭合的有心欲望场，其欲望力相当于电磁场的磁场力或电场力。这个有心欲望场的绝对中心就是由匮欠感觉产生的自我意志，所有的欲感线都要围绕着这个场心而运转；由匮欠驱动力所指向的外在目标则是个体自我欲望场的相对中心，体现为外在目标是用来填充我的匮欠，为我所用，而不是由我来填充外在目标，我非为目标之所用。

更具体一点说，欲望发端于大脑对于人体内部环境中各种生理匮欠所做出的应答反应，这就在人体内部环境中以特定生理匮欠、内部感觉、脊髓、大脑等元素为主要内容而首先构成了一个内环境闭合性的负欲望场，这个负欲望场的场心自然是有能力汇聚内部环境各路信息并形成自我意志的人心（用现代术语说就是大脑）。但这个来自于内环境的负欲望场必对应于一个来自于外环境的正欲望场，才能使欲感线对外在环境实现有效联通，才能构成一个有效循环的完整而闭合的欲望场。这样，个体自我带着这个负欲望场而置身于外在客观环境万千事物目标之中，并构成了一个与外环境目标联通且闭合的正欲望场，藉此实现了欲感线的内外流动和循环。这时，负欲望场的场心发生转移，从个体自我的大脑位置转移到了外在填充物目标上，并向这个目标进行辐射、纠缠与链接，表面上看是围绕这个作为相对中心的目标而动，实质上则依然是围绕着作为绝对中心的自我意志而动。

所以，有效欲望场的场心在客观物质层面上看是外在填充物目标，而在主观意识层面上看则是内在自我意志，是反应自我意志的大脑，也可以理解为个体自我本身。由于个体自我欲望场是构建主观世界的平台，所以我们将自我意志或代表自我意志的大脑认定为自我欲望场的绝对中心，而将外在环境中用来填充匮欠的客观目标认定为自我欲望场的相对中心。

当这两个中心在欲望力的驱动下发生移转、联通、对接、拼合、交融与转化，并完美地契合在一起时，则意味着目标既已达成，欲望既已满足，意志既已实现。该欲望场内的正负关系趋零，场内的磁性、电性也全部消失，欲望及欲望体不复存在，呈现为中子一样的中性平衡状态。

这一点也可以得到物理学的类比性证验。我们已经讨论过，匮欠是一种负能量，目标是一种正能量，二者彼此对应的能量的绝对值是相等的，即一定供给量的目标填充一定需求量的匮欠，或者一定需求量的匮欠必对应于等值等量等效的目标供给量，这与物理学中带负电的电子与带正电的质子二者之间的关系具有完全一致的特性，按照电磁学公认的理论，电子带的负电荷总电量等于质子带的正电荷总电量，这与匮欠带的负欲望能量总量与目标带的正欲望能量总量是完全相等的推理毫无二致。

图 1–24 是带负电的电子总是围绕着带正电的质子旋转示意图。带负电的电子就相当于带负欲望能量的匮欠，带正电的质子就相当于带正欲望能量的目标。作为欲望主体的自我在负欲望能量的驱动下，围绕着带正欲望能量的目标旋转，并被这个目标所吸引，从而构成了一个与电磁场原理相类似的欲望场。当目标与匮欠合并在一起时，则正负相抵为零，整个欲望场便开始显示为中性恒定状态，这时的欲望场便不复存在了。

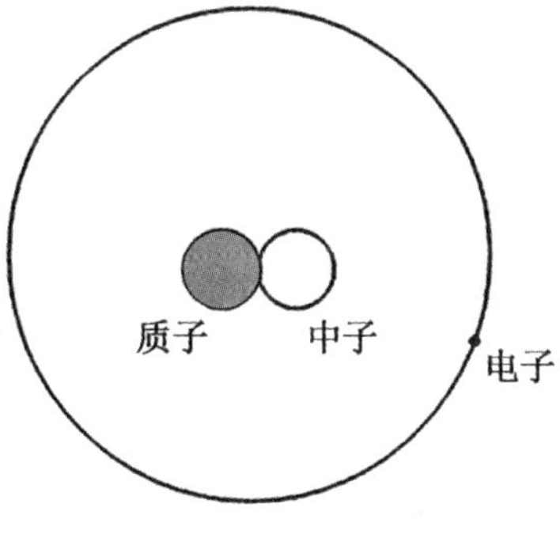

图 1–24 带负电的电子总是围绕着带正电的质子旋转

从图 1–24 中可见，这个小小的电磁场的场心在质子位置，其实这是表面现象，或者说这仅仅是人类视觉内的物理世界中的显像。要知道我们眼睛中所看到的不一定是绝对真实的和绝对正确的，因为除了这个客观物理世界之外，还有一个以力的形式表现的世界并不能通过我们的肉眼透视出来。

我想说的是，这个小小的电磁场的绝对场心其实并不在质子位置，也不在电子位置，而应该表述为在电子辐射出来的作用力所施加方向的终点上。即是说，这个电磁场的场心并非从一开始就是这个特定的质子，而是电子这里首先具有一种力以及这个力所具有的特定的方向，这个特定的力所决定的特定的方向才是这个电磁场的绝对中心。

这个质子不过是电子在自身所产生的驱动力的方向上随机选择的目标而已，而后这个被选定的目标才出现在人类的视界之内，并成为这个电磁场的可视性中心，所以我们认定它为相对中心。

电磁场中之所以出现电子围绕质子旋转的现象，就因为存在着这样两个“心”的主动与被动、施力与受力、指向与被指向的特殊感应关系。

这一点可以类比于个体自我欲望场，其绝对场心在于欲望体的自我意志上，即自我匮欠驱动力的终极作用点上，因其具有主观世界虚在性，所以在图 1–24 中无法描绘出来，而其相对中心则是具有客观世界实在性，相当于图 1–24 中电磁场的质子。

其实，个体自我欲望场的绝对中心并非直接等同于匮欠本身，更不直接等同于匮欠所在的时空位置，而是匮欠反应在大脑中形成的驱动力所指向的意志终极点位。这个终极点位在本质上可能与外在某个特定填充物目标发生联通并耦合，但并不意味着在欲望产生的那一刻，这个发端于主观世界的带有明确自我意志方向的绝对中心就直接等同于外置于客观世界的相对中心，两者属于主客观两个完全不同的世界，在方向上是相反相成的，在性质上是虚实相对的，在时空位置上是合二为一的。

没有绝对中心的发生和存在，那么，就不会有相对中心的产生和呈现。从时间序列上看，绝对中心具有先发性，相对中心具有后发性。对于整个欲望场的场力而言，力的发出者和施加者在绝对中心这里，而力的接受者、吸收者和反作用力发出者在相对中心那里。绝对中心具有主动性和能动性，相对中心具有被动性和受动性。所以，我们表面上看到的世界与真实的世界是正好相反的，就像我们站在水岸上看到的映现于水中的倒影一样，它们与真实的世界是完全颠倒的。

有鉴于此，我们有理由将欲望场与物理场进行类比，将二者联系起来进行考察和研究。欲望场的场力、场强、矢量函数、源与旋、欲通量（类比于电通量）、通量与环流、欲力线（类比于电力线或磁力线）、欲源（类比于电源）、欲势（类比于电势）、欲压（类比于电压）、静欲能（类比于静电能）、静欲场（类比于静电场）、欲导体（类比于电导体）、欲偶极子（类比于电偶极子）、欲流恒定（类比于电流恒定）条件、欲阻（类比于电阻）、恒定欲场（类比于恒定磁场）、欲感应强度（类比于磁感应强度）、顺欲质与抗欲质（类比于顺磁质与抗磁质）、欲化（类比于磁化）、自感与互感等内容及其关系可能均遵循电磁场或相关物理场理论推演的基本定律、原理和规律，电磁场或相关物理场中的各种元素、各种关系，几乎在欲望场中都能找到与之相对应的元素和关系。

这就意味着，欲望场中的各种元素及其关系或许完全可以按照电磁场理论进行有板有眼、有根有叶、有理有据的逻辑推演和数学计算。只是缘于我对于专业物理学、特别是电磁学并非科班出身，无法将物理学特别是电磁学的公式或定理直接演绎并翻版到欲望学体系之中。这种遗憾，只能寄希望于有志于欲望动力心理学研究工作的后学者来推演。我在这里不过为这些后学起到一些抛砖引玉、打开门户、奠定基础和指引方向的作用。

欲望能量体现在欲望反应力上。欲望反应力亦即欲望力最大的特点是匮欠排斥力与目标吸引力互为共轭，即内部感觉对于匮欠的反应，必然汇报给大脑；外部感觉对于目标的反应，也必然汇报给大脑。这样，不仅内部肌体匮欠的客观性与内部感觉反应的中观性、外在目标的客观性与外部感觉反应的中观性，均在神经反应的介体上呈现为共轭性和拓扑性的对称关系，而且匮欠排斥力与目标吸引力在大脑意志的交汇点上也必然呈现为共轭性和拓扑性的对称关系，以致使客观世界、中观世界、主观世界都在大脑奇点位置呈现为共轭性和拓扑性的对称关系。这就意味着，任何欲望场的场心都必然具有主客观共轭性质。

所以，我认为，欲望反应力亦即欲望力应该等于匮欠排斥力与目标吸引力之和，相当于两头牛共轭时产生的力量是双倍的，而不会是一头牛的力量。其中匮欠排斥力等同于内在驱动力，目标吸引力等同于内在需求力。两者在方向上也呈现为一种特殊的共轭性质，即驱动力的方向是由内向外使劲，吸引力的方向是由外向内使劲，表面上方向相反，实际上皈依的方位却是完全一致的，就相当于两个人赶牛上山，其中一个人在后面推，另一个人在前面拉，两个力合成一个力，其方向是完全一致的。

欲望力所表现的这种二力合一的特征，也表明了主体对任何匮欠排斥力都具有过度反应性（例如自我对某个人产生反感时往往会反应过度或过激），并同时对不在场的填充物目标的需求力也表现为双倍的膨胀性。这是导致每个人的欲望都不可避免地具有膨胀性的根本原因和理论依据，而且其膨胀尺度或膨胀标准基本上可计算为原匮欠度的两倍。从这一意义上说，所谓奢求无度的欲望膨胀形式是不存在的，每一种欲望都是有度的，人们对于每一种欲望的满足其实都是有限的。

但社会群体欲望场的场心与个体欲望场的场心有所不同，个体欲望场的场心有绝对场心和相对场心之分，绝对场心可以理解为一个特定的自我大脑所产生的具有明确欲望倾向性的主观性意志，而不能简单地理解为一个特定的外在的物理性目标，而自我匮欠驱力所指向的特定目标则为相对场心。这个以目标形式存在的相对场心既可以体现为一种物质能量性资源及其价值，比如个人对于特定财产的追求；也可以体现为一种精神能量性资源及其价值，比如个人对社会理想政治体制的追求。

社会欲望场基于不同个体相同、相近或相似的匮欠而产生，其欲望场的绝对场心是分散的，分散于不同个体对于共性匮欠的大脑反应上，分散在群体中的每一个人的大脑中。所以，社会群体欲望场的绝对场心并不固着在同一个特定的点位上，而是虚在地共轭于一个具有共性特征的匮欠共识点位上。这个绝对场心显而易见处于个体分散与整体统一的对立矛盾中，因此在整体意志倾向上常常潜伏着人心涣散的可能性。这说明群体欲望场的场力合成或群体成员的团结一致除了以共性匮欠为基础，还需要辅之以其他组织手段、教育手段、感召手段或鼓动手段。

但群体正欲望场的场心则必然集中于某一个共性的填充物目标上，目标的吸引力诱使群体成员都围绕着这个目标思考和行事。当某个特定目标成为社会欲望场的场心的时候，这个目标本身也同样具有主客观共轭性质，即不管是个体欲望场还是社会欲望场，只有被主观认知的客观目标才具有欲望意义。否则，这个目标再高再大，也不会成为欲望目标，更不会驱动人们朝向这个目标去行动，因此这个未在主观世界中辐射或呈现的目标不会成为欲望场的场心。

正如一座高山呈现在人们眼前时，倘若没有登山欲望，这座山再高也不会对人产生欲望作用；但对于登山队员或者探险队员来说，这座高山可能就会成为他们攀登和探险的欲望目标，并对队员中的每一个人产生作用和影响。在这种情况下，这座高山便成为主客观共轭的交汇点，其欲望力的发源点位的客观意义更为鲜明。要知道，任何一种力，包括磁场中的磁力、电场中的电力，也包括欲望场中的欲望力，都毫无例外地具有两个点位：一个是施力点位，一个是受力点位。在欲望系统中，前者归属于匮欠性驱动力，后者归属于目标性吸引力，两者都在以人类神经系统所建构的主观世界中反应出来，离开了神经感应，离开了主观世界，欲望力便不会产生出来。

欲望感应原理就像导体穿过磁场切割磁力线时产生的感应电流的情景相类似。所不同的是，在电磁场中，电磁感应的施加者是磁场力，是从磁体的 N 极发出并辐射性经过外部环境空间之后再向磁体的 S 极流动的磁感线，被施加者是闭合电路的一部分导体，在切割磁感线之后便会产生感应电流；而在欲望场中，欲望感应的施加者是欲望力，是从欲望体的N极（大脑）发出并辐射性经过外部环境目标之后再向欲望体的S极（器官）流动的欲感线，而被施加者是主体自我关注和锁定的填充物目标。这个目标一旦被主体关注和锁定，便会在欲望场内具有了切割欲感线的作用，这个目标因此可能也会产生难以为人类觉知的像量子纠缠一样的微弱的感应电流（这一点尚未得到实验科学的有效证明）。而这时人体作为欲望体，同时也是一个特殊的闭合电路的导体，也同样会在欲感线受到干扰过程中产生感应电流，并使整个自我的神经和大脑对这一外在目标产生波动性反应，包括欲望倾向性反应、意志倾向反应、思维倾向反应、情感倾向反应、情绪倾向性反应、心理倾向反应、意识倾向性反应、精神倾向反应、行为倾向性反应。

这就意味着，个体自我欲望场在出现填充物目标时，必然与流向外环境中的欲感线做相对切割运动，并使外在目标和内在自我同时产生感应电流，这个感应电流直接在自我神经系统产生波动性反应。这个反应有时可以被理解为外部感觉反应。这一点，也是欲望场与电磁场之间所存在的重要不同之处。

这就是说，当有目标进入欲望场并做切割欲感线运动时，自我便会受到感应，产生感应电流，并沿着传导神经而传导到大脑之中并衍射于整个人体，我们把这种现象叫欲望感应现象。而欲望体中有感应现象产生的电流叫欲感电流。个体自我在欲感电流作用下，其神经电反应会更加敏感而强烈。不管是电磁感应过程，还是欲望感应过程，其实质都是能量转化过程和传导过程，就像电场力或磁场力在受到闭合电路中的一部分导体切割电力线或磁力线之后，必然向这个导体发生转化和传导一样，即电场力可在导体上转化为磁力，磁场力可在导体上转化为电力。同样的，欲望体置于欲望场中就像导体置于电磁场中一样，也都会发生场力的能量性转化和流动。

当然，欲望力的方向和大小不止受到匮欠驱力、目标引力的影响，也会受到目标所处环境以及其他干扰物的影响。正干扰物对于欲望力起到助推作用，负干扰物对欲望力起到阻碍作用。

如果客观事物目标对欲感线的切割方向是对欲望主体有益的，那么，欲望主体就会产生快乐的反应、亢奋的反应、积极的反应、乐观的反应、顺从的反应，我称为正向反应。

相反，如果是有害的，就会产生痛苦的反应、失落的反应、消极的反应、悲观的反应、对抗的反应，我称为负向反应。

这同电磁学中关于感应生电并具有特定方向性的法拉第电磁感应定理、安培定则以及其他诸如洛伦兹定律等电磁原理存在着十分相似的类比性。欲望感应方向在自我主观上完全可以得到准确的认知，所以不需要借用安培定则来判断，其中的不同之处在于人不是导体，而是主体，欲望感应发生在作为欲望体的主体上，在客体中是否发生感应电流目前尚未得到有力的确证。

不过，国内外关于第六感觉的研究报告显示，当一个人在背后念叨另一个人时，另一个人可能会有所感应，表现为耳朵发热、心情躁动等等；当一个人在背后盯梢另一个人时，另一个人也可能会凭借第六感觉感应到有人在盯梢他。作为被感应者的“另一个人”很可能从感应者欲望场发出的欲感线的切割过程中获得了感应电流。再比如一个人呼叫一条狗，就相当于向狗发出了一束欲感线，狗听到这个伴随欲感线而传导过来的声音，可能会雀跃起来，如果你是喜欢它的，它会感应到你喜欢它的信号，它可能会摇着尾巴向你表示亲近；如果你不喜欢它，它会感应到你不喜欢它的信号，它可能会仰头叫唤向你表示对抗。狗作为你的欲望发出的欲感线的被感应者，是怎么获知你的心理活动的呢？这其中的答案或许可以通过欲望感应原理得到合理的解释。

我们把欲望感应强度，简称欲强。欲望场的欲强相当于电磁场的场强。欲强等于自我欲望体的匮欠驱动力跟实际对应的目标量的比值，表示特定数量和质量的填充物目标置于欲望场中所受到的匮欠驱力或对自我主体产生的目标引力。特定匮欠发生后，其所产生的驱动力是一个相对固定的数值，但实际上进入欲望场中可有效用来填充匮欠的目标数量或质量未必直接等值于匮欠之所需，即需求力未必等值于供给力。

生活中的经济学在通常情况下不是供不应求，就是供过于求。一般而言，目标量越多，相形之下则匮欠越小，因而场强也越小；目标量越少，相形之下则匮欠越大，场强也越大。这一点符合“物以稀为贵”的社会经济学原理。欲望场中欲感线的密度体现欲强的大小。欲强与欲感线的密度成正比，欲感线的密度等效于能量密度，体现能量传导的数量，单位目标受体上承载的欲感线越多越密，则意味着该欲望场的欲强越大，反之则越小。

当然，欲强不但与填充物目标的稀缺性息息相关，而且还与目标的有效性密不可分。比如某青年男子 M 看到一位性感女人，其色眯眯的眼睛所发出的欲感线往往集中于女子的乳房、臀部、性器等与性欲相关的有效部位，这些部位的欲感线密度较高，而与女子的脚趾、发髻等缺乏性感的其他部位连接的欲感线，其密度较低。所以，很显然地，让男子 M 与性感女人同时站在一个电梯里，M

的眼睛所发出的密集的欲感线大多集中于该女子三点一线的性感部位上，没有性感的部位通常不会链接太多的欲感线。

欲感线可分为好感线与反感线两种。好感线指的是描述客体目标对欲望主体产生吸引力的欲感线，上面描述食欲和性欲两个欲望场的欲感线都属于好感线，而反感线则与好感线相对或相反，其所描述的是欲望主体对欲望场内出现的不利于己的事物产生的拒绝性、排斥性、厌恶性的欲感线。

我们知道，一个人的社会价值及其德行往往会对其他人产生影响，并最终反馈到自己身上。比如荣誉欲对人生的影响非常大，荣誉代表了你的个人价值品牌，并包含着特定的社会影响力。这一影响力主要来自于对其他欲望体的欲感线的切割过程。即你的个人价值品牌一旦切割了其他欲望体的欲感线，则其他欲望体必然在自身所形成的欲望场中产生与你的个人荣誉价值品牌所包含的特定目标性能相对应的欲望感应（心理感应）。好的品牌对其他欲望体产生正向的感应电流，激起乐观、积极、喜爱的心理、情绪、意识和精神反应，其产生的吸引力、诱惑力或影响力随着你的个人荣誉价值品牌的增高而加大，社会其他欲望体很容易顺从和顺应这一品牌所召唤和指引的方向行动，这是好感线引起的结果；坏的品牌只能产生负向的感应电流。

这样，社会其他欲望体便会按照负电方向而产生不顺应和不顺从的拒绝性和排斥性的意志倾向、情绪倾向和信念倾向以及行为倾向，这是反感线引起的结果。

由于欲望感应与电磁感应存在着精神世界规律与物质世界规律的惊人相似与耦合，这就为我们研究精神世界规律找到了全新的路径，开辟了全新的天地。

我们由此可以确认，人体生物电符合物理电产生的原理，而欲望反应、心理反应、意识反应、情绪反应和精神反应在本质上说，也都是地地道道的电磁感应现象。

我们人类因为恰恰活在这种感应当中，不是感应的外在观察者，而是感应的内在承载者、实时传导者和自我体验者，既是受体，也是导体。所以，当他在性的物理现象转变为我在性的精神现象时，便脱离开了旁观者的身份，使观察者与被观察者合为一体，从而导致整个自我一下子陷入了自我认知的困境。这正是“不识庐山真面目，只缘身在此山中”的情境困扰效应所致。这也正如爱因斯坦所提醒的那样：“对于一个从屋顶上自由落下的观测者来说引力场是不存在的。”[1]

1　见于爱因斯坦《广义相对论》。

通常，我们把发生在自我身上的这种电磁感应现象、感应形式和感应效果称之为意识、心理、情绪、思想、精神等等貌似与物理世界相隔离的两个层面的东西，亦即主观世界的东西。其实，这两个东西在主客观毗连的奇点位置上看不过是一个东西。

究其个里，在欲望产生的一瞬间或者在欲望感应电流生成的那一刻，主客观世界的奇点便发生了。或者更准确地说，欲望感应电流生成的那一刻即是客观世界与主观世界之间的拐点。所以，研究人的主观精神世界运行规律，就必须研究物理学、电磁学的基本原理。我因此有理由认为：人类一切精神现象，都可以在物理学特别是量子物理学和电磁学方面找到最后当然也是最根本的依据。甚至很多精神的、心理的、情绪的、意识的反应范围、反应程度、反应层次、反应方向、反应效果，经过深入研究之后，在不久的将来，都可以借助物理学、量子物理学和电磁学原理、定理、公理、公式进行严谨的数学解释。

一个社会、一个组织、一个企业就是多个欲望体组成的群体，个体行为遵循欲望场理论，群体行为遵循欲望场叠加与拼合理论。我敢说，社会问题将来也可以按照欲望动力心理学理论做出更精准的描述。就像我们利用很多磁块与很多导体组成的各种设备、机器、仪器一样，人与人之间，人与物之间都可以组合成具有某种特定意义指向的欲望感应机器，并按照欲望感应理论将整个社会建设成一整套具有协调运行机制的巨型欲望机器，从而更好地和更有效地实现社会管理和推动社会整体的文明与进步。

三、欲望场的维度

世界上每一种生物都被置于特定维度的可度量的欧几里德空间中，同时也都自设于没有任何维度限定的不可度量的超欧几里德空间的欲望场中，以其各种可能的匮欠而与这个无限定的任意维度的环境中一切可能的目标形成联系，其中作为欲望主体的自我便是这个场的中心质点。我将欲望场特有的任意维度的空间形式称为随意空间或欲望空间。

欲望场与物理场不同之处在于，物理场具有纯粹的空间维度性质，是建立在即时性的某一个时间质点上的空间联系事件。就像一块磁棒只能与当下存在的另一块目标磁棒构成相吸或相斥的关联，而不能与过去时或未来时的另一个目标磁棒构成相吸或相斥的关联一样。而欲望场却可以弥补物理场的这个不足，它不但可以与现时性目标产生相斥或相吸的关联，也能与过去时或未来时的目标产生相吸或相斥的关联，甚至可以与过去或未来都不存在的虚拟目标或假想目标产生关联。

比如我们在回忆儿时的情景时，难免与那时那地的人事物产生欲感线性质的联系；或者遥想未来的某一目标而与之建立了欲感线性质的联系；甚至还可以与现实中不存在的鬼神的形象、外星人的形象产生欲感线性质的关联。

于是，我们发现人类欲望场是一个多维空间。维是我们用以描述事实的角度，也是观察物理数据的角度，一个多维数据模型必然包含多个维度。人类欲望场的维度是超越自然法则的，是一个趋于无限大的n维空间。物理场无法容纳欲望场，但欲望场却可以容纳任何物理场，整个宇宙都被人类的欲望场所含纳。

一方面，人类作为物体的一种存在形式而包含在物理场中，一方面，物理场作为物质世界的一种存在形式而包含在人类所产生的欲望场中。这个悖理的现象是导致人类永远无法停止突破宇宙一切限制之脚步的根本原因。

人类之所以产生欲无止境和精神无止境的观念，就在于欲望场的维度远远大于或多于物理场的维度。对于欲望场内的各种目标之间的关联关系，我们尽可以把它想象为与磁力线连接关系相同或相似的效果。

社会上每个人都是一个欲望体，按其匮欠属类分别产生不同的欲望和欲望场，包括食欲、性欲、呼吸欲、便欲、安全欲、控制欲、占有欲等等，都以其各自的不同特点、与不同的客体目标构成不同的欲望场。这些不同属类和不同形式的欲望场层层叠叠交汇于同一个人身上，并在内部感觉及其所连接的内部环境与外部感觉及其所连接的外部环境的相互感应、相互交叠的矛盾对立统一中构成了个体自我欲望场的时空维度、心理维度、意识维度、观念维度和精神维度。

比如，食欲的欲望场从内部环境中的饥饿感发生之后向外辐射着食物的相关项，性欲的欲望场从内部环境中的性欲产生之后向外辐射着性欲的相关项，呼吸欲的欲望场从内部环境的呼吸欲产生之后向外辐射着呼吸欲的相关项，安全欲的欲望场从自我保护欲产生之后向外辐射着安全欲的相关项，如此等等，各成一体，各成一格。而且这些相关项的影像资料在个体自我头脑中按照特定欲望意义进行映射、排布、拼接与组合，构成了光怪陆离、独成特色、独成系统的主观世界，由此造成每一个人的思维方式、意识形态、情感理念、精神信仰等方面表现出不同的倾向和特征，随着时间的推移而形成了各自不同的世界观、价值观和人生观。

这就意味着每一个人按其欲望属类和欲望形式分别与不同的外在客体目标

构成了不同的欲望场、心理场、情感场、意识场、观念场和精神场，从而使大千世界万事万物都各有其用，各自成为不同欲望属类和欲望形式所指向的客体目标。

获得一块面包过程中所涉及的各种事物只能与食欲的饥饿性匮欠构成一个相对独立的欲望场，只能与食欲的饥饿感、食物的质与量、获取食物的干扰物以及食物的获取方式构成与之相应的心理场、情感场、意识场、观念场和精神场，而不会与性欲的欲望场或呼吸欲的欲望场产生直接关联。一个人身边的客体事物，分别指向或对应于不同的欲望，分别与主体构成不同层面、不同方向、不同意义的欲望场，或者说分别处于不同的欲望场内。而个体自我在不同的欲望场内也必然会形成不同的心理场、情感场、意识场、观念场和精神场。

人的各种欲望并不是在同一时间迸发出来的，而是交错出现的，这就使得外在客体事物与欲望主体构成的欲望场具有明显的时变性特征，某事物此时未与主体构成欲望场的吸引或排斥关系，而彼时却产生了这种关系。就像食物在饥饿时对人具有吸引力，而在未产生饥饿感时，同样的食物对人却不会具有吸引力。也有些客体对象同时兼具不同欲望场的连接目标，比如房屋，既是安全性欲望场的客体目标，也是包括温暖或凉爽等舒适性欲望场的连接目标，同时可能也是性欲场用来掩盖隐私的客体目标。

客体对主体产生吸引力的线性描述即为好感线，主体对客体产生排斥力的线性描述则为反感线。反感线来自于逆欲望而动的外在客体目标，比如影响欲望实现的各种负面干扰物、与主体直接构成对立性矛盾关系的客体目标、或与主体争夺同一个欲望目标的其他客体（亦即其他欲望主体），都会产生不利于己的反感线。比如在夺人所爱的情敌之间连成的欲感线便是反感线，嗅到臭味、发霉味都会产生反感线。总括起来说，人们对一切有害的、丑陋的、罪恶的客体事物或目标都会产生反感线。反感线所描述的是一种排斥力，这种排斥力发自于欲望主体，而非客体目标，就像一堆狗屎不会对人产生反感和排斥力，而只能是人对狗屎产生反感和排斥力。同样，好感线产生吸引力，这种吸引力发自于欲望目标，而非欲望主体，就像一朵鲜花对人产生吸引力，而人不会对鲜花产生吸引力。这说明，每一种欲感线都是有发端的，有方向的，这些特点与磁感线具有相似之处。

人们在生活中总是对一些事物产生好感，而对另一些事物产生反感，这是由作为欲望主体的人与外在客体之间构成的欲望场所分布的欲感线性质的不同决定的。一般地，可以满足某种欲望的客体目标总能产生好感，其连线就被视为好感线，而妨碍、阻断某种欲望满足的客体目标总会产生反感，其间的连线就被视为反感线。

图 1–25 是食欲场及其相关项示意图。由食欲发动的欲望场，简称食欲场（欲望场示意图中的客体目标也可以用实物图形来表示，由于作者本人画技不高，所以只好用文字来表示）。食欲场中由内部感觉所连接的内部环境内容，在图示上无法描绘出来，而只能将外部环境中的客体目标象征性地列于图示上。同样的，以下其他欲望场及其相关项示意图也都忽略了内部感觉所连接的内部环境内容，这就意味着，我所绘制的欲望场及其相关项示意图仅仅展示了欲望场的一半内容——或者说仅仅是象征性地描绘了个体自我欲望场所涉及的外部环境中的内容。

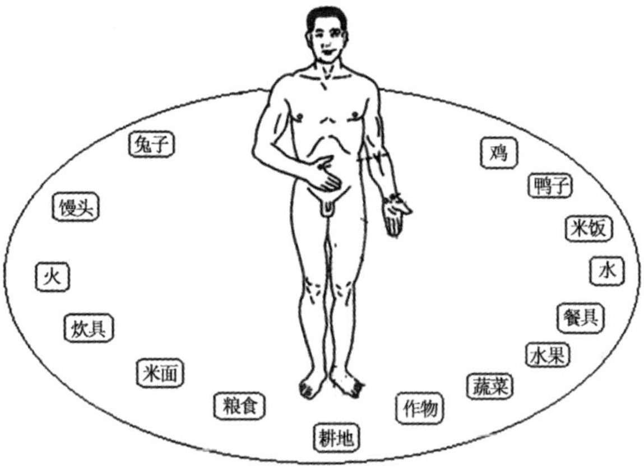

图 1–25 食欲场及其相关项

在图 1–25 中，所展示的客体目标都是与满足食欲有关的事物。图中所列的客体目标仅为举例。事实上，食欲场内包含的客体目标远不止于此，其中还包括妨碍获得食物的客体以及与主体争夺食物的其他欲望主体等干扰物。当然，食欲场并不是简单平直的规范空间，而是与目标物相连接的多维空间，比如以目标物——鸡为例，既可以是一只鸡，也可以是多只鸡；既可以是死鸡，也可以是活鸡；既可以是当下随时可食用的熟鸡，也可以是尚未烹制的生鸡；既可以是正在喂养并等待长大的雏鸡，也可以是刚刚列入养殖计划的无影之鸡；既可以是别人家的鸡，也可以是自己家的鸡。其他目标物也是如此，在空间维度上说，欲望场中的所有目标物都是可以穿越时空并不受时空维度限制的。

图 1–26 为食欲场内客体目标与欲望主体之间的欲感线示意图。每一种客

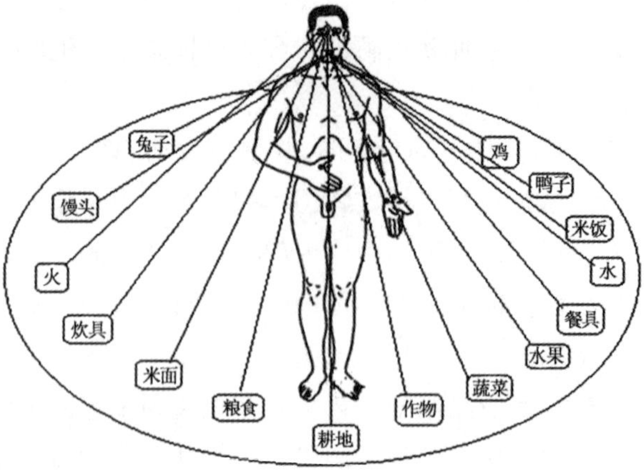

图 1-26 食欲场内客体目标与欲望主体之间的欲感线

体目标与欲望主体连接而成的欲感线并非发自于嘴巴这个部位，而仅仅作为一种示意性表达。事实上，我们可以把所有的欲感线的发端，都表示在大脑部位或许更为严谨一些。

图 1-27 为食欲场及其欲感线的简易图示。图示上显示的欲感线是人作为欲望主体与各类目标物之间的连线。欲望场在图示上是一个平面图形，实际非为简单的欧几里得空间，而是与目标物相连接的可以跨越时空的多维拓扑空间。

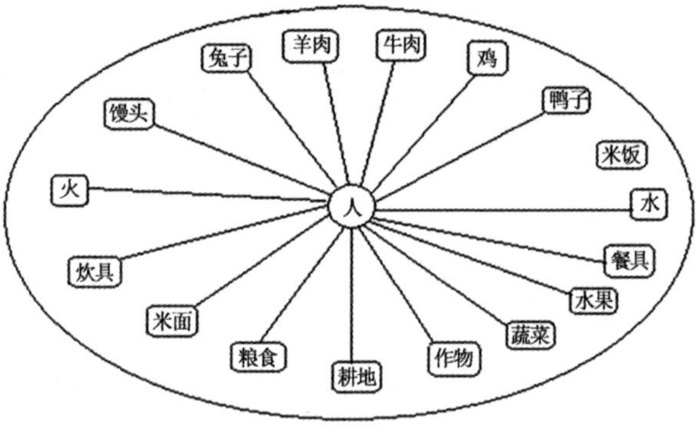

图 1-27 食欲场中以欲望主体为中心而与客体目标之间连接的欲感线

图 1-28 为安全欲的欲望场，简称安全欲场。安全欲场由欲望主体与相关客体目标所构成。图中所列客体目标仅为举例，事实上，可被置于安全欲场的事物还有很多，既包括保障安全的相关项，也包括可能妨碍安全或引起危险的相关项。

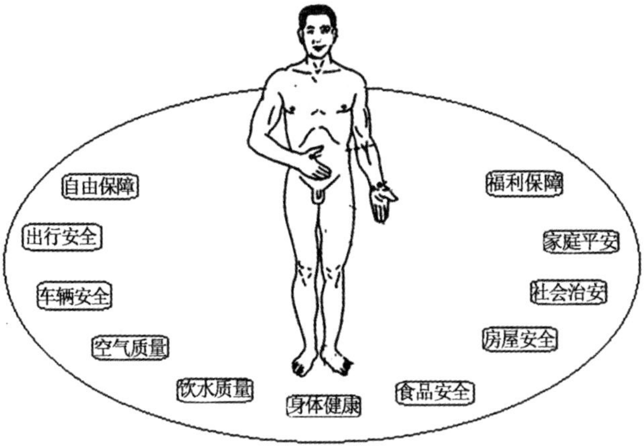

图 1-28 安全欲场及其相关项

图 1-29 为安全欲场内的欲感线示意图。这些欲感线都是具有吸引力的好感线，内中实际还包括妨碍安全和可能带来危险的反感线，图 1-29 未将反感线所连接的相关项列入其中。

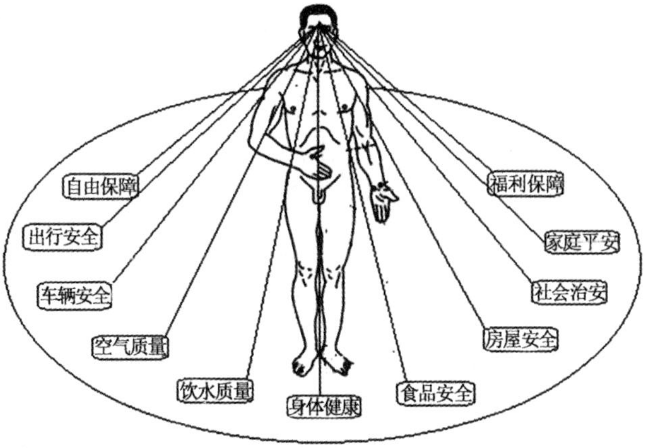

图 1-29 安全欲场内的欲感线

图 1-30 为男人性欲场及其相关项。男人产生性欲之后，所关注的事项大体包括性对象的年龄、身段、性器官、性表达，也包括性释放的知识和方法等等。事关男人性欲的客体事物都是其性欲场中的目标物。

图 1-31 为男人性欲场中欲望主体与客体目标之间连接的欲感线示意图。在性欲场中，从欲望体的内部看，欲感线从性匮欠发生地即生殖器部位发端，沿着内部感觉神经通道流向大脑（大脑为 N 极），从欲望体的外部看，欲感

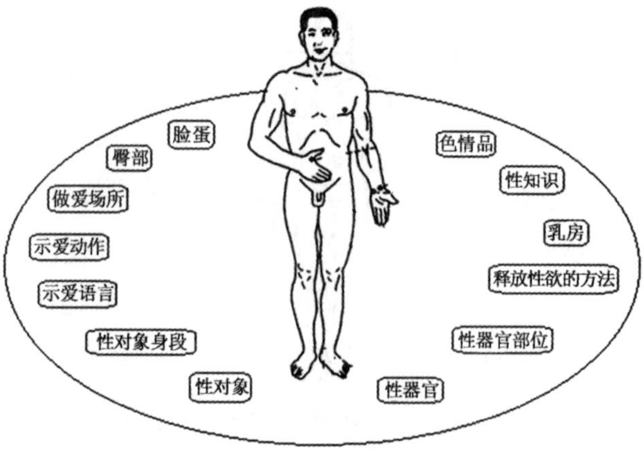

图 1-30 男人性欲场及其相关项

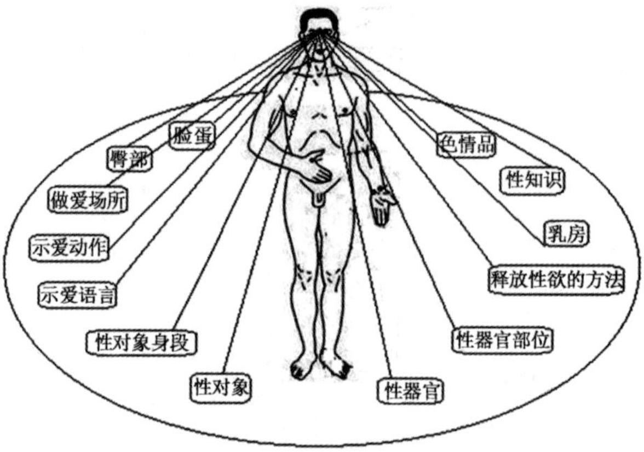

图 1-31 男人性欲场中欲望主体与客体目标之间连接的欲感线

线从大脑发出，借助外部感觉流经外在环境中的性目标之后再返回性匮欠发生地（S 极）。性欲望主体一想到或一看到异性的性器官，自己的性器官便会产生反应，并试图与其交媾在一起，表明欲感线的发端必然与产生欲望的匮欠部位息息相关。

至于女人性欲场则与男人性欲场相对，男人的性征通常会成为女人性欲场的目标物。当然，具体到不同的人，其欲望场中的目标物可能会稍有不同。比如食欲场中，有人会把辣椒作为目标物之一，而有人则将辣椒从食欲场中排除，甚至还会与之形成反感线，产生排斥力；在性欲场中，大多数人都把适龄异性当作自己的性取向目标，也有少数人可能会把同性或性保健品当作目标物。这说明，每个人的欲望场在目标物选择上会有一些不同之处。但鉴于人类欲望属类的共性原则，其目标物在大多数情况下都具有相同和相近的特性。

以上通过图示仅仅描述了几种常见的欲望场的简单特性，说明不同的欲望产生不同的欲望场，不同的欲望场具有不同的目标物。其他如呼吸欲、便欲、控制欲等欲望场也都具有不同的特性，每个人都可以根据自己的感受和体验画出自己每一种欲望属类的欲望场。

就像磁场靠磁感线维系和产生场力一样，欲望场要靠欲感线维系并产生欲望场力。欲感线与磁感线的特点一样，都是一种假想线，磁感线是曲线，欲感线在外表看是直线，实际上也是曲线。在一个相对独立的欲望场内，欲望主体与目标客体之间构成了欲望场的N极与S极，在欲望体外部，欲感线从N极流出，进入S极；在欲望体内部，欲感线从S极流向N极，这样便构成了一个独立欲望场内的欲感线闭合式循环。欲感线既是神经感觉的载体和导体，也是感应电流衍射和辐射的传导路线，同时也是能量信息的传导路线。欲感线的流动方式和流动方向是导致两个欲极必然发生“异性相吸、同性相斥”的场域效应。

欲望主体对具有同属性、同目标的其他欲望主体产生排斥力，而对属性不同、目标不同的其他欲望主体不产生排斥力。就像磁铁只对磁铁产生引力，而对其他铁类物质则只产生引力，不产生排斥力，但铁类物体不发出磁力线，只产生吸引而不会被吸引或被排斥，就像一朵鲜花只吸引人的注意和喜爱，而人本身不会吸引鲜花一样，这就使人只能朝着鲜花走过去，而鲜花不会朝着人走过来，表明鲜花对人有吸引力，人对鲜花没有吸引力。在人与鲜花所构成的欲望场之内，人对鲜花产生了好感线。

这就是说，欲望场内主体与客体，一般只被客体吸引，而非吸引客体，因为客体事物有时根本不知道主体的存在。如一个男人偷窥一个女子，被女子性感的腰臀所吸引，但那个女子却可能对此一无所知，这只能说是这个男子被吸引了，而非女子被吸引了，产生的欲感线即是好感线。倘若那个女子发现了男子并对男子报之以李，那么，二者之间便会产生互动性欲感线，使得彼此相互走向一起。

这时的女子也成为一个后发性欲望主体，两个欲望主体互成目标的情况仅限于生物体之间，或者更准确地说，仅限于动物之间，人与人，狗与狗，等等，都可以产生互成目标的欲望主体，其各自的欲望场在同一条欲感线上相接、叠合并粘连。而如果是两个男人，同追慕一个女子，两个男人就会产生相斥的欲感线，针对一个目标的竞争关系便是这种相斥关系的反应。人们或许认为欲感线只起到吸引作用，或者说只具有引力作用，其实也不尽然，相斥的情况便是欲望主体与针对同一目标的另外的欲望主体之间产生斥力的表现。

除此之外，欲望主体与目标客体之间也可能会产生斥力，比如一个人闻到粪便、看到毒蛇、听到噪音等情况，都可能会产生带有一定斥力的欲感线，即欲望主体对不喜欢的目标客体产生的感觉体验，与之相连的线，也是欲感线的一种负面表现，即反感线。反感线是欲感线的负值，如果说好感线是引力作用的结果，那么，反感线便是斥力作用的结果。

另外，还有第三种情况，就是欲望主体对于欲望场中的某些事物漠然置之的情况，虽然在感官所及范围之内，但对于欲望主体既不产生引力也不产生斥力，彼此之间没有好感线或反感线产生，这表明这些事物没有欲性，就像磁场中某些物质没有磁性或磁性很微弱的情况一样。当然，有些层次较高的欲望，比如知性欲望以上层次的欲望，在欲望主体认识层面没有达到足够高的情况下，有些客体目标可能不幸而被忽视和漠视。这就意味着，有些客体目标本来有一定的欲性（属于隐性欲性），只是欲望主体尚未认识到和意识到，所以不会对它们产生欲望反应，不会对它们产生欲感线。比如一个对榴莲一无所知的人看到榴莲后不会产生食欲，因为他不知道这玩意好吃，没有对于榴莲的知性，所以不会把榴莲当成自己的欲望目标，即便榴莲就在眼前，也不会有欲感线与之链接。

同时，目标客体沿着欲感线对主体产生的引力或斥力的大小并非是恒常不变的。我们知道，作为生物体（目前的研究仅限于动物）的主体都有欲望存在，只要有欲望存在就会使目标物产生欲性，只要有欲望目标客体（包括假想的目标客体）的存在，欲望主体就会产生朝着目标客体辐射出的欲感线，并由目标客体沿着欲感线对主体产生引力或者斥力。由于主体产生的欲望之大小，总是伴随着主体欲望匮欠度或满足度的数值变化而变化，当欲望获得彻底满足时，主体欲望数值可能会旋即归零。零值是欲望的最小值。这说明，主体欲望的大小不是一个恒定的常数，客体的欲性也不会是一个恒定的常数，因此，目标客体与自我主体之间产生的引力或斥力，也不会是一个恒值，其大小总是随着欲望的上升而上升，随着欲望的下降而下降，并随着欲望的消失而消失。

欲望主体就像磁体一样，我们知道，磁体分为硬磁体与软磁体，所谓硬磁体是指天生具有磁性的物体，例如磁铁，其磁极不会发生变化；而软磁体指的是电生磁体，这种磁体的两极可以随着电流的方向而变化。人作为欲望主体，可以与目标客体共同构成 N 极和 S 极，欲感线总是从作为 N 极的欲望主体流出，进入作为 S 极的目标客体之中，这是从宏观的外部情况看。

而从内部情况看，与磁感线一样，也是从作为 S 极的客体感应部位流入作为N极的欲望主体的大脑中。在一定环境影响下，人作为欲望体的主体，有时也如同电生磁体一样，外部事物的干扰，也会使其欲性（欲望）发生变化。女人生了孩子，这个孩子便进入了她的欲望场之内，孩子是主体自我性欲和繁殖欲的欲果，其意义不但代表了自我成就欲和自我实现欲的层次性满足，而且也寄托着自我成就欲和自我实现欲的时空穿越性延续。即便这个孩子不言不语，即便彼此时空距离相距遥远，但因为有多条欲感线与孩子紧密相连，情感的量子在彼此间产生纠缠与振荡，孩子便具有了一种特殊的吸引力、凝聚力、向心力、召唤力和感染力，这也是我们借助欲望场理论来解释每个孩子都会促动父母为之心动、为之挂怀的根本原因。

欲望是由生理匮欠在神经感应之下转化而成的一种具有特定驱动力的能量形式，但这种能量形式只有在欲望主体通过目标客体的引力或斥力作用下，才能产生或转化成其他能量形式。我们把欲望性能量形式称之为欲能。欲能可以产生动能、热能、势能等不同的能量，这其中明确蕴藉着能量相互转化的意义。比如，一个人所确定的某一欲望目标越具吸引力，其所产生的追求动力越大，其付出的努力也越执着，意志力也越坚强。

精神性的欲望场与物理性的电磁场都遵循着非常相似的原理或规律。这种相似表现在场际内部元素组合关系及场际与场际之间的交叠关系、层次关系、连锁关系、拮抗关系、拓扑关系、对立关系、统一关系、互促关系、联动关系等诸多方面。可以说，物理世界中的一切关系都存在于物理场中，同样的，人类社会中的一切关系也都存在于欲望场中。人际关系的本质是场际关系，社会上每一个人都代表一个欲望场，场际之间因交叠关系、对立关系、统一关系、吸引关系、排斥关系而必然发生的相互影响的事件是促成场际运动和变化的根本驱动力量。可以说，没有欲望场，便没有人际交往，便没有人与人之间的合作与竞争，便无缘建立社会关系，因此也不会产生现行社会意识形态和现行社会文明成果。

比如在一个无限开放的物理性磁场中必然存在着同性相斥、异性相吸的现象。同样的，在一个无限开放的精神性欲望场中，也同样存在着同性相争、异性相吸的现象。比如两个或几个同属性欲望主体，对于同一个欲望目标必然存在着彼此相争的现象，因相争所以相斥和对立；也必然存在着彼此相吸的事件，因相吸所以相亲相爱或同谋合作。

我们根据物理性磁场中的磁感线，可以描述一个磁棒与其他另一个或另外几个磁棒之间的关系，或与其他导体之间的关系；同样的，我们也可以根据欲望场的欲感线，描述一个欲望主体与其他一个或多个欲望主体之间的关系，或与其他一个或多个欲望目标之间的关系。同时，在欲望主体与客体目标所构成的闭合系统中，若有其他欲望主体或与特定客体目标构成场际关系的人、事、物加入进来并在其间运动，就必然产生欲望感应，并使欲望主体或使其他欲望主体产生特定的心理反应、情感反应、情绪反应或意识反应。

这就像电磁感应现象一样，在两个磁棒之间如果有其他导体做切割磁感线运动，导体就会产生电流，而在欲望场中则产生心理反应、情感反应、情绪反应或意识反应等精神性活动。欲望场与电磁场相比，一者属于精神世界，一者属于物理世界，虽然两者都以不同的表现形式遵循法拉第电磁感应、洛伦兹力、麦克斯韦电磁场理论或其他电磁学定律。但物理世界的电磁场产生的电流可以通过介入的导体表现出来，而欲望场产生的“电流”（反应）则可通过人的神经所作出的心理、情绪、意识或精神性波动而反应出来。

社会个体与个体之间的关系，实际上就是在欲望层面上所发生的场际关系，并且都遵循着类似磁铁与磁铁之间存在的同性相斥异性相吸的规律。主体只对与自我存在欲望关系的客体目标产生吸引力或排斥力，而对于与自我不存在欲望关系的其他客体目标则不产生吸引力或排斥力，就像磁棒只对含有磁性的异性磁棒产生吸引力，对同性磁棒则产生排斥力，而对不含有磁性的物质不产生吸引力或排斥力一样。

我们把客观事物与自我欲望具有特定关系的属性，称为欲性，即欲望属性。作为个体自我本身由于发生了某种特定匮欠而必然产生欲性，而作为外在可用来填充匮欠的客观事物目标也必然含有与之相对应的欲性。相反，当个体自我某种特定欲望得到了充分满足，则其欲性消失；同样的，外在某种客观事物目标对个体自我匮欠没有填充意义，便不含有欲性，因此也不会被个体自我所关注和所倾慕。

人类个体欲望场既是空间场，也是时间场。一个欲望产生之后，以个体自我为中心而形成的欲望场不仅辐射到一定的空间范围，也辐射到一定的时间范围。其发射的欲感线不仅构成了具有一定阈限的空间循环形式，也构成了具有一定阈限的时间循环形式，不仅在一定的空间范围内有效，也在一定的时间范围内有效。这就意味着，一种欲望产生之后，朝向外在目标而辐射出去的欲感线，必然蕴含着一种与空间距离有关的期待与干扰，同时也蕴含着一种与时间距离有关的期待与干扰，个体自我获得目标和满足匮欠的过程和时效必须遵循相应的物理学原理，当然也必须满足速度公式的条件，即时间距离条件和空间距离条件。否则，这个欲望便没有办法得到满足。

当年杨贵妃想吃荔枝，唐玄宗下令各地驿站，快速转运闽、广两地的荔枝进贡长安，耗去无数人力财力，仅为博取妃子一笑。杜牧诗云："长安回望绣成堆，山顶千门次第开。一骑红尘妃子笑，无人知是荔枝来。"杨贵妃吃荔枝的欲望，遥远的空间距离必然转化为漫长的时间距离，要缩短两个距离就必须借助飞马转运，而且时间距离中其实还包含着对于荔枝成熟季节的等候，这样，杨贵妃关于吃荔枝的欲望场，就变成了空间场与时间场的叠加形式。

按照我在本书系中提出来的观点，时间仅仅是空间的一个特殊维度而已，与空间并非并列和对等关系。时间不存在于空间物质之外，而只存在于空间物质之中，在没有空间物质的地方是不存在时间观念的。时间是空间的延展形式、伸缩形式、持存形式和运动形式的特殊体现，是主体意识对于空间物质的延展形式、伸缩形式、持存形式和运动形式的过程性描述，客观世界本身是不计较主观世界是否存在或不存在这种观念和意识的。任何空间维度在主观世界中都是可以实现相互转化的。

比如一个点在人类视觉的不同角度上可以转化为一条线或一个面，而在微观宇宙观念中便会转化为一个体。以地球之大，在我们人类视觉感官中是一个巨大的三维体，但在大尺度宏观宇宙的观察中便会转化为一个点。空间与时间可以实现转化，足够远的空间形式必然可以转化为足够长的时间形式（在速度一定的情况下，距离越远，要求完成旅行的时间越长）。

反之也一样，足够长的时间形式也必然可以转化为足够远的空间形式。比如一个人在寒冷的冬天里站在一株枣树下等待着吃枣树上必然要结出的成熟的大甜枣，但他必须要等过冬天，等过春天，等过夏天，直等到秋天枣子成熟的时节才能实现这个欲望的满足。其空间距离似乎没有改变，但漫长的时间距离导致他经历了很多空间形式的变化，包括自身生理空间形式的变化、地球围绕太阳运转过程中的空间形式的变化，枣树根茎枝叶经历季节转换而发生的空间形式的变化。非止于此，个体自我虽然自始至终站在枣树下面，表面上看距离枣树很近，但枣树不直接等于枣子，他在主观上所等的不是枣树而是成熟的枣子，其距离成熟的枣子却很远很远，这种彼此相隔的意义，对于欲望者而言，时间的远隔和空间的远隔，其意义是完全一样的。如果他将同样的时间距离形式转化为空间距离形式，千里迢迢跑到南方某个枣林去，或许也一样实现欲望的满足。所以，在人类的主观世界中，客观物质的一切空间维度或时间维度都是可以实现相互转化的。

物质的维度不过是人类的主观设定，离开了主观设定，维度便没有了存在的意义。而设定维度的必要性就在于我们人类自身自始至终一直在思考自我存在性，考察这种存在性必须为自我本身建立一个参考系，一个坐标系，而维度的理论模型就是在这种观念中形成的。事实上，人类的存在性不仅仅借助于时空维度来锁定，我认为也包括温度维度、能量维度的限定。因为人类只存在于特定的温度值域、能量值域所界定的范围之内，超过特定温度值域、能量值域便会消亡，便不可能继续存在。即便其他物质也是如此，不仅具有于时空维度，也包括温度维度和能量维度。这就意味着，宇宙维度远远不限于三维、四维，还有其他很多维度是超越基本感知能力和传统观念模型的。

既然时间是空间的另一种存在形式，就意味着这个世界一切事物的出现并不存在实质性的伦理关系，先出现的事物与后出现的事物，只不过是另一种空间形式上的错动，只不过是在空间维度上没有出现交点。比如甲与乙在同一时间分别出生在相隔遥远的两个空间位置，意味着两人的出现在时间维度上有一个相互毗连的交点，但在空间维度上却没有交点。如果两人在未来某个时空序列上相遇，不但必须在空间维度上出现交点，而且还要继续在时间维度上出现交点。倘若甲在前一年或前一天来到 A 点，乙却滞后来到了 A 点，彼此只有空间维度的相交而没有时间维度的相交，依然不能使两人相遇在一起。所以，两人相遇的几率来自于彼此各自时空维度的全方位契合。

某位年轻小伙子曾见过一位同样出生在本地的老女人，虽然头发白了，看上去仍然不失丰腴与美丽，他为此胡思乱想，他认为他不能与年轻时的她结为伉俪，当然绝对不是因为他们之间在空间维度上不能相遇，实在是因为年轻时的她与年轻时的他在时间维度上没有出现交点。就像他作为一个游子出现在某个车站时，同样作为游子的她已经搭乘早一班车提前上路了，等到他到达特定景点之后，她其实又早已经打马回城了。他没有机缘在最美好的风景线上遇到她，实在是一种遗憾。等到他姗姗归来时，她年轻时美丽的风采就像远远甩在身后的美丽风景一样早已不在眼前的空间里存在了，而是满头白发，老态龙钟了。

这说明时间上的错过与空间上的错过没有什么两样，对于他个人的欲望而言，在本质上具有完全相同的意义。所以，两个人年龄相差悬殊不是空间上的距离造成的，而是时间上的距离造成的，但由于时间是空间的另一种形式，所以在本质上说，彼此之间在时间维度上相隔的意义与在空间维度上相隔的意义是完全一样的。假如他与她真的产生了忘年恋，那只能算是在彼此的主观世界里实现了时空转化。所以，任何欲望场都必然是时间场与空间场在同一个自我的主观世界之内的叠加与契合。

欲望场概念的提出对于描述人类的自我存在状况而言是恰当的和有用的。如果再进一步解释一下欲望场的定义的话，我可以这样表述：所谓欲望场是作为动物性的人类主体基于自身生理机能的本质属性和神经感应功能而对于周边客体形成的吸引与被吸引、干扰与被干扰、排斥与被排斥的关联性及其关联范围，欲望场的场域大小就是以自我意志为中心的心理期待半径、情感倾向半径和欲望驱力半径所旋转的乾坤的符合，欲望场内的能量都可以被称为场能，因而也具有相对独立的场力。

欲望场遵循物理场的基本原理，也可以分为标量场、矢量场、张力场等。我在这里通过欲望场理论建树将心理学与物理学结合起来，绝非牵强附会，而是试图在人类的精神世界与物质世界之间搭建起一座桥梁，从物质世界走过去，到精神世界中寻找生命运动、神经运动、智能运动、欲望运动、心理运动、情感运动、情绪运动、意识运动或精神运动的规律。通过以上的分析，我们有理由达成一些基本共识，即精神世界的运动规律竟与物质世界的运动规律存在着惊人的相似，二者不但均遵循宇称守恒定律，而且凡是在物质世界上行之有效的理论模型，在精神世界中都能找到被拷贝、被复制、被转化、被变通的投影，都能找到相应的或相类似的理论观照。

人类个体的欲望表面上是无限的，本质上却是有限的，比如对于食物、水、空气、住房等基本目标的需求以及给予满足的时限和程序都可以借助物理量的数据模型做出理性化分析和界定。有鉴于此，我们可以从欲望动力心理学抽象的视角上做一次华丽的转身，而站在物理学的视角上对欲望的各种元素，包括匮欠的种类、阈值、时限以及置于外在的作为填充物的目标、方向、数量、质量、期待时间、满足程序等内容，也包括各种心理活动指数、意识活动指数、情感活动指数、情绪活动指数、精神活动指数、行为活动指数等各种人类活动内容，都可以经由物理量的计算，从社会科学层面直接连通和跨越到自然科学层面上来，并可堂而皇之地登上数学的讲坛，借助标准理论模型做出精准的可资证验的解释。

第四章 欲望波与能量波

每个人其实都是一个独立的宇宙，匮欠和目标在神经感应阈限内，就像两个相互纠缠和相互振荡的超级黑洞，并在运动过程中不断搅动起引力波一样的“涟漪”，这些“涟漪”所及之范围即构成了单一而封闭的个体自我欲望场。当匮欠黑洞与目标黑洞合并在一起，表明匮欠得到了目标的填充，欲望消失，此一欲望场不复存在，类似于引力波一样的“涟漪”也开始趋于平静。这就意味着，每一种匮欠都必然地构成一个独立的欲望场，每一个人都生活在诸多叠加并交错的欲望场之中。

一、欲望守恒定律

欲望场在以自我为中心的整个时空之中可以无限扩展，而且每一个人的欲望场都会因为匮欠程度的大小、目标性能的大小以及可填充性条件而产生与其等值等效的引力、斥力、张力、弱力和场力等等，并在足够远的时空距离下（但在微观世界则表现为足够小的时空距离），减缩至无法测量的程度。在欲望场范围内，一切欲望都是一种看不见摸不着的能量性波动或振荡，并奇迹般地遵循物理学中 J.R. 迈尔的能量守恒定律，我们可以将它演绎为欲望守恒定律：欲望既不会凭空产生，也不会凭空消失，它只能从一种形式转化为另一种形式，或者从一个目标转移到另一个目标，在转化或转移的过程中，欲望的总量不变。

关于“欲望不会凭空产生，也不会凭空消失”的结论，我们在本书系中通过针对欲望产生过程的讨论已经做出了证明。欲望是人体生理活动的必然产物，并随着人体机能的兴盛而上升，随着人体机能的衰微而下降，也随着个体生命活动的终结和生理机能的消失而消失。其上升、下降或消失其实是一种能量性运动和转化过程，并非会真正地消失。

说欲望只能从一种形式转化为另一种形式，或者从一个目标转移到另一个目标，这一点，我们可以从其他人身上得到验证，也可以经由自身而得出结论。欲望是一种能量，构成生命体的物质能量转化为生物能量，生物能量转化为功能性生理能量，再转化为神经性反应能量，再转化为目标性欲望能量，而这后一种欲望能量再通过人体的各种生理功能将这些能量分解，分别按照食欲、性欲、视欲等欲求方向做功，通过劳动、消费、吸收、排泄、奔波实现了身体内外的动能、势能、电能、热能、意能等各种能量的分化和转化，既可以转化为不同的能量形式，也可以转化到不同的客体目标上。比如，恋爱期男女双方的爱欲都施加于对方，结婚生子后，爱欲以时间、精力、注意力等方式被分割出一部分，转而给了孩子。

一个人根据自己面对的不同处境随时可以实现欲望的转化。在大悲大痛之后可以“化悲痛为力量”，在爱情受挫之后可以“将爱情转化为事业的动力”。比如性欲是一种能量，它不能够被消灭，只能被转化。有伴侣的人可以通过性交发泄性能量，有人借助手淫或器具释放性能量，也有人通过做春梦遗精的方式解除性压抑，还有人通过劳动转移注意力消耗体能而排解性能量的蛊惑。正所谓性激情是一种“不可抗拒的力量”，即使将身体捆绑住也无法使之消失。在这种情欲驱动下，人会变得具有一股内在的行动力量。明白了这一事实，就能领悟“性欲转换包含着创造力的秘诀”这句话的意义了。

无论人还是动物，如果破坏了性腺，就等于除去了行动的主要源泉。要证明这一点，不妨观察一下动物被阉割后的情形。阉割后的公牛会变得像奶牛一样温顺。阉割会使雄性动物（无论人或兽）丧失斗志。去除雌性动物的卵巢也有同样的效果。再比如职场上的人被压抑的官欲不能实现时，可能转而把这个官欲的场能转化为其他事业上，或研究学问，或经商做企业，心中有一种被压抑的潜能，常常表现出比一般人更高昂的干劲和志气。这些都是欲望能量转化的极好例证。

所说欲望在转化或转移的过程中，欲望的总能量不变，指的是一个人的欲望能量在本质上来说是有限的，也是有定数的。正所谓，良田万顷，日食三餐；

饮水江河，不过满腹；大厦千间，夜眠八尺；美女如云，最爱一人。

比如食欲以饱腹为限，一个人吃饱喝足之后，精力充沛，兴致勃勃，可能会在“温饱”之后发生转化而开始“思淫欲”，也可能会通过爬山、游泳、劳动等活动，将食欲获得满足后所储存的能量通过体力、脑力而逐渐转化到体外并消耗掉。待再次感到饥饿，便会又一次产生食欲，为了满足这个食欲，他会调动身体各种感官，通过眼睛寻找食物，通过鼻子嗅闻食物，通过耳朵探听食物，通过言语联络食物，或通过四肢劳动换取食物，随着饥饿感加重，食欲会变得益发旺盛，求取食物的努力也会随之增强，对食物追求的热切情绪也随之高涨。旺盛的食欲蕴藉着强大的能量，如果通过正当的努力仍然得不到满足，便可能会跨越任何规则或者法度，甚至不惜偷盗、抢掠等非正当手段达到满足食欲的目的，正所谓“饥民出暴徒”是也。

不管是由饱到饥，还是由饥到饱，其间都经历了能量的转化过程，非止于物质能量的转化过程，也包括欲望能量、心理能量、意识能量、情感能量、精神能量的转化过程。而食欲的能量最终体现在物质能量上，体现在食物被消化后积淀的人体生物能量上。人们在社会上之所以表现各异，作用各异，发挥的能量各异，是因为其内部欲望能量被分解的方向、途径、目标的不同，并不代表欲望总能量发生了变化。

一个人把时间、心思、精力、注意力等都用在了研究学问上，可能会在学问方面出人头地，超群拔俗，以致“胜者通吃”，出书、讲学、升官等各类好事连台，在社会上体现出巨大的能量效应。而另一个人只是吃喝玩乐、庸庸碌碌，似乎没有体现出任何能量，其实不然，这个人只要活着，就有能量的消耗与释放，不是施加在学问上，便是施加在玩乐上。有的人把欲望能量集于一点，几十年如一日，术业专攻，咬定青山不放松，便可能在这一点上爆发了，而有的人则把欲望能量分散在多个点位上，貌似无所不通，终竟一事无成。这些都是在欲望能量总量不变的情况下，因为能量的分配方式与转化目标的不同而导致的不同人生命运及其走向。

从爱因斯坦质能关系公式 $E=mc^2$ 可知，任何质量都对应于一定的能量，都可以转化为一定的能量，反过来也一样，任何能量也都对应于一定的质量，也都可以转化为一定的质量。欲望作为一种能量也必然对应于一种质量性存在。

我们知道，欲望能量是由匮欠大小决定的，匮欠越大，欲望越大，越强烈，欲望能量也越大；匮欠越小，欲望越小，越微弱，欲望能量也越小。作为匮欠的“无”

本身是没有质量的，但它却对应着一个不在场的填充物目标，这个不在场的填充物目标却是有质量的，而一定的匮欠总要以一定的等值等效的目标来填充，这就意味着匮欠性能量可以直接转化为与之对应的目标性质量。

所以，欲望能量完全可以根据欲望匮欠所对应的填充物目标的质量来计算。这样，借助于爱因斯坦的质能关系公式来审视欲望能量，就不再是一个抽象模糊的概念了，而是一个可以计算大小的实实在在的物理量。其中，E 为欲望能量，m 为目标质量，c 为意念速度，而意念速度可以理解为神经反应速度亦即生物电速度，这个速度也基本上等于光速（或许将来可以证明其大于光速）。由此来看，我们每个人的欲望能量都是可以借助爱因斯坦的质能关系公式而计算出一个特定的结果来。

二、从能量波到欲望波的理论模型

其实，这个世界并不是一个纯粹的物质世界，我们所看到的物质，不过是能量转化出来的一种暂时固化形式，而能量则是以波的形式存在的，我们可以称之为能量波。波这种东西具有构成宇宙的万全功能，它可以是力，可以是运动，可以是速度，可以是温度，可以是长度，可以是维度，可以是功，可以是能，可以是光，可以是电，可以是磁，可以是声，可以是味，可以是信息，可以构成场，可以构成极，可以构成体，可以构成虚，可以构成实，可以构成正，可以构成负，可以构成雄，可以构成雌，可以构成吸引，可以构成排斥，可以构成空间，可以构成时间，可以构成形状，可以构成神韵，可以构成客观的物质世界，也可以构成主观的精神世界。

我在这里提出的波理论与早前科学家提出的弦理论异曲同工，殊途同归，都可以用来较完美地解释我们所面对的主客观两个世界。但我有理由认为波理论更具有经受历史考验和科学检验的客观基础和理论基础。

能量波以其不同的波长、振幅及振频表现为不同的物质存在状态，造成了物质结构、密度、硬度、形状、颜色、功能等各方面的不同，我们看到的光怪陆离的物质世界不过是不同能量波表现出来的不同的临时性形态，或者说是不同的能量波在特定温度维度中转化而成的不同的质结构形态。温度一旦发生变化，物质中的能量波的波长、振幅及振频也随之发生改变，从而造成其质结构形态也发生相应的改变，这一改变过程就是能量转化过程，并通过这种转化而造成物质的密度、尺度、硬度、形态等全部发生相应的改变。

一切物质发生热胀冷缩的原因就在于其中能量波的波长、振幅及振频随同温度变化而变化的属性决定的，温度升高，能量波的波动频率提高，振幅加大，振频加快，波长延展，物质的质结构加大。由此我们可以根据一定的热量数值、能量波的波长、振幅或振频等数据关系推演出特定能量向特定物质形式转化的物理学公式，籍此计算出特定能结构在特定温度下发生转化的质结构尺度、密度、硬度、速度以及转化后而变身的质结构体积大小等诸多数量关系。

在我们的视界之内，几乎一切客观物质存在都是波结构或波形状，水、云、风、树、山脉、地壳、星系，无处不是波结构或波形状，宇宙能量波必然使所有的物质都具有波纹或纹理，树木有纹理、地层有纹理、波浪有纹理、空间有纹理、时间有纹理（时间也是弯曲的，波状的），即便我们的人体也无处不是波结构，无处不具有波纹理，毛发是波状的，体型是波状的，皮肤有波状纹理，肌肉有波状纹理，通过解剖学可以证实人体中的一切器官组织都具有波状纹理，而且宇宙中一切物质运动形式也都是波状的，因此也都是弯曲的、旋转的、趋圆的。这说明宇宙能量波决定宇宙的运动方式和构成方式，宇宙的一切都严格遵循波理论，表现为波结构、波形状和波功能，并在此基础上构成了我们视界之内无处不在的波现象。波是宇宙中物质世界和精神世界最基本和最底层的设计和依循，这可以标注为宇宙能量波决定论。

同时，量子物理学理论也已经证实，一切基本粒子具有“波粒二象性”，一切粒子都具有波属性。这说明不限于宏观世界，也包括微观世界，不限于客观世界，也包括主观世界，宇宙中一切存在都是波，都是波的，都是波动的。正是基于这种无处不在的波现象和从中抽象出来的波理论，我们可以更真切地看到麦克斯韦的波动方程具有得以成立的客观基础和实实在在的科学建树意义。

依据宇宙能量波决定论可以进一步推论出宇宙中无理数是绝对的，有理数是相对的（有理数在涉及到个数或倍数的计算时才更具有实实在在的意义），一切事关宇宙存在性的测量与计算都必须以波的存在或波动性存在为基础和前提，而凡是波，凡是波的，凡是波动的，都是弯曲的，对于其测量和计算都离不开一个基本常数即圆周率 π，而 π 则包含了所有可能的数字组合，因而包含了宇宙中的一切信息。这一点，我们尽可以从库仑定律的定量公式、高斯定理、安培环路定理、洛伦兹力公式、麦克斯韦方程组等诸多微观物理学公式的计算中得到最基本的证实。

客观性的电磁波、引力波、斥力波、机械波，包括光波、电波、声波、水波等各种能量波均可以转化为主观性的欲望波、意识波、心理波、情感波（情绪波）、观念波、精神波。宇宙的本质就是波，不同波长、不同振频和振幅的波具有不同的能量，并通过相互干扰而转化为不同的物质形式，而不同的物质形式即是由不同波长、不同振频和振幅的能量波构建而成的。就像水在不同的温度下可以成为固态的冰、液态的水、气态的蒸汽一样，都是因为其能量波振频和振幅不同或波长不同造成的结果。而我们人类的感知能力和范围只限于波的特定值域的振频、振幅或波长之内，一旦超出这个特定值域的振频、振幅或波长的阈限，人类便无从感知其存在了。

所以，波作为能量的表现形式，不管是主观世界中的欲望波、心理波、意识波、情绪波、精神波，还是客观世界中的物质波、电磁波、引力波、机械波、能量波，都是可以通过相互干扰和相互纠缠而进行转化的，也都是可以依据物理学原理进行计算的。而且，不管在主观世界还是在客观世界中，一切事物之间所发生的感应或反应，其本质都是不同能量波相互介入和相互干扰而产生的波动效应。自我对于外在他者的感应或反应则是来自于自我的欲望波与外在他者的能量波相互干扰产生的波动效应。外在他者对于自我的感应或反应，也是外在他者的能量波介入和干扰自我欲望波之后而产生的波动效应。同样的，人与人之间的关系也是如此，甲对乙产生的感应或反应即是甲的欲望波介入和干扰了乙的能量波之后产生的波动效应，甲乙双方相互之间产生的感应或反应，则是彼此两种欲望波相互介入和相互干扰产生的波动效应。

我试图借助能量波理论来解释宇宙中所面对的一切问题或事件。比如人类或动物的睡眠问题，科学家在人类或动物为什么睡眠这个问题上一直没有达成共识。按照能量波理论推演，当能量波演绎并转化成人类或动物的生命波之后，在胚胎期即逐渐形成了一种具有特定形态结构的原始生命波或原始智能波，可称为初始波，简称原波或原形。这个原波是生命初始能量的基本存在形态或表现形态，即初始性特定能结构转化为特定生命的初始质结构形态，就像弹簧的质结构被初始定型的过程一样。

人类或动物胚胎期包括大脑、神经等能量波在生命质结构形成之初是蒙昧的，无知的，与睡眠状态完全一致。人或动物出生以后，各路信息通过眼耳鼻舌身等七窍自外而内涌入大脑，激活大脑进入所谓清醒的工作状态。就像一种外力施加给了一个特定的弹簧一样，大脑弹簧或神经弹簧开始以特定的振频、振幅和波长发生震颤，振动到一定程度之后，大脑弹簧或神经弹簧便会因自身强度阈限而产生疲劳感，此时即需要一次复原，即恢复原形，这个“恢复原形”过程就是休息和睡眠过程。

所以，睡眠的实质就是生命波或智能波在特定波强阈限范围控制下的复原过程，就像弹簧在其特定强度阈限内经过一定过程的波动或弹跳之后，必须还之以一个复原的过程即恢复原型的过程，才能保持其完好存在性和持久存在性。否则就会因超过特定强度阈限而致使生命原能量形态发生异变而力不能支，以致彻底发生变形、脱节，无法恢复原状。

通过与弹簧的类比性解释就会使睡眠问题变得很清楚。为什么凡是有神经存在的动物都有睡眠？为什么人或动物在睡眠时不再有知觉活动和意识活动？对诸如此类的问题，显然弹簧是知道答案的。睡眠就是生命波或智能波等各种能量波恢复原型原态的过程。一旦其运动达到特定阈限就会产生疲劳感，产生倦意、困意，在这种时候就应该让自我主动从外在事物及信息的干扰中退出来，这样才能使大脑顺利进入复原状态，使整个自我的生命波和智能波等各种能量波的波长、振幅和振频恢复到生命胚胎时期的蒙昧状态，亦即睡眠状态。这就像弹簧的波动道理一样，从弹簧上撤去各种外力之后，可以使弹簧自动进入复原期，自动恢复原型。人类或动物睡眠与清醒的周期性交错运转，是由自身所特有的生理机能阈限与神经智能阈限的矛盾性运动决定的，是生理机能即生命波与神经智能即智能波这两种能量波相互干扰造成的必然结果。

宇宙中一切事物的改变都是通过能量波相互干扰之后实现的，不限于物质形态的改变，也包括物质功能的改变，不限于意识形态的改变，也包括精神观念的改变，还包括人类身体健康态或心理健康态向疾病态或由疾病态向健康态的改变，都无一例外地要通过不同能量波的相互干扰来实现。我相信这一思想不仅对现代物理学、心理学、哲学、脑科学、认知神经科学、教育学等各门学科的发展产生革命性的影响，而且对于医学在治疗疾病和改善人类健康状态方面也将具有深远的启迪意义和现实指导意义。

三、场的观念在心理学与社会学中的多次尝试

我对欲望场的思考由来已久，自以为是一种发明和创新，但后来查阅国外相关心理学资料，发现有人已经走在了我的前面。其中就包括法国的布尔迪厄和美籍德裔的社会学家考夫卡和心理学家勒温。

但我的欲望场说与他们的场理论建构的出发点不同，归宿点也不同，对于整个理论模型的建树更有本质的不同。他们的场理论很难找到场的概念中所特有的欲感线含义，明显缺乏物理场概念的基本特征，难免带有牵强附会和生搬硬套之嫌。我在本书系提出的欲望场理论，是客观世界物理场在主观世界的全面翻版，具有物理场中的基本特征，并遵循物理场的基本原理，虽在主观世界中发生，却是一种客观世界的真实存在和演绎，并在客观世界中发挥独特的作用。下面，我用比较的方式带着读者走马观花地看一看布尔迪厄、考夫卡、勒温等人的场理论。

布尔迪厄的场域理论主要用以分析社会现象。他把场域定义为“在各种位置之间存在的客观关系的一个网络（network）或一个构型（configuration）。”[1]布尔迪厄认为，“在高度分化的社会里，社会世界是由具有相对自主性的社会小世界构成的，这些小世界就是具有自身逻辑和必然性的客观关系的空间，而这些小世界自身特有的逻辑和必然性也不可化约成支配其他场域运作的那些逻辑和必然性”。[2]所谓的小世界就是场域。

这样一来，布尔迪厄就用场域的观念把社会生活划分为一个个彼此独立又密切相联的空间：社会是个大场域，它由一个个相互独立又相连的“子场域”构成，每个子场域都具有自身特有的逻辑和规则，一个场域越是从社会场域和权力场域中获得自主性，这个场域的存在就越具有合法性。进一步说，场域是一种具有相对独立性的社会空间，相对独立性既是不同场域相互区别的标志，也是不同场域得以存在的依据。

布尔迪厄的场域概念，不能理解为被一定边界物包围的领地，也不等同于

1 【法】布尔迪厄、【美】华康德著，李猛李康译：《实践与反思——反思社会学导引》[M]，中央编译出版社，2004 年版。

2 【法】布尔迪厄、【美】华康德著，李猛李康译：《实践与反思——反思社会学导引》[M]，中央编译出版社，2004 年版。

一般的领域，而是在其中有内含力量的、有生气的、有潜力的存在。布尔迪厄研究了许多场域，如新闻场域、美学场域、法律场域、宗教场域、政治场域、文化场域、教育场域，每个场域都以一个市场为纽带，将场域中象征性商品的生产者和消费者联结起来。例如，艺术这个场域包括画家、艺术品购买商、批评家、博物馆的管理者等等。

如此看来，布尔迪厄的场域理论主要不是针对社会个体的具体的人的理论，而是针对社会大群体或小群体的人际圈子的社会场理论，并与人的欲望没有直接关系。

与布尔迪厄的场域理论不同，我的欲望场理论则是一个全新的心理学概念，用以分析人类个体心理现象或精神现象，并试图将抽象的心理现象和精神现象转换成可见可感的物理现象或社会现象，以便为人类主观世界和客观世界建立起一座可以互联互通互动的桥梁，从而为抽象的、神秘的主观世界找到在现实世界的投影，并以物理学或数学的方法对这些投影做出精确性解释。而且，欲望场以其趋于无穷大的超越物理时空的多维性特征，其场域不但包容物理场的一切事物，而且也包容社会场的一切事物，这就是说，欲望场的概念，远远大于布尔迪厄提出的社会场的一个个“小世界”。但欲望场在物理场中的变现与投影，辐射于人类社会中，便可以通过不同形式而演绎为布尔迪厄的社会场域。

社会场域，是由社会成员按照特定的逻辑要求共同建设的，是社会个体参与社会活动的主要场所，是集中的符号竞争和个人策略的场所，这种竞争和策略的目的是生产有价值的符号商品，而符号商品的价值依赖于有关消费社会对它的归类，符号竞争的胜利意味着一种符号商品被判定为比其竞争对象拥有更多的价值，并可将之强加于社会，布迪厄称之为“符号暴力”。他认为：“策略是实践意义上的产物，是对游戏的感觉，是对特别的、由历史性决定了的游戏的感觉，……这就预先假定了一种有关创造性的永久的能力，它对于人们适应纷纭繁复、变化多端而又永不雷同的各种处境来说，是不可或缺的。”

所以，场域可被视为不定项选择的空间，它为其中的社会成员标出了待选项目，但没有给定最终选项，个人可进行竞争策略的多种搭配选择，不同的人会出现不同的结果，在这些结果中，一方面可以体现出选择者的意志，即个体的创造性，另一方面可体现出选题的框架要求和限制。

场域是充满力量的，个体在场域中展开竞争，每一个场域中都有统治者和被统治者，而任何统治都隐含着对抗。在布尔迪厄看来，甚至场域的确定和场域边界的确定，都充满着不同力量关系的对抗。他以个体间的互动来定义场域的界限，场域的界限是由场域自身决定的，没有先验的答案，“场域的界限在场域作用停止的地方”。[1]

社会场域是一个弥散性空间，没有可以被固化的边界，它以共识性感觉为中心，由权威性规则和社会性逻辑编织而成，具有群体辐射性和参与性。在这个空间中，每一个人都是其中被动的一员，受到这个场域内各种规则的制衡。而欲望场却以个体或群体的利益为中心，以各种利益目标为半径的多维空间，虽然可以穿越任何时空的范围，却还可以划定基本的边界。那些虽置于社会场域的事物，如果不在欲望范围之内，则不会成为欲望场中的元素。这说明，欲望场的规则是由欲望主体决定的，欲望主体在场域之内具有一定的主动性和能动性。

美籍德裔心理学家库尔特·考夫卡也曾提出过“心理场”“心物场”的概念。他认为人的主观世界是心物并存的，经验世界与物理世界不一样。观察者知觉现实而产生的观念称作心理场，被知觉的现实称作物理场。他在描述心理场时指出，心理场与物理场之间并不存在一一对应的关系，但是人类的心理活动却是两者结合而成的心物场。同样一把老式椅子，年迈的母亲视作珍品，它蕴含着一段历史，一个故事，而在时髦的儿子眼里，如同一堆破烂，它蕴含着在女友面前陷于尴尬处境的危机。

心物场含有自我和环境的两极化，这两极的每一部分各有其自己的组织。这种组织说明，自我不是欲望、态度、志向、需求等等的束捆，环境也不是各种感觉的镶嵌。他把环境分为地理环境和行为环境两个方面。地理环境就是现实的环境，行为环境是意想中的环境。在考夫卡看来，行为产生于行为环境，受行为环境的调节。为此，他曾用一个生动的例子来说明这个问题：在一个冬日的傍晚，于风雪交加之中，有一男子骑马来到一家客栈。他在铺天盖地的大雪中奔驰了数小时，大雪覆盖了一切道路和路标，找到这样一个安身之处令他格外高兴。店主诧异地到门口迎接这位陌生人，并问客从何来。男子直指客栈外面的方向，店主用一种惊恐的语调说：“你是否知道你已经骑马穿过了康斯坦斯湖？”闻及此言，男子当即倒毙在店主的脚下。

对于该男子何以毙命的原因，考夫卡认为，在他骑马过湖时，脚下的湖泊是他处身其中的地理环境，而他面对的冰天雪地的平原则是他的行为环境。

1　《实践与反思：反思社会学导引》（法）皮埃乐．布尔迪厄著，李猛、李康译，中央编译出版社 1998 年出版，P98。

倘若那个男子事先知道他要途经一个大湖，则他意志中的行为环境就会自动发生改变。正因为他当时的行为环境是感觉中确信的坚硬的平地，才在闻及自己骑马穿过湖泊时因后怕而毙命。所以，在考夫卡看来，行为受行为环境的调节。

但是，行为环境在受地理环境调节的同时，以自我为核心的心理场也在发生作用，它表明有机体的心理活动是一个由自我——行为环境——地理环境等进行动力交互作用的场。例如，一个动物受到某一障碍物的阻挡（地理环境），无法获得置于障碍物后面的食物（行为环境），在这样一种心物场中，自我的张力是明显的。当顿悟使这个场获得重新组织时，也即当动物发现它可以绕过障碍物时，问题就得到了解决。问题的解决使动物得到食物，同时清除了这一心物场中的张力。这里，一个重要的内涵在于：动物在产生一个真正的心理问题之前，必须意识到这一问题情境的所有因素。如果动物不知道障碍物后面有食物，即没有行为环境，问题就不会存在，因为产生不了心物场的张力；如果动物知道障碍物后面有食物，但它的自我没有这方面的欲望或需求，问题也不会存在，因为同样产生不了心物场的张力。以此类推，地理环境也是如此。

与考夫卡差不多同一时期的美籍德裔心理学家库尔特·勒温也将场的概念引入了心理学的研究之中，他在界定场的概念时援引了爱因斯坦的定义："场是相互依存事实的整体。"但是勒温的场主要是人的心理和行为场。勒温所借用的是物理学场论的观念，也即他自己所说的把场论作为一种分析和处理问题的方法，勒温在这种观念和方法指导下的心理学研究和理论建构则是一种全新的创造。

历来心理学家对行为做出解释时，有的将行为决定于外在原因（如行为主义），有的将行为决定于内在原因（如本能论）。勒温采用格式塔心理学观点，将个体行为变化视为在某一时间与空间内、受内外两种因素交互作用的结果。勒温称个人在某时间所处的空间为场，在同一场内的各部分元素彼此影响；当某部分元素变动，所有其他部分的元素都会受到影响。此即勒温的场论。他用场论来解释人的心理与行为，认为个人的一切行为（包括心理活动）是随其本身与所处环境条件的变化而改变的。

勒温的心理学场论体系起自于"生活空间"的概念，他将影响个人某时某地行为的所有因素总和，称为生活空间。他将生活空间内的因素，视为个人觉知的心理事件，而心理事件又可分为三类：内在的（如饥饿）；外在的（如食物）；回想的（如幼年经验）。他认为，只有个人能觉知的心理事件才构成他生活空间的要素。生活空间就是人的行为发生的心理场，人与环境被看作是一个共同的动力整体。它包含三层意思：构成生活空间的要素是人和环境，而这个环境只有在同人的心理目标相结合时，才起环境作用，即生活空间才成立；生活空间具有动力的作用，表现为吸引力和排斥力，这种动力作用驱使一个人克服排斥力，沿着吸引力方向，朝着心理目标前进；生活空间的动力作用是逐级展开的，行为者越过一个个带壁的领域，最后实现目标。把动力观与整体观结合起来，或把紧张系统与生活空间结合起来，就是勒温心理学场理论的基本形式。

考夫卡的行为环境论和勒温的生活空间论，都把心理因素注入到客观环境的作用过程中去，强调了主体的作用；行为环境和生活空间都是由心理和环境两种因素构成的主—客混合环境。从其强调主体作用的角度看，把社会生活环境描述成富有活力的社会空间，揭示了人类行为的进取性，他们的理论是有积极意义的。但他们的场论都忽视了欲望的形成机理，以及欲望与客观环境之间的特殊关系。尽管考夫卡的心物场已经具备了欲望场的雏形，如果把他的心物场的“心”勉强当作欲望来理解的话，那么，他的心物场的“物”因为仅限于对于环境的界定，而忽视了欲望与其填充物之目标的直接对应性联系，因而从根本上否定了欲望在场域中的特殊驱动作用和联结作用。

四、场际契合与场际干扰

不管是个体欲望场还是群体欲望场，其场能、场强、场域、场力都不是一成不变的。个体欲望场随着年龄增长、生理成熟和见识拓展而逐渐发生改变，特别是在血气方刚、年轻气盛、壮怀激烈的盛年时期，其欲望场的各项指标基本上达到了最高值，待到色老气衰、风烛残年，各种生理功能日渐衰退，其欲望场也随之萎缩，直到老死断气，个体欲望场消失归零。

群体欲望场也是如此，随着群体共性匮欠增大，欲望上升，意志高涨，成员增多，其欲望场能量也在不断提升，待到群体共性匮欠减小，意志减弱，人员减少，组织涣散，群体欲望场能量便会日渐衰微，直到组织解散，群体欲望场能量散失，至多以零散存在的个体欲望场形式保持原群体部分场能。场能就像一团燃烧的木炭，不论放在哪里，都会散发出一定强度的热量，但把很多木炭堆放在一起，其能量就会产生非常大的作用和影响，如果把这些木炭七零八落地分散开来，这些木炭虽然依旧燃烧，但由于过于分散，其能量通常不会产生太大的作用力和影响力。

以社会之繁，人际之广，物质之阜，个体场能不拘置于何处或弥散于何处，本身就处于变化之中，而且还会对其他场域或场能产生影响。这就意味着，个体欲望场和群体欲望场不仅会受到内在匮欠发生变化或匮欠程度发生变化的影响，而且也更可能会受到各种外在客观环境变数或目标变数的干扰，同时不同欲望场与欲望场之间也同样存在场际干扰现象。

场际干扰来自于外在其他欲望场与自我欲望场之间所出现的交叠或交集之处。只要有这种交集的出现，就一定会产生干扰现象。而且这种干扰不是单方面的，而是相互的。其中分为三种干扰形式：

第一种是正向干扰，简称正干扰，即在方向目标上具有相同或相似之处，彼此朝向目标的努力都会给对方带来良好的、积极的推动作用。比如一个人或一个团体争取一种政治利益时，恰好也遇到了另一个人或另一个组织也在争取同样的政治利益，于是二者可以一拍即合，形成合力，构成更大的欲望场并产生更大的场能，社会上一切合作关系，都属于一个欲望场对另一个欲望场的正干扰关系。正干扰关系可以实现场际契合，并通过这种契合关系实现场际联接、集成或整合。

第二种是负向干扰，简称负干扰，即在方向目标上相反或相对，两个场际或多个场际所争取的目标具有唯一性、有限性和排他性，一个成功了就必然地意味着另一个失败，这种干扰明显具有对立性或敌对性，所以，场际负干扰只能引起社会性竞争关系和对抗关系。人类历史上的一切战争关系，企业之间的竞争关系，都属于场际干扰关系。

第三种是场际之间虽有交集，但在特殊情况下或通过一定的妥协和让步达成互不干扰的游戏规则。社会上发生的一切契约关系、合同关系都是这一类场际交叠而达成妥协的良好范例。

中国有句话叫作“心有灵犀一点通”。这灵犀是个什么东西？可以是灵感，也可以是欲望，当两个人的欲望场发生交集时，就会必然地产生心灵的碰撞和链接，一切心理暗示都是基于彼此之间存在着场际交集的前提下才能发生作用，否则，便无可意会个中奥秘。

不管是人类个体欲望场，还是社会群体欲望场，在匮欠属性、造成匮欠的原因、匮欠程度、对于填充物目标的指向等方面既可能存在着相同、相近或相似之处，也可能存在着相左、相对或相反之处，这就使得不同的欲望场之间存在着一些场际契合或场际冲突的关系。凡是匮欠属性和目标属性相同或相近的欲望场，既可能会产生场际契合关系，即存在着场域交集关系；凡是匮欠属性、目标属性和满足方式相左、相对或相反的欲望场，都可能会产生场际冲突关系，即存在着场际对立关系。

对于匮欠属性存在交集的欲望场，不同欲望主体之间通常会产生同病相怜、志同道合、感同身受、相互体恤的顺应关系。在这种情况下，对于个体自我力所不逮的目标资源，不同欲望主体很容易产生同盟关系或合作关系，并按照一定契约关系或伦理关系实现对目标资源的分配，这是社会上出现合作关系的欲望动力学基础。但在目标资源可寄望于完全依赖个体自我力量即可获得满足的情况下，对于目标资源存在交集的几个欲望场就会发生场际冲突关系和对立关系，并因此在不同欲望主体之间发生竞争关系、对抗关系、掠夺关系、欺诈关系、嫉妒关系，并最终按照胜者为王的原则实现对目标资源的占有和分配，这是社会上出现竞争关系的欲望动力学基础。比如两国之间的领土争端，即是两国都把某一块土地作为共同的欲标，都想做这块土地的欲权人，因此就难以避免地产生了剑拔弩张的竞争关系。

场际契合的吸引力与场际冲突的排斥力均可视之为场力。场力可以表现为欲望主体之间的团结力和竞争力。

欲望场的场力等同于欲望力，与匮欠性质、匮欠程度以及目标性能、目标大小和认知程度密切相关，匮欠性质和匮欠程度直接决定欲望驱动力的大小，完好填充匮欠的目标和对于这一目标的有效认知，也决定了对于欲望主体所产生的吸引力的大小。

这样，驱动力和吸引力二者相加即为欲望力，亦为欲望场的场力。

这种场力，我们也可以在心理学或社会学上称之为心力。心力可以视之为一种心理力量，欲壑越大，心力越强；目标越高，心力越大；实现目标的条件越充分，心力越盛。所以，场力 =（欲壑 + 目标）× 境遇，其中境遇包括条件充分性以及满足方式和方法的可行性，可以理解为天时、地利、人和等各方面条件越趋于成熟的条件，其实现目标的可能性越大时，则其对于某一特定的目标越发心向往之。

比如一个人想当总统，其欲壑不可谓不大，其目标也不可谓不高，但条件不成熟，非但其自身素质低下，笨嘴拙腮，不学无术，而且没有任何社会正当名分和良好声誉，明显缺乏组织领导经验，其当总统的美梦不过是一厢情愿的妄想。那么在此等条件或境遇下，这个人只要稍微有点理性头脑，就不会熬心伤神而为此产生太大的心力、场力或欲望力。

欲望场就像引力场、电力场、磁力场、核力场、弱力场等物理场一样，依据要素类比，均可以找到与物理场相同或相似的客观规律，并同样遵循物理场原理、定律、公式或效应。按照欲望场理论，我们根据欲望的构成要素可以推导与欲望有关的各种数学算式。甚至可以对人际、商品、消费、流通、竞争、合作、犯罪等社会问题、经济问题、政治问题、文化问题、心理问题做出具有最基本的人性底线的数学解释模型。

第二篇 欲望与舒适

——舒适产生于欲望获得满足的过程当中

在《欲望与认知心理学》中，我曾给欲望下了这样一个定义：

欲望是指作为人或动物的自我在生理或心理方面通过神经智能而感应到某种匮欠性刺激或目标性刺激之后，为了解除匮欠性刺激引起的不适感或为了获得目标性刺激引起的舒适感而产生的不要或想要的应答性反应。

而且按照欲望动力心理学的基本观点，欲望是人类一切心理活动和行为活动的根本驱动力。在欲望的驱动下展开的活动，最终必然要回归于欲望，为满足欲望服务。

欲望既然是一种能量性产物，表明其本身具有二象性特征，即一象为匮欠，一象为目标，欲望的存在形式并非以单格形式，而是双格形式，正是这种双格形式演绎出了二元论思想，其实这个二元论思想仅仅是人类站在事物之外而判断和评说事物起源和存在的一种视角，并没有把自己的神经反应考虑进来。或者说人站在事物之外忽略了自己的存在性，忽略了自己的主观存在性，忽略了自己的神经反应或大脑反应与事物之间的关系。

要知道，没有自我主观反应，事物的存在性便没有了意义，匮欠也罢，目标也罢，离开了神经反应或大脑反应这个媒介性环节，也便不会成为匮欠，也不会成为目标。

这说明，客观世界只有进入主观世界之中，才具有人性意义，才具有欲望性意义，才具有判断意义和评价意义。我在则事物在，我不在则事物不在（对别人在不等于对我在），我思故我在，我思故事物在，这其中蕴藉着主客观两个世界共体共象、互联互通、对立统一的特殊关系。所以，欲望的存在形式甚至非止于双格，非止于二元，而是三格或三元，一是匮欠，二是目标，三是作为欲望主体的神经反应。

当有人问道“欲望是从哪里来的？”的时候，我们必须以这样一种三元论思想来回答这个问题，我们既不能简单地说欲望来自于匮欠，也不能简单地说欲望来自于目标，当然也不能简单地说欲望来自于神经反应，而必须把这个三个答案合为一格，统一在一起才能给出完整而正确的答案。

第一章 人类感觉与意识是神经反应的必然结果

宇宙中最为奇妙的造化便是神经。正是人类神经以它的特殊的功能在物质世界之上另外又嫁接了一个精神世界出来。

可以说，客观世界进入主观世界的唯一通道便是神经及其功能。人与世界的一切关系，其实都是神经与他者之间的反应与被反应关系，包括神经与人体内部生理世界之间的反应与被反应关系，也包括神经与人体外部客观世界（自然及社会）之间的反应与被反应关系，还包括神经与主体已经认识过的内容（即神经与意识）之间的反应与被反应关系。这些反应与被反应的关系，后来演变为主动与被动的关系、能动与受动的关系、利用与被利用的关系、创造与被创造的关系。

一、欲望与神经的关系

人借助神经感知着世界，包括世界的光、电、声、色、形、味、意（感知的对象）等等一切事物和现象，都必须通过神经而被感知到，并经过神经智能的传输和大脑意能的加工而升华为心理、意识、情感、情绪、精神等内容。

由人类神经智能所实现的感知从倾向上说分为两大类，一类是正舒适的内容。正舒适的内容总是被肯定、被追逐、被期待、被向往、被维护，表现为喜欢、愿意、赞赏、欣慰等情感倾向和情绪反应；另一类是负舒适的内容。负舒适的内容总是被否定、被拒绝、被逃避、被改变，表现为厌恶、反感、憎恨、恼怒等情感倾向和情绪反应。

舒适（包括正舒适和负舒适）是主体自我对感知结果或效果的体验和评价，是自我对内在环境或外在环境产生的一种乐受性或拒斥性反应。

自从有了神经，舒适感便成为它永恒期待和不断追逐的目标，须臾不愿分离。可以说，舒适感是个体自我对内在匮欠或外在目标的感性见证与体验，是自我神经感知功能与对象性他者之间实现对接之后的效应性反应，是欲望性内在精神世界与目标性外在物质世界之间实现相互贯通之后的意义性确认和倾向性评价。

图 2–1 是神经感觉在内在精神世界与外在物质世界之间建立联系图。这个图描述了人体生理世界是如何通过其内部神经感觉与人体外部客观世界之间建立联系并进而形成欲望性内在精神世界的过程和原理。

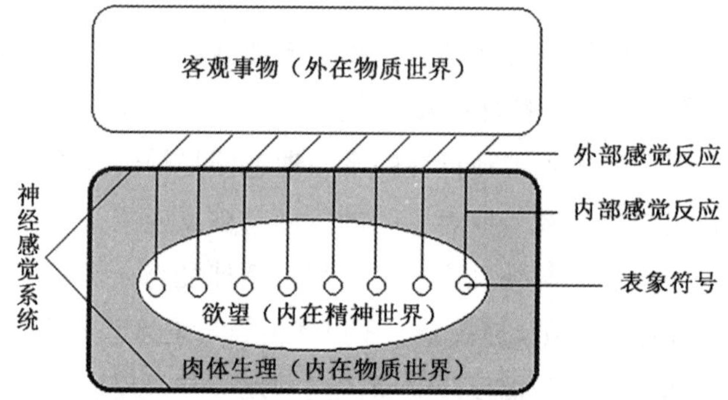

图 2–1　神经感觉在内在精神世界与外在物质世界之间建立联系图

图 2–1 中最粗壮的黑线代表外部感觉系统，其所围绕的部分代表整个人体，阴影部分代表人体生理机能的全部内容，内种椭圆形白色部分代表人的大脑，白色部分中的小圆圈代表个体自我经由外部感觉而映射于大脑中的影像及其表象符号，垂直的细线代表内部感觉神经传导路线，与垂直细线连接的斜线代表外部感觉的传导路线，最上面由细线围绕的部分代表个体自我处身其间并时时面对的外在物质世界。从外在物质世界演变为内在精神世界，即是经由人体内在物质世界的生理功能发挥作用后而产生的内部感觉与外部感觉互联互通并最终在大脑中以影像、表象或意义符号等形式进行映射和映现的结果。

试问，作为物质世界的生理性肉体，到底是如何通向精神世界的呢？图 2–1 中描画出了作为生理性的神经产生感觉，内部感觉产生的欲望通过外部感觉寻找填充性目标，外部感觉产生的欲望通过内部感觉做出回应性或呼应性反应，所以，感觉是外在目标性物理世界与内在欲望性精神感受的转换器。外部感觉和内部感觉均具有神经传导功能，它们将反应的结果传导给大脑，形成一个个表象符号，这些表象符号被主体赋予了具有特定指向的欲望意义，从而构建了主观精神世界的雏形。

自出现神经感觉反应之后，人类智能得到了快速发展，进而出现了知觉、表象、联想、想象、思维等更高级的认知形式，并由这些认知形式形成了人的主观世界和自我意识。

从图 2−1 中可见，意识或自我意识不过是生理性内在物质世界和非生理性外在物质世界分别通过内部感觉通道和外部感觉通道，而在大脑中的投影以及对这些投影所进行的二次加工与审视。实际上，生理性内在物质世界与非生理性外在物质世界同属于客观世界，二者通过神经感觉联系在一起，以内在刺激性信息和外在影象性信息的形式投射于大脑之中，并在二者之间能量的转化与消长中建立起一种遥感性的欲望关系。人类精神世界便在欲望的驱动下，凭借大脑所特有的功能，逐渐呈现出来，并对整个客观世界产生能动的作用和影响。

二、欲望与舒适的关系

舒适之于欲望的关系至为重要。舒适是人类一切欲望的归宿点，或者说，人类的一切欲望都是以舒适为终极体验。

欲望是主体神经中枢对于由匮欠引起的不适感所给出的否定性和逆转性反应，或者说，欲望是主体基于一定的不适感而产生的旨在解除这种不适感以及通过解除这种不适感而获得相应舒适感的意志倾向。同时，欲望也是神经中枢对于特定目标所给出的肯定性、期待性和占有性反应，或者说欲望是基于一定的舒适感及其经验记忆而产生的旨在获取和延续这种舒适感的意志倾向。

从物质层面上说，欲望的产生离不开机体及其神经、匮欠及其填充物目标；而从神经功能所发生的效应层面上说，欲望则是从舒适或不舒适的感觉上产生的。这样，我们可以给舒适下一个简单的定义。

舒适就是个体自我对于内外刺激造成的匮欠及其满足过程所引起的智能反应效果或体验效果。在现实生活中，舒适一般指主观上所获得的一种自我感觉，是身心健康、满意、没有病痛、没有焦虑的轻松自在的感觉。最高水平的舒适是体力充沛，精神振奋，心情舒畅，对一切生理要求、心理要求、情感要求和精神要求都感到满意；不舒适的表现是疼痛、瘙痒、麻木、恶心、眩晕、紧张、倦意、失眠、心情烦躁、心理郁闷、精神萎靡、坐卧不宁等。

一般而言，匮欠度决定刺激度，刺激度决定感觉度（这里的感觉度，主要指主体对于各种信号刺激的敏感度、耐受度以及轻重强弱等感觉程度），感觉度决定舒适度，舒适度决定欲望度（欲望度是欲望的高低大小强弱急缓程度）。匮欠、刺激、感觉、欲望是推动人类智能不断向前发展的四大动力源。

人类一切智能性反应都源自于匮欠。匮欠是撬动人类精神世界不断运动的唯一外力。任何形式或内容的生理（神经）反应，都源自于某种匮欠，任何形式或内容的欲望也都源自于某种匮欠。自匮欠开始，才有了刺激、感觉和欲望等其他元素的出现和发生。

美国生理学家 W.B. 坎农也同样认为，生物必须保持机体内环境的平衡。不论体温、血液、激素、营养等代谢因素，失去平衡都需要调整。

我认为，机体内环境的调整工作完全是由内部感觉神经和自主神经来完成的。而事实上，内环境的调整必须依赖外在的他者亦即外环境给予合理的和有效的补充与配合才能实现，这就需要外部感觉神经和躯体运动神经做出相应的协调和打理，从而使内外环境各元素实现有机的重组和匹配。随着调整进程的延伸或终止，欲望主体将呈现出不同的存在状态。这说明，人或动物与自然界的特定关系决定了其个体的生存状态，包括生理状态、心理状态、情绪状态、意识状态和精神状态。而欲望是人或动物处于某种匮欠状态下的特殊产物。一般来说，人或动物终其一生只能呈现如下三种基本状态。

1. 自洽状态

自洽状态即生理、心理、情绪、精神等与自我有关的各要素之间没有矛盾而自相一致的和谐状态，也是生理的自在状态、心理的平衡状态、情绪的平和状态以及精神的忘我状态。反应在神经感觉层面上就是零舒适感，简称零舒适，此时的舒适度处于零和状态。此等状态下的自我不会产生任何形式的欲望，其欲望值为零，可称之为零欲望，也是欲望的休眠期。此时作为人的自我处于无欲无求状态，不会产生任何舒适或不舒适的智能性反应或心理性反应。一个人不可能每时每刻都处于欲望未予满足的负舒适过程中，也不可能每时每刻都处在欲望满足的正舒适过程中，更多的时候则处于全身心的自洽状态，亦即零舒适状态。

2. 匮欠状态

匮欠状态即生理、心理、情绪或精神缘于某种能量流转的原因而出现了某种欠缺、损害、抑制、疼痛、瘙痒、恶心、紧张、焦急、懊恼、不满等不利状态。从人类欲望系统上看，是一种失衡状态，反应在神经感觉层面上就是一种负舒适感。

我们知道，任何感觉都来自于某种刺激信号的作用，有的刺激能够给人带来正舒适感。比如视觉的美景、听觉的美乐、性觉的美体，或者各种艺术表演，都能给人带来正舒适感，因此都属于正刺激。但也有的刺激只能给人带来负舒适感，比如瘙痒、臭味、恶心、麻木、疼痛、饥饿、干渴以及羞辱、冷漠、蔑视，等等，都属于负舒适感，造成负舒适感的刺激即属于负刺激。这就是说，负刺激引起负舒适感，负舒适感引起负欲望，负欲望背后的匮欠被填充过程中引起的智能性反应便是正舒适感，正舒适感引起正欲望。同样，正欲望也可以带来正舒适感，包括发现目标时的愉悦感，捕获目标时的欣慰感，填充匮欠时的满足感，满足欲望时的幸福感。

由此看来，匮欠、刺激、感觉、欲望这四个密切相连的要素都有正负之分，方向之分，强度级别之分。比如说欲望，其中负欲望是指直接由匮欠引起的欲望，正欲望则是由填充物目标性刺激引起的欲望。前者为负，主要是负在匮欠上；后者为正，主要是正在填充物目标上。再比如刺激，可能会给欲望带来满足的有利的事物性刺激为正刺激，可能会给欲望带来威胁的有害的事物性刺激为负刺激。除此之外，在我们身边，还有许许多多事物并未见得给我们以直接的刺激，既不能归属于负刺激，也不能归属于正刺激，而应该属于中性的零和刺激。这种零和刺激既不能给人带来正舒适感，也不能给人带来负舒适感，而是零和感觉或忘我感觉。比如我们耳闻目睹一些与我们生活没有任何关系的人、事、物时，通常可能视若无睹、听若罔闻，因此也当然不可能给人带来任何正的或负的欲望形式。

正刺激或负刺激可以引起正舒适感觉或负舒适感觉，正舒适感觉就是我们通常所说的“感觉好”“幸福的感觉”“舒服的感觉”“快乐的感觉”等等；负舒适感觉就是我们通常所说的“感觉不好”或“痛苦的感觉”“郁闷的感觉”“气恼的感觉”等等。

欲望的发动方向正是基于这两种完全相反的正负舒适感。

传统心理学对于人类智能的觉性认知能力只界定了感觉和知觉两个层面，其实，这对于描述人类智能递升层次的路线图还是远远不够的，或者说是不完善的。为此，我在欲望动力心理学中在感觉和知觉之上，又进一步提出了情觉、理觉和灵觉的概念。这样，人类智能的觉性认知能力呈现为六个基本层次，即感觉、知觉、情觉、理觉、悟觉、灵觉。情觉是自我针对影响情绪的因素而产生的觉性认知能力；理觉是自我针对世间一切事理、法理、伦理、道理等逻辑规律而产生的觉性认知能力；悟觉是自我在欲望方向上与各种事物现象所隐藏的目标或意义的耦合性认知反应，是大脑知觉与事物本质碰撞出来的火花；灵觉是自我针对影响自身智慧开化的因素而产生的觉性认知能力。有关于情觉、理觉、悟觉和灵觉这四个概念在本书系《欲望与认知心理学》一书关于情性欲望、理性欲望、慧性欲望和神性欲望中可以得到更为详尽的阐释。

依据人类智能的六种觉性认知能力的递升路线图，我把舒适感分为六个层次或六种类型：一种是来自于感觉层面的生理性舒适，亦即感觉性舒适；一种是来自于知觉层面的心理性舒适，亦即感受性舒适；一种是来自于情觉层面的情绪性舒适，亦即感动性舒适；一种是来自于理觉层面的理义性舒适，亦即感验性舒适；一种是来自于悟觉层面的慧明性舒适，亦即感悟性舒适；一种是来自于灵觉层面的精神性舒适，亦即感应性舒适。

不管是生理感觉性舒适、心理感受性舒适，还是情绪感动性舒适、理义感验性舒适、智慧感悟性舒适、精神感应性舒适，都是相应相宜的，在方向上是一以贯之的，在结构上是一脉相承的，在层次上是由实而虚的。

比如一个人肚子疼痛难忍（即生理感觉性不适），卧床一天不起，这种时候，他看什么都不顺眼，心理极为不爽（发展为心理感受性不适），进而唉声叹气，情绪烦躁（即情绪感动性不适），第二天吃了一剂良药，痛感渐消（生理感觉性不适减弱），虽未痊愈，但心里似乎宽敞了许多（心理感受性不适开始向着舒适的方向转化），也不再愁眉苦脸和唉声叹气了（情绪感动性不适开始向着好的方向转化），他同时也认识到所用药物不但对症，而且也具有良好的疗效，病情好转了（理义感验性舒适），藉此掌握了治疗此类疾病的有效方法（智慧感悟性舒适），此后其心境开阔，精神头也较前好多了（精神感应性舒适）。

再比如一个人在穷困潦倒的处境中生活（难免在生理感觉方面产生不适），通过个人努力获得了一些改善(意味着生理感觉性不适业已向舒适的方向转化)，心理感到很舒服，很快慰（发展为心理感受性舒适），心情也变得喜悦和快乐起来（情绪感动性舒适），并藉此明白了依靠个人努力可以改善命运走向的道理（理义感验性舒适），同时也掌握了一些具体的生存技巧和谋生方法（智慧感悟性舒适），且因为看到了生活的希望，自我精神状态也逐渐振作起来了（发展为精神感应性舒适）。而一个生活处境优越的人（生理感觉性舒适），一旦条件降低一点点（难免在生理感觉方面产生不适），都会带来危机感、恐惧感、郁闷感（心理感受性不适），情绪也变得越来越糟糕（情绪感动性不适），并藉此反思到运途走衰的原因（理义感验性不适），且为自己所犯的错误而懊悔（智慧感悟性不适），日渐衰落的境况导致整个人的精神状态也变得萎靡不振（精神感应性不适）。

这说明，欲望具有六感相应性特征，即生理感觉、心理感受、情绪感动、理义感验、智慧感悟和精神感应具有顺应性、契合性和一贯性，一者好，也会带动其他感性活动向好的方向转化，反之亦然。我将自我六种觉性认知和感性活动在发生方向和运行机理上所具有的一贯性、顺应性、契合性关系，称之为舒适连锁统贯效应。

几乎每个人都有过一觉醒来好轻松的感觉（生理感觉性舒适），这时候心气和顺，心境怡然（心理感受性舒适），心情也格外轻松（情绪感动性舒适），对自己的境遇想得顺，看得开，理通气畅（理义感验性舒适），做什么事情也都有思路，有方法（智慧感悟性舒适），并且其气色红润，精神盎然（精神感应性舒适），这是因为一夜的困倦被解除之后，带来了生理的轻松感，而生理的轻松感也带来了心理的轻松感，心理的轻松感也带来了情绪的轻松感、思维的轻松感、头脑的轻松感和精神的轻松感，自我六感一以贯通，相互传染，相呼相应，具有同向性、连锁性和统贯性，这些正是舒适连锁统贯效应的体现。

简·爱自幼在一种受欺辱、受损害的环境中成长起来，看惯了别人的冷脸，在日后遇到坎坷和困境之时，也总能够从容应对，无所畏惧，而一旦置身于稍好一点的环境中，便会在生理感觉、心理感受、情绪感动、理义感验、智慧感悟和精神感应方面体验到比一般人更多的舒适感和幸福感，从而比一般人更加珍惜生活，珍爱生命。

这说明人对挫折的体验或对幸福指数的要求也是相对的，对于一个经受过太多挫折考验的人来说，日后遇到一点挫折可能如履平地，处之泰然。同时对于条件的改善却不会要求太高，只要稍有一些好转就可能会比一般人感受到更多的幸福。

而从感觉层面上升到知觉层面、情觉层面、理觉层面、悟觉层面或灵觉层面，从来自于事物个别属性的刺激，到来自于事物多个属性或整体属性的刺激，到来自于对于欲望具有某种满足意义的关联性和表达性刺激，再到通过现象而产生的事关事物本质性的刺激，甚至发展到对意识本身的反观性刺激，都可能会造成正负两个方面的舒适感。这就是说，来自于外界的各种刺激对于欲望主体所引起的舒适反应不一定全是表层的生理感觉舒适与否，而更可上升到大脑知觉的舒适与否，以及情觉、理觉、悟觉或灵觉的舒适与否，这就使得舒适问题从简单的生理层面，逐步上升到复杂的心理层面、情绪层面、理性层面、智慧层面和精神层面上来认识了。

感觉直接导致生理舒适与否，知觉直接导致心理舒适与否，情觉直接导致心情舒适（情绪舒适）与否，理觉直接导致理义舒适与否，悟觉直接导致智慧舒适与否，灵觉直接导致精神舒适与否。

这里我们还可以再举一个类似的例子。比如一个人睡觉时枕着一个温柔的枕头，本来感到很舒适（这是由感觉导致的生理舒适问题）。当有人告诉她这个枕头里面塞满了很多为病人包扎伤口时用过的纱布碎屑和腐败沤烂的棉絮等，她可能立刻就会感到恶心，感到极不舒适（这是由知觉导致的心理舒适问题）。如果联想到制作或提供这个枕头的工厂对人如此不负责任，缺乏起码的人性化品格，她就会产生激愤的情绪反应（这是由情觉导致的情绪舒适问题）。透过现象看本质，她还会认识到枕着这种枕头睡觉必然危害身体健康，应该引起足够警觉，应该对制造这种枕头的人进行指责、打击和处罚（这是由理觉导致的理义舒适问题）。同时更找到了鉴别这种枕头或各种棉絮制品质量优劣的有效方法（这是由悟觉导致的智慧舒适问题）。而且围绕这个腐败枕头，她还会联想到自己的人格没有受到起码的尊重，对这个社会的整体安全状况心存疑虑和不安，从而影响到她整个精神状态也沉郁和低迷下来了（这是由灵觉导致的精神舒适问题）。

从上面的讨论中可知，舒适概念涵盖着正负两个方向的问题，正舒适来自于欲望得到满足的过程当中；负舒适一般是个人身心不健全或有缺陷时，或周围环境存在不良刺激，对身体状态、生活境况、身心负荷等产生的一种不良反应，表现为烦躁不安、紧张焦虑、情绪郁闷、精神不振、消极失望、身体无力，难以入睡、难以坚持日常工作和维持正常生活。

欲望首先是从带来负舒适感的匮欠开始的，而最终由目标填充物化解的。正是由于负舒适感的出现，一方面使人针对匮欠而产生了“不要”的负欲望，亦即不欲之欲；一方面使人针对匮欠填充物目标而产生了“想要”的正欲望，亦即所欲之欲。这就是说，欲望的正负方向是由舒适感的正负方向决定的。

3. 舒适状态

舒适状态即主体为了消除和弥合匮欠、恢复生理、心理、情绪、理性、智慧或精神等智能性或意志性自洽状态，而进行的补救性、消解性、填充性和释放性的欲望满足过程。反应在神经感觉或心理感受层面上就是正舒适感，包括满足感、幸福感、轻松感等等。确切地说，舒适状态就是欲望满足进行时的神经感觉性或心理感受性反应状态，亦即从匮欠状态中的负舒适感向自洽状态的零和感过度的神经感觉状态或心理感受状态，或者是目标性刺激信号诱使下的心理期待状态，这两种状态也是一个人对自我幸福感最直接的体验。

如何才能获得舒适感？这就要根据舒适理论找到影响人类舒适感的因素，并人为地改善这些因素，从而为营造舒适环境和提高舒适感提供有效的方法和途径。

现代医学上出现的舒适护理学就是利用舒适理论提高护理质量的实用科学。舒适护理学将人类的舒适分为生理感觉舒适、心理感受舒适、环境舒适和社会舒适四个方面。而环境舒适和社会舒适实为影响生理舒适、心理舒适、情绪舒适或精神舒适的外在因素，所谓环境舒适主要指的是外在物理环境中适宜的空间、卫生、声音、光线、颜色、温湿度等使个体产生舒适的感觉，所谓社会舒适主要指的是身边人际关系、家庭与社会关系的和谐与亲善而给人带来的心理、情绪或精神方面的舒适感受。

环境舒适和社会舒适都会直接影响到人的神经反应或心理反应，比如，人的安全感、被尊重感、价值感、荣誉感等一旦遭到践踏，便可能会造成心理抑郁、情绪波动和精神萎靡而间接地影响到了人的身体健康，并连带地造成生理感觉的不适。其实，远不限于医学上的护理科学，包括建筑学、城市规划学、园林设计学以及国家政策、法规、制度以及社会管理和企业管理学等内容，都应该考虑舒适因素，遵循舒适理论，任何使人感到不舒适的人文现象都是不能被拥护的，也当然是不能持久的。

三、欲望环与行为链

沿着人类神经的功能和特点深入进去，我们可以得到将欲望系统链接在一起的五个关键环节，简称欲望环。欲望环分为正环和负环，五个环依次相接，环环相扣，形成一个链，链的最后一个环为行为环。五个正环构成的链为正链，也称正行为链；五个负环构成的链为负链，也称负行为链。即：

负链：负刺激——负感觉（即负舒适）——负欲望——负情绪——负行为。

正链：正刺激——正感觉（即正舒适）——正欲望——正情绪——正行为。

五正五负，共10个环，我们把每一个环都视为欲望环。这些环，一环套一环，构成一个简单的单元欲望格。而且这10个欲望环分别在两个方向和利弊上构成了完全相反的行为链，即正链和负链，充分体现了欲望系统内部的相生相克关系。将这些概念分开来讲，可以认定为：刺激分正负，感觉分正负，欲望分正负，情绪分正负，行为分正负。由此延展开来，包括心理、意识、精神等内容都可以分出正负来。其中，负刺激作为匮欠本身，或作为制造匮欠和加重匮欠的因素，只能给人带来负舒适感；正刺激作为填充物目标，或作为解除匮欠的倾向性因素，必然给人带来正舒适感。

我们在这里引入负刺激、负舒适等概念有利于解决舒适、欲望、情绪和行为的方向性问题。负刺激引起负舒适，负舒适引起负欲望，负欲望引起负情绪和负行为，相反，正刺激引起正舒适，正舒适引起正欲望，正欲望引起正情绪和正行为。任何人的一生都是在负与正两种能量的不断较量和此消彼长的互动中走过来的。

不管是负链还是正链，都是环环相扣的，层层进逼的，意味着人类的每一种欲望、每一种情绪、每一种行为都不是无厘头的，都是有原因的。往上推，推到极点，都可以找到最早的诱发行为的那个刺激信号，这并非是对机能主义心理学或行为主义心理学的承袭，而是来自于对质能结构主义的欲望动力心理学的推演。

这很有点像美国气象学家爱德华·洛伦兹的蝴蝶效应：一只在亚马逊流域翩翩起舞的小小蝴蝶，可能是一个月后发生于美国得克萨斯一场飓风的诱因。刺激信号与行为，表面上看好像没有什么特别直接的关系，但在一个动力系统中，初始条件微小的变化能引起整个系统长期而巨大的连锁反应。这个正链或负链的产生与蝴蝶效应很相似，同时也与多米诺骨牌效应如出一辙，即在一个相互联系的系统中，一个很小的初始能量就可能产生一连串的连锁反应。正链和负链都具有这种连锁效应。

在欲望环所构成的单元欲望系中，负行为链从负刺激开始，一步一步，一阶一阶，环环相扣，层层递升，直到把人的不好的负面的心理、情绪、精神和行为推演出来和激发出来。同样，正行为链也是从正刺激开始，一步一步，一阶一阶，环环相扣，层层递升，直到把人的良好的正面的心理、情绪、精神和行为推演出来和激发出来。我们把这种由刺激产生心理、情绪、精神和行为过程中各欲望环之间环环相扣、层层递升的演进关系与激励关系，称为欲望环联动效应。

根据这个效应，我们可以按照人的某种心理、情绪、精神或某一行为亦步亦趋地反推其欲望等其他环的特点，从而可以更好地判断其行为动机。也可以根据这一效应，从初始的刺激信号着眼，推测和判断这个刺激信号将诱发的各种可能性行为和结果，或者有目的地调整刺激信号，以便唤起后续连锁的一系列心理、情绪、精神和行为反应。

企业管理者、社会管理者或教育工作者根据欲望环联动效应原理，可以借助物质刺激或精神刺激实施更有针对性和更有效的情绪管理或行为管理，以激发被管理者、被教育者的工作热情和工作积极性。

有些管理学家所说的情绪管理、行为管理等概念，其实，追根溯源都是刺激管理。施加什么样的刺激信号，便会产生什么样的刺激效果，便会产生什么样的智能反应，便会产生什么样的欲望，便会产生什么样的情绪，便会产生什么样的行为。这一切，都是连锁反应，这就是欲望环联动效应隐含的人类欲望动力心理学原理。

第二章 人类舒适度及其坐标系

人类的舒适感或许也可以依照数学逻辑做出某种较为精确的解读。这就是说，舒适感也是可以度量的，每一种舒适感都有一个可以用一定标准作出衡量或评价的度，这就是舒适度。

舒适度是指人们对客观环境从生理感觉方面、心理感受方面、情绪感动方面、理义感验方面、智慧感悟方面或精神感应方面所体验到的满意程度及其所进行的综合评价。舒适度与匮欠度成反比，与满足度成正比。满足度是欲望大小、期待指数、目标远近、满足期限、满足方式和满足过程等要素的总和。

一、舒适方向决定欲望方向

某种外部环境究竟能够给人带来多大程度的舒适感，或者说，外在环境对人的欲望提供并给予了多大程度的满足与洽合，这其间的度量标准就是舒适度。

舒适度处于零度时，属于自洽状态，即生理、心理、情绪或精神等各项指标都处于平衡状态，也是零和状态。在这种状态下，匮欠 =0，也就是此时的人无匮无缺，无欲无求，无喜无忧，也无所谓舒适与不舒适。正像一个人不饿的时候，不可能产生饥饿的负舒适感，也不可能产生获得食物的愉悦感，更不可能产生吞咽食物的舒适感，即便眼前摆着大量食物也没有任何填充意义。

我们以被蚊虫叮咬后挠痒痒时的舒适感为例，在未被叮咬时，人体皮肤处于没有匮欠的零和状态，此时没有正舒适感或负舒适感之分。而一旦遭到蚊虫叮咬，肤觉的零和状态便被打破，负舒适感产生了，当伸手抓挠痒处，正舒适感便立刻从瘙痒处弥散到全身，而且，瘙痒程度越大，解痒时的正舒适感越强。这说明对人类舒适感来说，匮欠越大，欲望越强，填充匮欠的要求也就越急切，而在进入满足程序时所获得的舒适感也越强烈，体验越深刻，记忆越持久。对于这一点，我们可以归结为欲望力正负对称原理。

任何舒适感都有三个方向和三个阶段：第一个方向是零方向，也是没有任何匮欠性刺激出现的零舒适阶段；第二个方向是负方向，也是匮欠性刺激发生之后到匮欠消弭之前的负舒适阶段；第三个方向是正方向，也是匮欠被填充过程中的正舒适阶段。

这也同样造成了欲望的三个阶段：第一个阶段也是欲望的休眠阶段，此期无欲无求，无忧无乐，主体与自然实现了融合即零欲阶段；第二个阶段是针对匮欠本身的不欲之欲，即负欲望阶段；第三个阶段是针对填充物目标的期待满足之欲，即正欲望阶段。

人类的舒适感（当然也包括动物的舒适感），既来自于人体内部获得生理平衡的过程，也来自于人体内外循环过程。人类作为发端于大自然万物造化的生物体，其生命的延续始终而且必须基于一个特定的前提，即这个生物体必须通过天赋的眼耳鼻舌身等生理器官而与外界物质保持有效而适宜的交换式、互动式循环关系，个体生命的延续必须以这种循环关系的存在为前提，个体生命的消亡也必须以这种循环关系的终止为条件。舒适与否完全取决于这种循环关系的运行状态。

二、影响舒适感的因素

很显然，舒适度是客观环境条件与主观感觉、感受、感动、感悟、感应的机缘性洽合与对接。决定舒适度的因素有很多，其中既包括一定的客观性因素，也包括一定的主观性因素。客观意义上的舒适度因素是指那些给人带来不同舒适感的客观环境和条件，主观意义上的舒适度因素是指人们对客观环境（包括自然环境与社会环境）从生理方面、心理方面、情绪方面、理性方面、精神方面所感受到的满意程度或状态，以及人们对这一满意程度或状态所做出的特定认知性评价。

1. 影响舒适度的客观因素

舒适虽然是人的主观感觉，但这种主观感觉属于对客观事物的刺激性反应。所以，个体自我处于特定环境状态下，客观因素必然对主体的舒适度产生重大影响，尽管这种影响具有因人而异、且很难量化的特点，但我们通过改善客观环境和条件，即可在一定程度上达到改善环境中的人的舒适度的目的。

舒适度所涵盖的内容非常广泛，不仅包括生理性舒适度，也包括心理性舒适度，其中事关客观环境与条件的舒适度有很多，包括人体舒适度、居室舒适度、座椅舒适度、汽车舒适度、气候舒适度、审美舒适度、医疗舒适度、护理舒适度、餐饮舒适度、服务舒适度、沟通舒适度、管理舒适度、政策舒适度、法律舒适度、行政舒适度、社会风俗舒适度等等。其中人体舒适度指人体的热平衡机能、体温调节、内分泌系统、消化器官、呼吸系统等人体的生理功能受到多种气象要素和环境条件的综合影响。车辆舒适度是指旅客对所乘坐的列车旅行品质的综合评价，这种舒适度不仅受列车的振动、冲击、噪声、温度、湿度、空气清新度、空间设计、色彩、照明等诸多因素的影响，而且还受到人们健康和心理因素的影响。对于一位晕车的旅客而言，即便车辆舒适环境再好，也很难给他本人带来舒适的感受。影响舒适度的客观因素一般可罗列如下：

（1）身体因素：生理机能和神经智能的运转是否正常。

（2）习惯因素：客观条件决定习惯的养成。如北方人习惯于吃炖菜并感到舒适，南方人习惯于吃炒菜并感到舒适。

（3）社会因素：个体、家庭和社会的相互关系。如日常学习、工作和生活中所感知到的政治、法律、制度、人际关系、服务态度等各种人文因素。

（4）环境因素：围绕人体的外界物理性因素，如由光线、噪声、味道、温度、硬度、颜色等元素构成的自然环镜。

有些舒适感是来自于视觉刺激，包括色彩、形状、高低、危稳、动静、明暗、软硬、空间布局、自然状态（如高山大川，林间溪水）、人文状态（如卫生状态、表情状态）等等，都可能会在某种程度上直接引起欲望主体的神经智能性反应，并通过其特定的象征意义进而引起心理反应。如红色象征着温暖，蓝色象征着寒冷，黑色象征着恐怖，棱角象征着伤害，圆润象征着谐和，笑容象征着友善，卫生象征着健康，污秽象征着疾病，等等，这些特征性意义冲击视觉，不但会直接影响生理舒适度，也会影响心理舒适度、情绪舒适度、理义舒适度和精神舒适度。

比如一些建筑物的外形，可能会引起人们的特定联想，其寓含的某种象征意义，很容易让人产生某种心理舒适或不舒适感受。在特定角度上冷眼看北京东三环附近建设的中央电视台建成后其外形像大裤衩，宜昌火车站建成后外形像棺材，这些外形通过视觉投射到心理，其视觉效果和心理感受都可能会让人产生不舒适感。

有些舒适感是来自于听觉刺激，包括声音属性、高低、振幅、韵律、节凑、寓意等等，既可引起生理反应，也会引起心理反应、情绪反应、理义反应和精神反应。尖利的叫声、喧嚣的噪音和轻扬的音律、柔缓的和声以及嘲讽、谩骂、斥责的声音和赞美、肯定、关怀、客气的声音，除了给人带来物理性的冲击并直接影响生理舒适度之外，其寓含的意思还会直接影响人的心理舒适度、情绪舒适度、理义舒适度或精神舒适度。

其他也有一些舒适感来自于味觉刺激、嗅觉刺激、触觉刺激、性觉刺激，其从生理层面弥散开去，都可能影响到人的心理、情绪和精神等方面也作出相应的舒适性反应，产生舒适连锁统贯效应。

2. 影响舒适度的主观因素

（1）个人经历和经验所涉及的纵向比较性认知。如以前的条件差，现在变好了，就会感到舒适。反之，就会感到不舒适。

（2）生活条件和生活环境的横向比较性认识。如看到邻居家居住条件不如自己，回到自己家里则更会感到舒适。

（3）精神与观念的作用。如一直保持艰苦奋斗精神的人对艰苦环境也会感到舒适。

（4）个体心理作用。如在喜悦的心理环境下，看到河水时会产生一种清爽欢快的心理感受，而在忧郁的心理环境下看到同样的河水，却可能会产生悲凉幽咽的心理感受。

三、舒适度指数

正是由于舒适度受到主客观因素的诸多影响，其变数非常复杂，在实际操作上一般是很难用严谨的数学分析方法进行衡量的，更多的时候只能借助特定的评估方法进行衡量。

舒适度是一个变量。舒适度的变量与匮欠度的变量和填充物满足度的变量显然具有互联互动的效应关系。一般而言，匮欠度越大，舒适度越差，而得到填充时的舒适度越高；填充物越多越优，则舒适度也越强烈，越敏感。同时，舒适度还会因个体差异和个体经历的不同而变化，而且也与个人习惯、习俗以及观念和认识的不同而殊有不同。比如异性恋人士往往对同性恋人士的性取向大感不解，一旦同性对自己做出亲昵动作便会感到非常反感，甚至浑身起鸡皮疙瘩，极不舒适，而在同性恋那里却可能会感到特别舒适。

舒适度同时也是一个相对的变量，在一定匮欠程度的基准上，舒适度一方面以曾经经历过的记忆性体验为基本参照值，另一方面还要以满足匮欠的现实感受为当下兑现值。这两个值之间的相对差值，则决定了针对于这一特定匮欠及欲望满足水平的舒适度指数。这就造成了对于不同的人，依据不同的匮欠、不同的经历和不同的观念，即便处于相同的环境、面对相同的目标和相同的满足方式，其所产生的舒适感和所达成的舒适度也是不同的。同样的，具有相同或相似的经历或观念、或具有同类欲望的人，处于不同的环境、面对不同的目标或不同的满足方式，其所产生的舒适感和所达成的舒适度也都是不同的。

比如几个饥饿的人同桌就餐，以其饥饿程度不同而对吃同一种食物所带来的舒适度是不同的；喜欢吃辣椒的人与不会吃辣椒的人同吃一种辣椒食物，一个感到舒适，另一个感到不舒适。同样，经历过风餐露宿之艰难困苦的人，一旦住进一间小平房里，便会感到舒适万分，而另一个住惯了温暖宽敞的高楼大厦，一旦沦落到小平房里住宿，便可能会感到极不舒适。

这说明舒适度指数等于主体对现在时的客观条件感受指数减去过去时的客观条件感受指数，或者等于主体对现在时的外在刺激感受指数减去过去时的外在刺激感受指数。对客观条件感受指数与外在刺激指数都是一种包含着质量、水平、程度、方式、优劣等的笼统性概念。

舒适度是一个因人而异、因事而异、因时而异、且很难量化的概念。其涵盖内容非常广泛，如身体舒适度、气候舒适度、座椅舒适度、居室舒适度、视觉舒适度、人文舒适度、社会舒适度、政治舒适度、文化舒适度、心理舒适度等等。其中身体舒适度涉及人体的热平衡状态、内分泌状态、消化状态等生理功能受到多种气象要素和能量要素的综合影响。车辆舒适度是指旅客对乘坐列车旅行品质的综合感受与评价，其舒适度不仅受列车内环境的设计、车体的振动、冲击、噪声、温度、湿度、空气清新度等诸多因素的影响，而且还受到人们自身健康和心理因素的影响。

四、刺激与感觉

人在大多数时候都处在一种未觉察到舒适或不舒适的自洽状态，亦即生理、心理、情绪、精神等与自我有关的各要素的组合没有任何矛盾而自相一致的和谐状态。人处于自洽状态时，既不会明确意识到正舒适感，也不会明确意识到负舒适感，这在神经智能层面上可以说是一种零和反应状态。

因为欲望的本质源自于匮欠，或者说是对匮欠感的神经智能性反应，所以，欲望在神经智能反应层面上，是以与舒适完全相反的方向上呈现的。比如食欲，它以饥饿感的形式而发端，因为与饥饿的匮欠相连，它带给人的绝不是正舒适的感觉，而是疲软无力的负舒适的感觉。比如性欲，它以性饥渴的形式而存在，因为与性饥渴相连，它带给人的绝不是正舒适的感觉，而是焦躁难耐的负舒适的感觉。比如权力欲，它以无力支配各种欲求目标之缺憾的形式而存在，因为与权力诱惑相连，它带给人的绝不是正舒适的感觉，而是趋权附势的负舒适的感觉。

欲望在感觉上固然是一种负舒适状态，但是在获得满足的过程中却处于正舒适状态中。这是欲望的最大特点。可以说，人生的一切不幸均来自于欲望无法得到满足的悲怜，而人生的一切幸福都来自于欲望获得满足时的慰藉。

人们究竟是为了达到自洽状态才寻求欲望的满足呢？还是为了达到舒适状态才寻求欲望的满足呢？

人的自洽状态实为自我处于没有匮欠的智能静息状态；而人的舒适状态是自我匮欠得到补充或者说是欲望得到满足过程中所呈现的智能反应状态。所以，人们寻求欲望满足体现在两个层面上：一是在出现匮欠的负舒适感时，以解除负舒适感为目标的欲望满足层面，这是人类自我最起码的欲望满足层面，主要体现在“不要”的意志性反应的作用力驱动上；二是在出现匮欠的负舒适感时，以获得填充匮欠所带来的舒适感为目标的欲望满足层面，这是人类自我较高级的欲望满足层面，主要体现在“想要”的意志性反应的作用力驱动上。

神经智能作为欲望的构成要素，是我们研究欲望问题不可偏离的主线。欲望从智能的初级反应——感觉开始发轫，逐渐延伸和扩展，并成为奠定人类精神大厦的基础。主体对于自我存在状态的效应性体验便是舒适或不舒适，我们有必要把舒适置于感觉与刺激构成的坐标系中来审视。某种刺激必带来某种智能性感觉反应，这就为我们在刺激与感觉之间描绘出人类舒适度的变化曲线提供了可能。

刺激引起感觉，但刺激是以他者的形式而存在的，而感觉是以智能性自我的形式而存在的。刺激最终必然要转化为感觉，这也意味着作为客观的他者的刺激，最终必然要转化为作为智能的自我感觉，这便是刺激—智能转化定律。客观世界进入智能世界即是通过刺激—智能转化定律而实现的。

图2–2表示由刺激与感觉构成的人类舒适度坐标系(1.1)。以坐标原点(0,0)为基准，负刺激带来负感觉和负舒适，正刺激带来正感觉和正舒适。

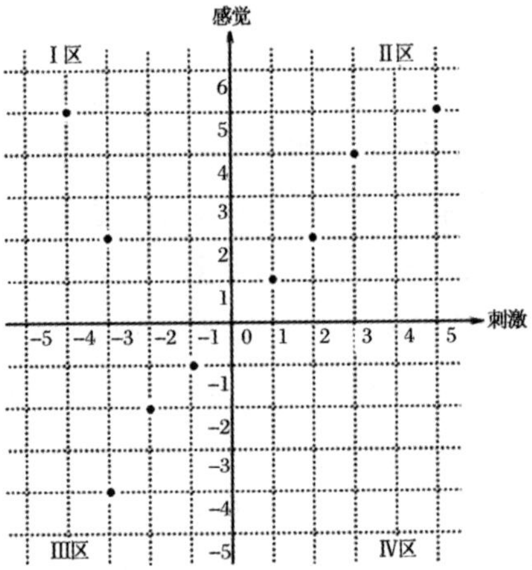

图 2–2　由刺激与感觉构成的人类舒适度坐标系（1.1）

图 2–2 中坐标横轴与纵轴的单位皆为 1，纵横成格，构成此坐标系。其中作为横轴的刺激轴，代表了外在他者的存在，当刺激不存在时，这个坐标就消失了。

在图 2–2 中，坐标上的点为某种舒适感的舒适度取值。比如，基于某一种类型的负刺激造成的负感觉带来的舒适度可能是 (−1，−1) 也可能是 (−3，−4) 。比如遭敌人一顿痛打（负刺激），立刻带来皮肉之苦外加羞辱之感（负感觉），其舒适度应该在（负，负）的 III 区范畴之中。基于某一种类型的正刺激造成的正舒适引起的舒适度可能是（1,1），也可能是（3,4）。比如偶然品尝到一种糖果（正刺激），感觉很甜（正感觉），其舒适度应该在（正，正）的 II 区范畴之中。如果同为某一属类的刺激引起舒适度变化，那么，我们就可以将这些变化取值点位连成曲线，这条曲线即可被看作是这一刺激造成的个体舒适度变化曲线。

每一种类型的刺激都可以与相应的感觉构成舒适度坐标，也都可以藉此描画出某一属类的舒适度变化曲线。

负刺激和正刺激在我们的生活中随时可见可感，我们仍旧拿瘙痒感和解痒感来举例，前者为负舒适感，后者为正舒适感。前者必来自于一种负刺激，比如蚊虫叮咬性刺激，或者其他致痒性刺激，这在舒适度坐标的横轴上应该是一个负值，如 −3 或 −4；后者必来自于一种正刺激，比如用手指抓挠，或者其他解痒办法，导致身上皮肤格外舒适起来，这在舒适度坐标的纵轴上应该是一个正值，如 2 或 5。这样，我们在图 2−2 的坐标图上，可以得到因瘙痒而后获得解痒的舒适度值（−3,2）或（−4,5）。

在这里可见，大多数舒适感都来自于解除某种匮欠性刺激造成的不舒适感过程当中，比如饥饿之匮欠性刺激造成的负舒适感，带来吃饭过程中的正舒适感。如果没有饥饿的负舒适感，便不会有吃饭时的正舒适感发生。就像一个人饱胀之时，让他继续进食便是一种痛苦，便会发生一种新的负舒适感。Ⅳ区一般不产生舒适感，因此也没有舒适度值。而在“好心不得好报”“好话被误解”“好心办坏事”“良药苦口”“忠言逆耳”等情况下可能会在Ⅳ区中产生正刺激条件下的负舒适。但这种情况的“好心”“好话”“良药”“忠言”，其实在接受者那里也并非作为正刺激来看待的。

所以，在绝大多数情况下某一特定的负舒适感，必来自于某一特定的负刺激，也必由某一特定的正刺激来解除这一负舒适感并带来相应的正舒适感。这说明，刺激的性质与舒适的性质是一一对应的关系，一种刺激带来一种舒适，一种舒适来自一种刺激，刺激对于舒适具有特定合宜的度的阈值，舒适也有与之相应的特定合宜的度的阈值，超过这个阈值，便会出现相反的效果。

其规律是：负刺激—负感觉—负舒适，这是智能负向反应系统。智能负向反应系统必须由智能正向反应系统来解盔卸甲，才能化解负舒适危机。即：正刺激—正感觉—正舒适，这是智能正向反应系统。以正冲负，正负相抵为零，舒适感至此消失或休眠。这便是舒适反应相应相宜原理，亦即舒适反应相生相克原理。

正所谓物极必反，否极泰来，当一个好的刺激，给人带来好的感觉，这是一件好事，但把这个刺激不断加大加重，就会带来不好的感觉，变成了一件坏事。比如听见一种声音很悦耳，把这种声音无限放大，便会很刺耳，很不舒服；看见一种光亮很养眼，把这种光亮无限加大，便会很刺眼，很不舒服；爱吃辣的人吃到辣子很舒适，把这种辣味无限加重，可能会被辣得涕泪横流，难以承受。这就是说，刺激与感觉之间的度必须遵循智能反应系统相应相宜原理。否则，便会物极而反，甚至造成更多的和更大的不适。

同时，人在饥饿时，不能靠喝水解除饥饿感；人在疼痛时，不能用食物解除疼痛感。说明特定的感觉只能来自于或借助于特定的刺激，感觉与刺激之间具有特定的对应关系，这也是舒适反应相应相宜原理所涵盖的基本意义。

负刺激的功能是造成匮欠和加大匮欠，正刺激的功能是平复匮欠和解除匮欠。绝大多数正舒适感都是来自于解除负舒适感的过程当中，因为负舒适感来自于负刺激造成的匮欠。所以，要想获得正舒适感，就必须有正刺激参与进来，必须有正刺激将匮欠加以减轻或解除。这就意味着，正刺激的施加是从负刺激性匮欠出现之后开始的，或者说是从负舒适感状态下开始的。而有没有从零和感状态下开始启动的正刺激呢？

有一种情况为人所常见，即早上起床时，本来身上的皮肤未有任何瘙痒感，但如果身边爱人主动给挠了几下后背，却忽然感到格外解痒而特别舒适，这种情况下的舒适度曲线会是怎样的呢？

首先，爱人抓挠的刺激是一个正刺激，应该是舒适度坐标的横轴上的正值。而带来的舒适的解痒感，则是舒适度坐标的纵轴上的正值，这种情况下的舒适感表面上看似乎不是在解除负舒适感的过程中得到的，而是从零和感中直接由正刺激激发出来的，所以其舒适度取值当为（正，正）的 II 区范畴。

从零和感状态下开始启动的正刺激可以直接收到正舒适的效果，这似乎是一种特例。但这中间越过了一个发生匮欠的经历，越过了一个负舒适感的持久体验过程。在手指抓挠解痒这一事件当中，在完全没有瘙痒的负舒适感信号提示的情况下，用手指抓挠皮肤，似乎直接获得了解痒的正舒适感。这是怎么回事呢？

实际上，一夜睡眠导致皮肤干燥而紧巴，皮下血管血液循环不畅，潜伏着一种尚未被觉察的匮欠，在施于抓挠这个过程当中，其实也瞬间激活了负刺激，其匮欠性刺激和负舒适感只是被正刺激几乎同时给予抵消和解除了而已。再如穿着过紧的服装，也会造成身体皮肤受压迫，皮下血液循环不畅，与体内及未受压的皮肤血液循环构成不平衡的潜在性匮欠。手指抓挠作为一种刺激，对匮欠进行修复和解除。就是说，手指抓挠首先作为正刺激，在零和状态下将潜在的匮欠激发了出来，变成了显在的负舒适性瘙痒感，几乎同时，手指抓挠作为正刺激，给予了几乎即时性的解痒，带来了解痒的正舒适感，并得到了非常深刻的神经智能性体验，这就使得这一刺激过程所造成的舒适度在坐标上呈现了（正，正）这种少有的双正舒适度效果。

舒适度可以是生理感觉性的舒适度，也可以是心理感受性的舒适度，还可以是情绪感动性的舒适度、理义感验性的舒适度或精神感应性的舒适度。这要看某一种刺激的效应是发生在肉体上的还是心理、情绪、理性或精神上的。直接针对肉体（生理）的物理性刺激而引起的感觉，是事关生理性的舒适；非直接作用于肉体或生理的意义性刺激而引起的感受、感动、感悟或感应，则是事关心理、情绪、理性或精神的舒适。

生理性舒适可以来自于包括对视、听、味、闻、触等五官感觉的刺激，包括来自于美色、美乐、美味、柔润等官能性刺激，或者相反如对来自于丑态、噪音、异味、粗糙等官能性刺激。

心理性舒适、情绪性舒适、理义性舒适或精神性舒适则大多来自于外在的他者的意义性刺激，如帮助、赞美、肯定、支持、友善等褒扬性刺激，或者相反如拆台、贬低、否定、批评、较慢、嘲讽、鄙夷等贬损性刺激。不管是生理性舒适还是心理性舒适、情绪性舒适、理义性舒适或者是精神性舒适，其舒适度的绝对值水平的高低一般与自身所能承受的刺激度成正比。而且，生理性舒适、心理性舒适、情绪性舒适、理义性舒适和精神性舒适在特定条件下是可以相互转化的。

比如一位性欲盎然的盲人妇女与一位男人做爱时，可能感觉很舒适，而当她知悉这个男人原来是个十恶不赦的罪犯或者奇丑无比的恶魔，这位盲人妇女可能立刻便产生了心理的、理义的和精神的负舒适感，并导致其性欲随之而退，以致荡然无存。在通常情况下，引起心理、情绪、理性或精神层面的舒适感，基本上都是来自于知觉、联想、想象、思维所捕获的意义性刺激发生作用的结果。

某妇女看到自己的老公与另外一个女人亲昵，即刻产生厌恶感、烦躁感、嫉恨感等五味杂陈的心理负舒适感。这个负舒适感来自于老公与其情人给她的负刺激，而这个负刺激并不是简单的感觉性刺激，而是来自于知觉或联想的意义性刺激（她知道老公与另外一个女人亲昵这一表面动作之下还意味着什么，包括移情别恋、背信弃义和被抛弃被侮辱的命运等等）。通过研究可以证实，只有来自于知觉以上认知层面的意义性刺激，才能产生心理层面、情绪层面、理性层面或精神层面的舒适感（包括正舒适感和负舒适感）。

在此归纳一下，我们发现，刺激可以分为三种情况：一种情况是负刺激，其所带来的是不利的、不好的、不适的、痛苦的神经智能性反应或大脑意识性反应；第二种情况是正刺激，其所带来的是有利的、良好的、舒适的、愉快的神经智能性反应或大脑意识性反应；第三种情况是零刺激，即未见有任何刺激或虽然施加了刺激却没有被感觉到，包括根本没有感觉到的刺激和极微弱而无法感觉到的刺激，此等刺激条件下造成的神经智能性反应是零舒适感。不管是正刺激还是负刺激，都有一定的强度（即刺激程度，简称刺激度），从施加某个刺激到这个刺激被感觉到之间，有一个渐进的过程，这个过程就是零和区间。同时我们还发现，在一般情况下，正刺激产生正感觉，正感觉产生正欲望，负刺激产生负感觉，负感觉产生负欲望，而未见有完全相反的情景发生。

上面提到的刺激—智能转化定律，揭示了客观事物转化为智能反应或客观层次转化为智能层次的演绎规律。但这还不够，还未能揭示出客观世界转化为主观世界或智能层次向主观层次转化的演绎规律。智能反应本身并不是纯粹的主观世界或主观层次本身，而只有将智能反应转化为欲望反应之后才使人类主体真正踏开和迈入了主观世界的大门。感觉可以转化为欲望，不好的刺激带来的不好的感觉可以转化为“不欲之欲”，好的刺激带来的好的感觉可以转化为“所欲之欲”，我将感觉与欲望之间存在的这种转化规律称之为智能—欲望转化定律。

事实上，由刺激与感觉构成的人类舒适度坐标系一般只有三个区间，一个是由正刺激与正感觉构成的Ⅰ区，一个是由负刺激与负感觉构成的Ⅲ区，一个是介于Ⅰ区和Ⅲ区之间的零和区。见图2–3：由刺激与感觉构成的人类舒适度三区坐标系（1.1）。图2–3是图2–2的变体，是一种三区坐标系。

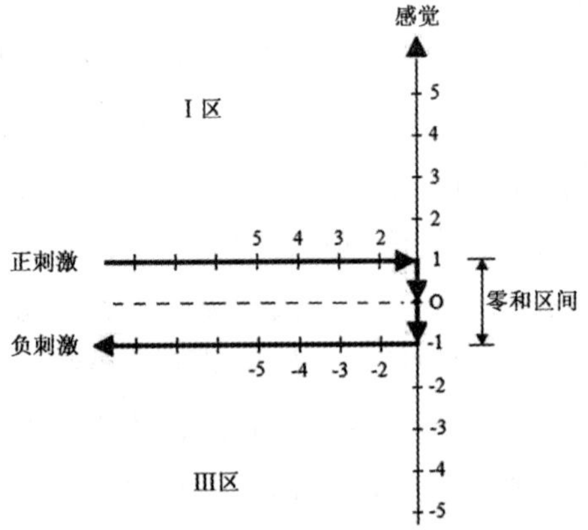

图2–3 由刺激与感觉构成的人类舒适度三区坐标系（1.1）

图 2–3 中的坐标系与我们熟知的四区坐标系不同，其横轴不能穿过纵轴，横轴的正值和负值参照纵轴正值和负值而折叠，并构成一个零和区间，使得整个坐标系只有三个区。人类的舒适度尽可以在这个坐标系中表示出来。

这个舒适度坐标系是一个由刺激与感觉构成的折叠式坐标系，刺激围绕原点的感觉轴上下附近发生了折叠，从而使正刺激和负刺激在原点附近发生逆转，而原点附近，比如 1 到 −1 之间可以设定为零和区间，表现为正负刺激都很微弱，通常感觉不到正舒适或负舒适的存在，这就是零和区间，这个区间在正刺激轴和负刺激轴之间。比如一个微弱的压力施加在肩膀上，作为一种刺激所引起的感觉也同样是极微弱的，通常是感觉不到的，这就是零和状态。

同时我们发现，正刺激轴与负刺激轴，方向相反，就像一条以原点所做的横轴为中间线的马路，正刺激和负刺激都是左侧通行，沿着图 2–3 中箭头方向，正刺激朝着原点运行，其绝对值越来越小，负刺激背离原点运行，其绝对值越来越大。

正感觉来自于正刺激，负感觉来自于负刺激。比如饥饿是一种负刺激，食欲是一种负欲望，当看到或得到食物时，为之欣喜，产生正感觉，而食物则是一种正刺激。一个负刺激造成的匮欠和负舒适感，必然要由一个大体等值等量的正刺激来平复、弥补这个匮欠，并转成绝对值相等的正舒适感。就像饿得有多严重，负舒适感便有多强。同样，正刺激给予的食物满足也要大体相当，吃到食物时获得的正舒适感的强度也会与之相匹配。

这就是说，多大强度的负刺激便会造成多大强度的负舒适感，而抵消此负舒适感的正刺激就必须在绝对值上与负刺激基本等值，否则，这个负舒适感便难以被彻底解除。同理，多大强度的正刺激便会带来多大强度的正舒适感，而抵消正舒适感的负刺激就必须在绝对值上与正刺激基本等值。否则，这个正舒适感便难以被彻底平抑。我们把这个规律称之为正负刺激抵消原理。

比如，一个人被蚊虫叮咬为负刺激，其严重程度姑且界定为 −3，造成的匮欠在欲望轴上也可以界定为 −3，那么这个人被蚊虫叮咬的舒适度为（−3，−3），这显然是一种负舒适感，但要解除这个负舒适感，就必须施加等值等量等强度的正刺激来解痒，那么这个正刺激应为 3，施加后带来的舒适感体现在欲望轴上应为 3。这样，正刺激带来的舒适度应为（3，3），这显然是一种正舒适感。将这两个舒适度的点位连接起来，则为这个人从负舒适到正舒适的变化过程和变化曲线。再如一个人饿久了，饿急了，其负舒适感越强，吃的东西也越多，与之相伴随的正舒适感也越强。还比如一个人受欺辱的时间越长越重，劝解其做出原谅的努力也越大或越难。

再举一个正刺激的例子：

一个小伙子娶到了一个漂亮姑娘，这是一个正刺激，其刺激程度姑且界定为5，带来的心理舒适感也可以界定为5，那么这个小伙子娶到漂亮姑娘的心理舒适度为（5，5）。这显然是一种正舒适感，但要抵消这个正舒适感，挨一顿痛打是不够的，遭一次辱骂也是不够的。倘若后来发现这个漂亮姑娘不仅心狠手辣，而且扯三拽俩，暗中还做着别人的情妇，这个刺激就足以抵消这个小伙子的正舒适感。设这个刺激的严重程度为 −5，其所引起的舒适感也相应为 −5，则这个小伙子此时的舒适度为（−5，−5）。这显然是一种负舒适感，将这两个舒适度的点位连接起来，则为这个小伙子从正舒适到负舒适的变化过程和变化曲线。

刺激并非只能制造匮欠和不好的感觉，也能够制造目标、美感、信心、勇气、诱惑和期待，甚至可以引起观念的改变，境界的提升，思想的淬火。不好的感觉来自于负刺激，好的感觉来自于正刺激。一顿丰盛的美餐，一个新奇的发现，一片美丽的风景，一段悦耳的音乐，等等，都属于正刺激，这些正刺激带来的感觉也都是正舒适。负刺激也有很多，比如疾病、饥渴、耀眼的强光、刺耳的噪音、恐怖的魔影、引起疼痛的打击，在社会上遭受的嘲笑、谩骂、诽谤、侮辱、冷漠、蔑视等等，都属于负刺激，引起的感觉也都是负舒适，这一连串的正负关系也就自成一种因果联系和递生逻辑。这一切都在无形中遵循着欲望系统相生相克原理。

五、感觉与欲望

接下来讨论“由刺激与感觉构成的人类舒适度坐标系（1.1）”转化为图2−4“由感觉与欲望构成的人类舒适度坐标系（1.2）”。两个坐标系代表了两个层次的演绎过程和演绎规律，前一个坐标系代表了刺激向感觉或客观层次向智能层次转化的过程，后一个坐标系代表了感觉向欲望或智能层次向主观层次转化的过程。而只有发展到后一个坐标系形式，才能见证人类客观世界完成了向主观世界的跨越。这样，客观世界—智能世界—主观世界，三个台阶，代表了人类自我所经历的三个阶段和三个层次。

图 2−4 中的坐标系是从图 2−2 的坐标系转换而来的。表明刺激作为一种客观因素转换成了感觉的主观因素之后的情况（刺激轴在这里变成了感觉轴）。

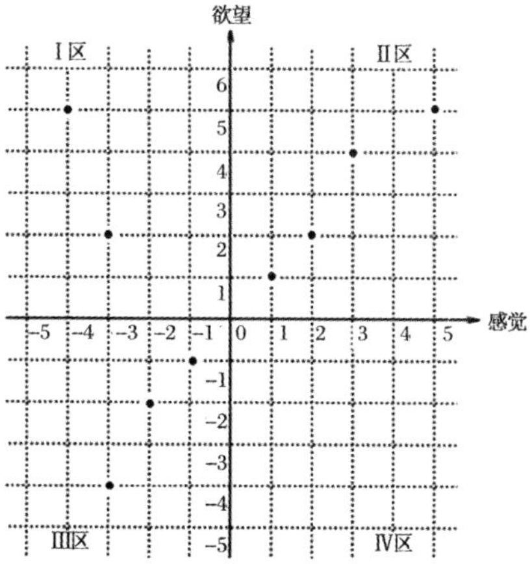

图 2-4　感觉与欲望构成的人类舒适度坐标系（1.2）

感觉轴代表了生命的存在，当生命不在时，这个坐标便消失了。

在图 2-4 中，不单单可以看出感觉与欲望的关系，比如感觉的波动也必然会引起欲望的波动。同时还可以看出感觉与生命的关系，感觉轴向负面延伸，表明负舒适加重，痛苦加大。当感觉出现极端不适，就可能出现晕厥，麻痹，致使感觉消失，欲望也消失，生命会随着感觉的消失而终止。当感觉轴向正面延伸，表明正舒适加强，快乐加大，待乐到极点，也会影响生命健康，导致感觉消失，生命归零。

这说明，这个舒适度坐标系是有边界的，舒适度的负值达到一定的痛苦程度就会使人失去知觉，甚至失去生命，这是在负值方向上的边界。同样，舒适度的正值达到一定的快乐程度也会使人失去知觉，以致乐极生悲，危及生命，这是在正值方向上的边界。在边界之内，生命、感觉、舒适、欲望体现为一种内在的循环关系。

舒适度从原点零位开始，沿着坐标横轴，正负两个方向展开。欲望度也是如此，正舒适感引起的欲望为正欲望，负舒适感引起的欲望为负欲望。舒适度坐标系原点位置为零度欲望，纵轴向上伸展为正欲望，向下伸展为负欲望。

在原点位置，不止于欲望归零，感觉指标也为零度值。在横轴和纵轴的（0，0）到（1，−1）区间内，设为零和区间，即以原点为圆心、以一个单位为半径画圆，所构成的区间可以被我们主观理解并设定为零和区间。在这个区间内，因刺激表现很微弱，如果不细心是感觉不到的，此时的刺激虽有似无，约等于零，所以为零和区间。将感觉与欲望所构成的舒适度坐标上设定的点连成线，则为某种欲望产生之后和获得满足过程中而形成的舒适度变化曲线。当欲望处于负欲望阶段，为不欲之欲，匮欠作用明显，只能产生负舒适感，即痛苦感；当欲望得到满足，负舒适感降低，正舒适感上升。

很显然，我在这里把神经智能从客观物质层提炼出来，作为向主观世界过度的中间层次和过度介质，具有特殊的意义。这是以往哲学家、心理学家或脑科学家没有严格对待和着意划分的层次。我有理由认为这个智能层次即是连接主客观世界的桥梁和纽带。

那么，什么是智能呢？我在欲望动力心理学给出的定义是：智能是人类神经对于各类事物及其影像信息先天具有的一种映射能力、反应能力、传导能力、存储能力，主要体现为感觉、记忆、传导等功能，以及对自我肢体的控制能力、指挥能力、协调能力，还包括与外部世界或目标对象的本能性应对能力。

神经智能好比一台机器。以上所阐述的关于神经机器所做出的第一层智能性反应和神经机器所做出的第二层智能性反应都离不开客观事物的影像信息。但直到这时，主体对于自我与信息及信息与信息之间的关系和性质还未能真正理顺清楚，还不能得出规律性的结论。所以神经机器运转至此并没有结束，它还要利用第二信号系统进一步将客观事物的各种信息资料加工出具体的产品来，形成理念、观念、思想、信仰、精神、境界等主观性、意志性、倾向性结论，我称之为第三层智能性反应。第三层智能反应完全抛开了具体的有形的客观事物及其影像，具有主观意识、主观认识、主观精神的全部特征。因此，只有到了第三层智能性反应，才真正出现了心理、意识、思想、观念、理念、信仰、精神等主观认识结果，所以，第三智能层次也可以称之为意识层次。意识层次所蕴含的能量，称为意能。

由感觉与欲望构成的人类舒适度坐标系（1.1）也可以直接转换为由感觉与欲望构成的人类舒适度三区坐标系（1.1）。

图 2−5 是由感觉与欲望构成的人类舒适度三区坐标系（1.2）。这个坐标系是由图 2−4 感觉与欲望构成的人类舒适度坐标系（1.2）转换而来的。由原来坐标的四个区在这里变成了三个区。

一般来说，针对同一个体而言，不同的刺激度会造成不同的匮欠度，而不同的匮欠度也会带来不同的感觉度（舒适度），不同的感觉度（舒适度）也自然会带来不同的欲望度。但针对不同的个体，同一级别的刺激度所引起的匮欠度、感觉度（舒适度）和欲望度未必是相等的。正如用同一重量级别的压力，对不同的人会产生不同的感受和作用一样。大人肩头负重十斤，轻如鸿毛，其舒适度可能是（−10，−1）；幼儿肩头负重十斤，难以承受，其舒适度可能为

(−10，−100)。

某男看到一条毛毛虫，心里稍一惊怔，多少有一丝不适感，却并未产生逃跑闪避的欲望，其看到毛毛虫的舒适度可以被界定为（−1，−1）。我曾在乡下看到过另一种情景，有一位少妇，看到一条毛毛虫在身边爬过，大声惊叫，即刻产生了逃跑闪避的欲望，但狂奔几步便被吓得晕厥过去。从坐标图上看，这位少妇看到毛毛虫的舒适度可能是（−1，−10），看来同一个刺激对不同的人引起的匮欠度、舒适度和欲望度并非都是相等的。

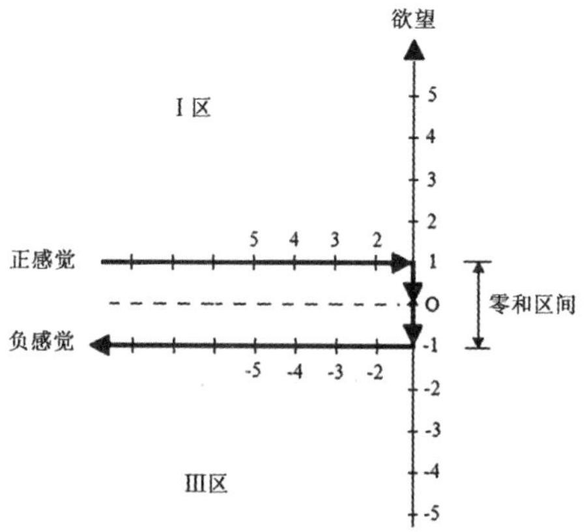

图 2-5　由感觉与欲望构成的人类舒适度三区坐标系（1.2）

刺激事关客观因素，感觉事关智能因素，欲望事关主观因素。关于刺激的取值，可以根据刺激的客观种类、特点和人的欲望目标，人为地制定标准（比如轻微刺激为 −1，稍强刺激为 −2，中度刺激为 −3，严重刺激为 −4，极度刺激为 −5，当然也可以划分的更细微一些）；欲望的取值，也可以根据人对于某一匮欠的感受程度来制定标准（比如稍感匮欠为 −1，初级匮欠为 −2，中度匮欠为 −3，严重匮欠为 −4，极度匮欠为 −5，还可以划分更细一些）；或对于某一目标性刺激做出取值界定（比如诱惑力轻微的目标刺激为 1，诱惑力稍大为 2，诱惑力较大为 3，诱惑力很大为 4，诱惑力极大为 5，也可以划分更细一些）。

六、欲望与意识

图 2−6 是由欲望与意识构成的人类舒适度坐标系示意图。此图是从图 2−2“由刺激与感觉构成的人类舒适度坐标系（1.1）”和图 2−4“感觉与欲望构成的人类舒适度坐标系（1.2）”两个互相关联的坐标系转化而来的。欲望最

终必然要转化为意识，这也意味着欲望性自我在特定目标的牵引下，最终必然为实现目标而借助智能进行能动的思考，从而实现向主观认识的转化，这便是欲望—意识转化定律。

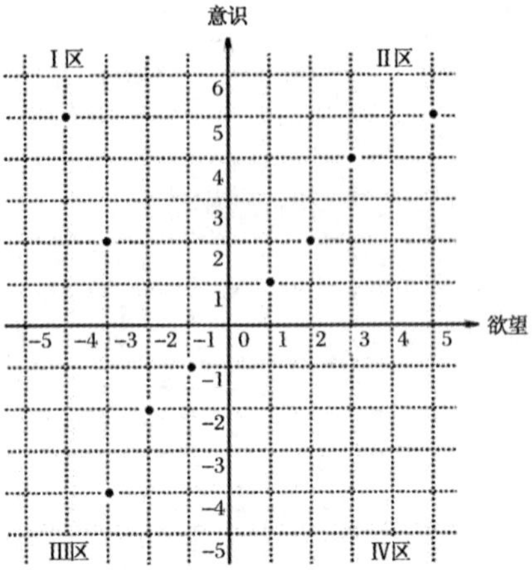

图 2-6　由欲望与意识构成的人类舒适度坐标系（1.3）

其中，图 2-2 坐标系表示自我正处于以被刺激形式而呈现的智能层次之中，并按照刺激—智能转化定律实现了生理机能性自我向神经智能性自我变身的过渡；图 2-4 坐标系表示自我正处于以智能反应形式呈现的欲望层次之中，并按照智能—欲望转化定律而实现了智能性自我向欲望性自我变身的过渡；图 2-6 坐标系表示自我正处于以欲望形式呈现的主观认识层次之中，并按照欲望—意识转化定律而实现了欲望性自我向意识性自我变身的过渡。

图 2-7 是由欲望与意识构成的人类舒适度三区坐标系示意图。此图中的坐

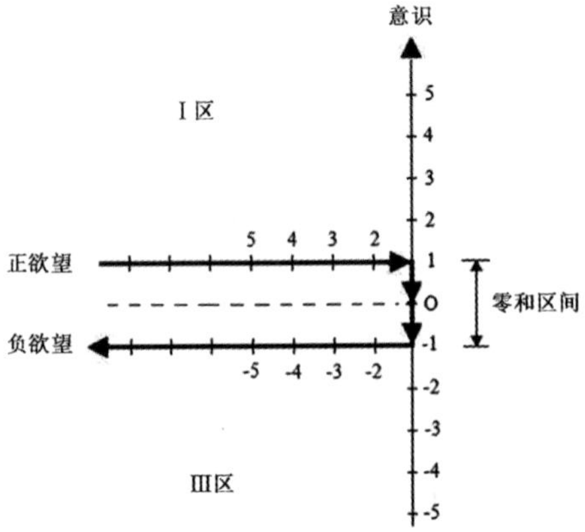

图 2-7　由欲望与意识构成的人类舒适度三区坐标系（1.3）

标系是由图 2−6 中四区坐标系变异而来。正欲望或负欲望，是人类意识活动的内在驱力。但在零和区间，由于失去了欲望的驱动作用，个体自我意识处于暂停或休眠状态，可称之为无意识状态。

这样，以此类推，我们在刺激与感觉、感觉与欲望、欲望与意识构成的坐标系中就可以用数学方法描画出人类舒适度曲线了。

从人类舒适度坐标系中可见，刺激与感觉、感觉与欲望、欲望与意识等都是一种正比例消长关系。只要有负刺激出现，便意味着负感觉和负欲望（不欲之欲）产生了，而且，负刺激越强，其负感觉度和负欲望度越高（负欲望度缘自于匮欠度，即负刺激度，代表的是欲望期待和要求满足的迫切程度）。同样的，只要有负欲望产生了，就意味着负刺激、负感觉、负舒适在此前出现了，并与负欲望度的强弱成正比。同时我们还会看到，不管是欲望度，还是刺激度，感觉度，都是从负值开始，并逐渐向正值发展的。

人们通常认为，每一种欲望都能给人带来舒适感。其实，欲望与舒适的关系并非这么简单。欲望作为特定匮欠的产物，严格地说，不可能给人带来正舒适的感觉，而只能给人带来负舒适的痛苦感觉。但是，在欲望获得满足的进行时里，不管是生理的、心理的，还是情绪的、理义的、智慧的、精神的匮欠正在被逐渐填平，使人在此一阶段中产生了生理性、心理性、情绪性、理义性、智慧性或精神性的正舒适感。

人的欲望是五花八门的，绝大多数欲望是无法让人顺利实现满足的。因此在未进入满足程序之前，欲望带给人的一般只能是负舒适感。

这说明，舒适感是欲望的孪生姐妹，并以零度欲望的自洽状态为分界点，或者说是以舒适度的零和状态为分界点，分为前后两个阶段：一是产生欲望而未能获得满足的负舒适阶段，一是进入满足程序之后的正舒适阶段。

那么，从什么时候开始算起，欲望才算正式进入满足程序了呢？这个时间节点应该从发现填充物目标并自感具有获得满足之可能的时刻即开始计入欲望满足程序，直至匮欠被填平为止，欲望满足程序才算是彻底终止。正如色欲，一旦进入满足程序，便眼亮心仪，春情荡漾，或雨腻云香，高潮迭起，舒适万分。而一旦其满足程序终止，其与色欲相关的舒适感便即刻消失，充分印证了“色即是空，空即是色”的感性谶语。生理性舒适感终止后，可能会以记忆的形式而转化为心理舒适感、情绪舒适感、理义舒适感、智慧舒适感或精神舒适感而继续有所保留或残留。

这样，我们通过以上分析，可以初步给自我划分出三个主体层次：一是以生物形式存在的物质层次，二是以信息反应形式存在的智能层次，三是以欲望救赎形式存在的意识层次。这三个层次代表了客观世界—智能世界—主观世界的演绎程序和上升过程。只有在第三层次以后，才标志着人类自我真正迈入了主观世界之中。

但以自我结构的复杂性和客观事物的复杂性关系，以上对于自我的三个层次的划分并不能解决有关于自我的所有问题。为此，我根据自我人格结构从客观向主观演绎过程中所出现的一些变数和节点，又将自我结构划分为五个层次。即在以上三个主体层次之外又划分出两个虚体层次：一是信息层次，二是欲望层次。这样，个体自我结构就出现了五个层次，对此再次总结如下：

第一层次是以生物形式而存在的物质层次，第二层次是以物质刺激形式而存在的信息层次，第三层次是以信息反应形式而存在的智能层次，第四层次是以智能（大脑）应答形式而存在的欲望层次，第五层次是以欲望救赎形式而存在的意识层次。

而每一个层次的自我都不是静态的，都是从一个层次向另一个层次上升过程中的特定存在形式，脚站在下一层而头已伸向上一层，这个过程本身即构成了自我的特殊结构，也构成了自我的特殊层次。这同时也证明了“人生仅仅是一个过程，而并非某种特定的结果”。

每一个层次或每一种结构形式的自我都涉及到舒适感问题，因而也都涉及到欲望及其满足问题。

当然，关于自我层次问题可以有多种拆分视角和还原形式，我在本书系中为此提供了专门章节进行了更为详尽的讨论，并提出了别开生面的人类自我质能结构理论模型。包括质能合一的自我人格结构模型、十能共轭的自我人格结构模型、五位一体的自我人格结构模型、欲望层次逐级递升的自我人格结构模型，等等。我想，每个人为了更好地和更全面地认识自我、解读自我和观照人生，对于自我人格结构层次和人格形成理论都非常值得一读。

第三章 内外循环与自我平衡

世界是圆的。正是圆的形式创造了运动的循环性和世界的无限性。世界物质运动如此，人体生理运动也莫不如此。

人体生理活动即是基于这种循环关系而长期保持“生命不息，活动不止”的守恒状态。能量饱胀需要释放，能量匮欠需要补充，释放和补充的过程都是欲望获得满足的舒适过程。填充匮欠、释放遗余、满足欲望必然会带来肌体神经感觉的放松、舒适和快乐，如饥渴时的营养摄取，饱胀消化后的大小便废弃物排泄，性冲动时的激素释放，等等，都是使生理趋于平衡的过程，也都是获得舒适快乐的过程，直到平衡状态完全呈现，舒适状态才会完全终止。换句话说，舒适终止于平衡，平衡是消解舒适（包括正舒适与负舒适）的无形杠杆和最佳武器。

一、感觉舒适定律

人体内外环境保持良性循环关系是生命持续存在的基本征象和基本保证。这种循环关系不是简单而临时的内外交换关系，而是有选择的、有间歇的、循环往复的、有效而适宜的内外置换关系。如呼与吸，食与便等。

我们把人体在内外循环关系中所达到的有效而适宜的自洽状态，称之为生理平衡。

在内外循环关系的运行中由不平衡到平衡的过程即是人体获得舒适感的过程，这是人类或动物获得舒适感的必经之旅和必由之路，而人类（或动物）必然在内外循环关系中本能地沿着趋于平衡的舒适感方向或状态发力并行动的，我们把这一规律称之为感觉舒适定律。

任何人的生理活动、心理活动、意识活动、情绪活动或精神活动都有意或无意地遵循这一定律。即凡是能够带来正舒适感的事情，人人皆趋之若鹜，皆愿意去做；凡是不能带来正舒适或有可能带来负舒适感的事情，人人皆避而远之，皆不愿意去做。

这就是说，不限于生理的神经感觉具有自动趋于舒适感的特性，心理感受、意识感念、情绪感动或精神感应也同样具有趋于舒适感的惯性。由此可以得出这样一个结论：人类的一切所思所言、所行所为、一切日常生活安排，一切审美活动，包括活动内容及活动方式的选择等，都无一例外地遵循着感觉舒适定律。

人体这种倏忽不可或缺的内外循环关系，绝不是可有可无的关系，而是事关个体生命之存亡的关系。对于这种关系，上帝已悄然在人类的神经中赋予了一种特殊的功能，即要它对人体与外界的循环关系做出舒适或不舒适的即时性反应，当循环关系失度或终止时，便产生负舒适的感觉；当循环关系适度并延续时，便产生正舒适的感觉。这就在人类（包括动物在内）的欠与满之间、失与衡之间、喜与忧之间、生与死之间天然地嵌入了一个特定的神经感应程序——即舒适性反应程序。正是在这一程序当中，人类或动物为能够舒适地活下去而不断追逐和忙碌，为拒绝不舒适地死去而拼力挣扎与抗争。

正舒适的过程一般即是趋向于生理平衡、心理平衡、情绪平衡、意志平衡、精神平衡和好好活着的过程，负舒适的过程一般即是趋向于生理失衡、心理失衡、情绪失衡、精神失衡和慢慢死亡的过程。所以在失与衡、生与死之间总有一个漫长的等待与间隔，这个等待与间隔便是生命体的神经感应程序——即舒适性反应程序运行过程。

我们仅以人类自身为例，看看我们身体上生长着的那些被称为“七窍”的肉穴儿，也就是那些肉眼儿，细查起来其实都事关感觉舒适问题，比如鼻腔所代表的小眼眼儿，负责把体内的废气排出，把体外的新鲜空气吸入，如果不能正常呼吸，就会憋得极不舒适，一旦实现有效而适宜的空气循环，就会心清气爽，备觉舒适；口腔代表的小眼眼儿，负责把食物和水及时补充体内，如果不能正常而及时地进食和饮水，就会极不舒适，一旦实现了有效而适宜的饮食循环，就会马上获得舒适感。

人们知道，尿不能正常地及时排出时，就会把人憋得躁动不安，痛苦不堪，一旦找到合适的地方撒出去，就会倍觉轻松和舒适，所以，有人戏谑说“幸福如同一泊尿”。这个说法浅近而深刻，很多人都对此感触良深，因为它符合感觉舒适定律。换句话说，幸福其实就是建立在感觉舒适定律之上的现实生活演绎。

同时，我们还注意到，人体内外循环关系，不限于物质层面的有形循环，也包括心理层面、情绪层面、理义层面或精神层面的无形循环。比如心理、情绪、思想等内容对于神经与环境、自我与对象而言，也都有进有出，内外相感，心物互应，天人合一，情景交融，从而使自我整个心理世界、情绪世界、理义世界或精神世界始终呈现一种运动状态。比如“睹物思人”“知人论世”“心慕手追”“怒形于色”等等，都是心物相应、情景交融的心理循环运动、情绪循环运动、理义循环运动或精神循环运动。正如一个人有怒气不能总憋在心里，总要发泄出去而后快，有想法不能总憋在心里，总要表达出去而后安，如此等等，都是心理、情绪、理义和精神循环的表现形式。

人类个体自我的存在始终处于特定平衡系统之中，并只具有三种平衡状态，第一种状态是处于欲望匮欠期的负舒适性存在（亦即感觉不适性存在），第二种状态是处于欲望满足期的正舒适性存在（亦即感觉舒适性存在），第三种状态是处于欲望满足后的零舒适性存在（亦即无感觉静止性存在）。人类个体自我只有处在第三种状态时才是最自由、最自在的，同时也是其他力量不可控制的处于特殊的“无”的状态，也就是“无欲无求”的状态，所以，此期若再去听从其他外在力量的支配和指挥已经没有任何意义和必要了。

人类个体自我正因为受到了匮欠的控制，所以才不得不接受目标的控制。目标对应着自我匮欠，因此也映射着自我本身。自我匮欠是从“无”中生出来的，并与自我是一体共生共存的关系，然后“无中生有”，产生一个“目标”出来，目标与自我是两体对应对牵的关系。

这就以自我为感应的中心点而出现了两个东西，一个是“匮欠”，一个是“目标”。这其间深刻蕴含着“道生一，一生二，二生三，三生万物，万物负阴而抱阳，冲气以为和”的演绎机理。而且，作为匮欠之后的第二个产物——目标，只有最终回应和回馈于自我匮欠，达到“以有偿无”或“合二为一”的目的，才能使不舒适问题得到根本解决，才能使深受匮欠控制并进而又受目标控制的不自由、不平衡的自我得到彻底解脱。

匮欠隐于内而私心生，目标昭于外而公心生。即正是隐之于内的匮欠，才使自我产生了自私自利之心，正是现之于外的目标，才使自我产生了公利公益之心，这也是人类个体自我产生私心和公心的内在演绎逻辑和理论依据。

因为目标在外，其追逐者非止于自我一人，其他人可能也都想要得到它。这就使自我与他人之间不得不按照一定的社会博弈规则行事。于是“大道之行也，天下为公”的理念开始出现，一种以“公”为标准的社会秩序由此逐渐形成。

我将自我从匮欠到目标或从目标到匮欠的相应相感、相互牵制和互生互灭的特殊演绎规律，称为有无相生定律。

按照此定律所揭示的原理，对于任何一个自我而言，只要有内在匮欠发生，便一定会对应和牵连一个特定的外在目标出来，即必然要由一而生出二来；而且，只要有目标被遥感和辐射出来，就必然要以回馈于相应匮欠并实现“合二为一”之后，才能使自我得到真正的解脱和新生，否则，目标便会无情地牵制着整个自我不得自由，或者说，自我将长久地成为受目标控制的奴隶。

由此我们想到，按照此一定律，我们若想驾驭、支配和控制一个人，就只能通过驾驭、支配和控制其相应外在目标，来对其个体自我施加特定影响，进而达到对其牵制、干预、支配、控制和驱役的目的，直至让他按照我们的意志构建和拼接其人格模型、思想观念和情感倾向，并驾驭和调整其行为方向。这也是一般社会管理者和教育工作者按照一定社会政治目的和道德标准，对人进行有效控制并施加有效驯化的根本理论依据。

二、宇宙运动循环定律

“物质世界是运动的”观点早已深入人心，但关于“精神世界也是运动的”观点却未曾成为哲学争辩的焦点，也没有人对这一观点给出过证明。我通过各种形式的观察和论证发现：在整个宇宙之中，不管是物质运动，还是精神运动（含心理运动、情绪运动或意识运动），都具有显在的或潜在的循环性特征，只是循环的形式不同而已。我将这个规律称之为宇宙运动循环定律。

比如在物质运动系，可以看到宇宙中一切星体都沿着环形轨道进行循环运动，一切物质都有从“无”到“有”再从“有”到“无”的发生、发展和灭亡的循环过程，时间季节也是按照另一种形式的特殊环形轨道进行循环运动，正是在环形轨道上进行的循环运动，才使人类对于宇宙及其运动的观察产生了无限性的感受。

再比如在精神系，我们发现，一种思想，或者一种情绪，总是在受到事物的启发或刺激之后产生出来，某种刺激经由感官而进入大脑，并在大脑中积淀、沉浸、发酵，最终酝酿成一种独特的意识冲动——这些孕育于大脑中的意识冲动，有的可能自生自灭，一闪即过，有的可能沉积日久，隐忍不发，还有的可能沉不住气，压不住火，总要借助人体器官向外表达出来和发泄出来，表达于外在的他者或发泄于外在的环境中，总之要有一个表达的对象或发泄的对象，并以得到对象的安慰、沟通、交流、肯定、否定、赞同、反对等应答性回馈而后快。这便是思想、情绪或情感的内外循环过程。精神系统内外循环所遵循的是一条看不见摸不着的特殊形式的循环轨道，它跟物质运动一样，共同恪守宇宙运动循环定律。

对人类心理、情绪、精神、思想、观念的启发与刺激，既可以是外部事物的某种有利性诱惑，也可以是外部事物的某种有害性威胁，还可以是人体内部生理性匮欠的不适感觉。人的眼睛、耳朵、鼻子、嘴巴、皮肤等器官和部位，也都分别肩负着视觉、听觉、嗅觉、味觉、触觉等事关物质的和精神的内外循环功能，并成为内外循环的重要窗口。眼睛喜欢看到美丽的景观，耳朵喜欢听到悦耳的声音，皮肤喜欢接触温软的器物，这种喜欢均基于感觉舒适定律。而看到、听到、接触到之后所产生的感觉性反应或感受性评价，以表象符号或语言符号的形式勾连成一种意识活动，并通过声音、动作、表情等媒介表达出来和传递出来，从而构成一种循环关系。

但是，在通常情况下，以宇宙万物之繁复，人间万象之迷离，人们眼睛看到的，耳朵听到的，皮肤接触到的，以及鼻子嗅到的，舌头尝到的，心理感受到的，情绪感动到的，精神感应到的未必都是喜欢的，也有很多是与欲望方向相反的，不喜欢的。但不管喜欢也罢，不喜欢也罢，都一律作为外在他者的信息，被自我感官所接收，进而反映在自我大脑之中，并借助大脑所特有的知觉、表象、联想、情觉、想象、思维、悟觉等功能将这些信息进行加工、过滤、沉淀、酝酿、发酵和升华，从而形成思想、意识、感悟、念头以及情绪、感情、感慨等心理能量、情绪能量和精神能量。这些能量在心里越积越多，似也有憋着而容不下的时候，也有憋得不舒服的时候，以致必然通过行为、动作、表情、语言等形式转化出来或表达出来，否则一个好端端的人便可能被憋坏了，憋疯了，憋抑郁了。

但殊不知，将这些心理、情绪或精神能量向外界转化或表达出来的方式却大有讲究，包括时间、地点、对象、态度、口吻、表情、动作、行为等等的选择，决定了你的表达是理性化的表达，还是情绪化的表达，是适度的表达，还是过度的表达，或者是不到位的表达。因为不同的表达方式会给对象在接受你的表达过程中带来舒适或不舒适的感觉、感受、感动或感应。这就意味着，人们对表达方式的选择也不可违反感觉舒适定律。但在实际社会生活中，违抗这一定律的人何其多也，以致使得人与人之间经常失去理性的矜持与平和，面对各种刺激性表达，时常发生风雷激荡、面红耳赤、怒发冲冠等不利于人际和谐的情绪化事件。

人类生理性舒适感必须建立在两个重要关系之上：一是人体内外循环关系，这是人类获得生理舒适感的基本前提；二是人体内外不平衡关系，这是人类获得生理性舒适感的先决条件。人体在内外循环关系中从某种匮欠性的失衡状态向弥补性的平衡状态过度过程即是产生舒适感的过程。人类的心理性舒适感、情绪性舒适感、理义性舒适感和精神性舒适感其实也遵循着同样的原理。

人体内外循环的失衡状态造成神经感觉的负舒适状态，而在人体内外循环关系中从失衡状态向平衡状态的过度过程即为趋衡状态，在这个过程中带来人体神经感觉的正舒适状态。当人体内外循环关系完全实现了平衡，人体神经此期既感觉不到正舒适，也感觉不到负舒适，这时的神经状态，即是自在状态，或零和状态。

欲望是从不欲之欲开始启程的。不欲之欲也是欲望系统的重要组成部分。包括对饥渴、寒冷、疼痛、疾病、被欺压、被捆缚等负舒适状态的应答性反应，皆为“不欲之欲”。

不欲之欲由己及人，感同身受，即产生同情、怜悯、慈悲、正义感、责任感、使命感等社会性欲望，并藉此产生忧伤、愁闷、抑郁、气愤等情绪反应和情感体验。“所欲之欲”与“不欲之欲”两者共同表达了欲望的正反两面性，构成了完整的人类欲望系统。如果将那些给人带来平衡与舒适的欲望看作是一种正欲望的话，那么，悖逆平衡与舒适的欲望便是一种负欲望，便是与正欲望在方向上完全相反的欲望形式。所谓“己所不欲，勿施于人”，即是从不欲之欲的角度上提出的处世原则。

人在呱呱坠地时，不过是一个布满神经网络的肉体机器，其内部由骨骼、肌肉、脂肪、经络、血管、肝脏、胆囊、肠胃、肾、脾、胰等部件构成，其外部由四肢、胸腹、脖颈、头颅、毛发等部件构成。整个人体在一张完整的皮肤包裹下，向外开通十窍，计有眼耳鼻口七窍，另加肛门、尿道口、生殖口三窍。

很显然的，在这里，外部感官的概念已不限于人体头部所具有的“七窍”（即眼二、耳二、鼻孔二、口一），也包括肛门窍、尿道窍、生殖窍合计十窍。这十窍分别生长在人体的头部和中间部位，构成了连通人体内外能量信息的十大传输通道，传统的七窍可称之为上七窍，而肛门窍、尿道窍和生殖窍可合称为下三窍。任何一窍不通畅，都会阻碍人体内外的正常循环关系，包括物质能量循环和影像信息循环。

关于眼耳鼻舌身等外部感官随时可以对外在的非自我性的“他者”产生感觉的观点，每个人对此都深信不疑。而关于人体下三窍，即肛门腔、尿道腔、生殖腔作为外部感官并依据生理变化条件的驱动而对外在的非自我性“他者”产生感觉，却需要我稍费口舌格外做出一些说明。

传统生理学除了将眼耳鼻舌身列为五大感官之外，未将肛门腔、尿道腔、生殖腔这“三窍”列为外部感官。我们知道，外部感觉来自于外部感官，所谓外部感觉，是指人体接受外部刺激、反映外界事物特性的感觉，其感受器位于体表。其中，皮肤感觉和味觉的感受器称为接触性感受器，外界事物只有和这两种感受器直接接触，才能引起感觉；视觉、听觉和嗅觉的感受器，称远距离感受器，外界事物在一定距离外，通过光线、或空气等媒介的作用，引起感觉；而肛门腔、尿道腔、生殖腔虽然也位于体表，却属于过剩性感受器，体内过剩的残渣、过剩的激素，都可以理解为非自我性的“外在事物”而临时储存于体内，并对这些过剩物产生感觉。

这样，外部感官和外部感觉的概念在传统生理学的意义上被我进一步延伸和扩展了，人体十窍均具有与外部相通的共性，所以均可界定为外部感官。在此之外，皮肤是唯一无窍的外部感官，这些外部感官均可以产生外部感觉。其中下三窍既含有外部感觉的特性，也含有内部感觉的特性。

比如人在产生大便感时，最敏感的部位在肛门腔，人在产生小便感时，最敏感的部位在尿道腔。当体内消化道剩余的残渣达到一定程度便产生便意，这时的过剩物虽然居于人体之内，但已属于“非自我性的他者”。内部感觉以其肠道功能的特点，必然对这些非自我性的他者产生负舒适感，而肛门感受器、尿道感受器必然对于造成这种负舒适感的过剩物产生便意，我则称之为便觉。

同样的，人在产生性感觉时，最敏感的部位在生殖腔，当性激素（包括精子和卵子）积累到一定程度便产生性冲动，男性精子射出，女性卵子排出，所有生殖性能量信息的进出活动都需要经由生殖腔来完成，生殖器官对于非自我性的“他者”的感觉，我称之为性觉。凡是得到正常发育的人或动物，当达到适当年龄，体内性激素积累得到足够程度，都会产生性觉。性觉既可以表现为主体自我对于过剩性激素未得到释放之前的内在臌胀性感觉，也可以表现为主体自我对于过剩性激素在释放进行过程中的舒适感、愉悦感、兴奋感，还可以表现为过剩性激素得到释放之后的放松感。

对于性觉，在主体自我而言，更多的时候则表现为足以促成精子或卵子得到充分释放的异性身体、特别是异性生殖器官，或其他可用于性保健类的物理器物方式或行为方式所引起的感觉。所以，性觉功能与便觉功能一样，其感觉对象都具有由内而外的相关辐射性。

这就是说，人体中的十窍，都具有外部感觉功能，当内部感觉发现匮欠并产生负舒适感之后，继而产生负欲望，在这个负欲望驱动下，大脑指令外部感官设法取得非自我性他者与自我生理失衡问题的解决方法。其中肛门腔、尿道腔和生殖腔这三个特殊的外部感官所感觉的非自我性“他者”位于躯体内部，其他外部感官所感知的非自我性“他者”都是居于躯体外部的。

正因为有这十窍的存在，才使人体生理活动所需要的各种能量或信息实现了内外两种环境下进与出的往复性循环。那么，这种循环是如何体现出来的呢？

第一是空气进与出的循环，这主要是通过鼻腔呼吸功能实现的；第二是食物进与出的循环，这主要是通过口腔功能与肛门腔功能的互动实现的；第三是水分进与出的循环，这主要是通过口腔功能与尿道功能的互动实现的；第四是光热进与出的循环，这主要是通过皮肤所具有的吸热与散热功能实现的。

当然，第四种循环模式中的光热循环关系所具有的特殊作用已然超过皮肤。人体中的热量具有一定的阈限，超过这个阈限便需要向外部环境释放，低于这个阈限便需要从外部环境中摄取，从而达到一种适宜受用的热平衡状态。

第五是信息进与出的循环，这主要是通过五官功能、神经功能和神经中枢功能共同实现的。其循环模式是：进入的信息最初是由眼耳鼻舌身等五官发挥采集功能，紧接着，神经网络发挥类似于导线的讯号传输功能，传送到隐匿于人体头颅内部的大脑之中，经大脑储存、编码，并依据欲望特点加工成意志性信息后，再以类似于电讯号的形式向外部发布出去，并依然经由类似导线一样的神经网络，传送到人体效应器，最后再由效应器传达到欲望目标上。

这样，我们就可以得到一个事关主体自我信息进与出的完整循环模型：刺激信号→感受器→传入神经→神经中枢→传出神经→效应器→欲望目标。

在以上所阐述的五种循环关系中，前四种循环构成了人体内外两种环境中的物质能量进出循环通道，我将这种循环关系称为人体内外物质能量进出循环原理。一旦违反这一原理，或其间任何一个环节阻碍这种循环关系，都会使人的身体健康遭受损害；后一种循环构成了自我内外两种环境中的精神信息进出循环通道，我将这种循环关系称为自我内外精神信息进出循环原理。同样的，一旦违反这一原理，或其间任何一个环节发生故障而阻碍和影响这种循环关系，都会使人的心理健康或精神健康遭受损害。

以上两个原理可以合称为个体自我能量信息内外进出循环原理，简称自我内外循环原理。

正常的人体生理活动不但必须要遵循个体自我能量信息进出循环原理，而且还要遵循人体内部信息能量自动循环原理。这后一个原理的推导方式如下：

第一是血液循环。这一循环规律早在1628年即由英国医生哈维通过解剖实验得到证实。即：血液从左心室流出，经过主动脉流经全身各处，然后由腔静脉流入右心室，经肺循环再回到左心室。人体内的血液是循环不息地流动着的，这是心脏搏动所产生的作用。

第二是气息循环。人通过鼻腔或口腔吸入的空气，在肺部实现交换后并没有完全呼出来，而是留下一部分供人体器官运动之用。而且这些体内气息并不是固定在一个位置不动的，而是始终处于不断的循环之中。比如，我们放屁时所排出的气体，就是体内气体始终处于循环状态的证明。至于具体循环规律，则有待于科研工作者做出更进一步的研究和探索。

第三是体液循环。主要指体内细胞内液与细胞外液，除了血液、尿液和汗液之外，还包括唾液、精液、奶液、羊水、淋巴液、脑液、肺液、腹液、腺液、关节液，等等。人喝进体内的水，并非全部顺着尿道流出去了，而总有一部分留在体内供机体器官补给能量之需，并与这些机体器官构成新陈代谢的吸收与分泌性循环，这是小循环。除此还有一部分在人体内部构成大循环，不但对各种器官、机体、细胞提供和输送营养，而且对内部环境还具有清洗、润滑、调节等多方面作用。具体循环规律，当然还有待学界做更深入细致的研究。

第四是热量循环。一切热量都来自于阳光的照射，来自于物质的运动。整个人体是一个热传导系统，一方面依靠血液传导，一方面依靠体液传导，再一个方面是依靠机体本身的传导。正因为人体内部存在热传导性循环功能，才使得整个人体各个部位的温度始终处于自动调节性的平衡状态。

第五是信息循环。体内信息包括疼痛、瘙痒、麻木、饥渴、臌胀、虚弱、舒适等各种信息经由内部神经感觉总要传递给神经中枢，然后再由神经中枢形成意志性信号，发布给内部神经感觉做出某种内环境调节。甚至不止于此，内脏运动神经系统也会自动传递内部信息，并根据这些信息在各机体器官之间进行自动调节，以实现内环境的生理平衡。

在以上五种循环关系中，前四种循环实现了人体内部物质能量在不同肌体器官之间的循环性交换，我将这四种循环关系称之为人体内部能量自动循环原理。一旦违背这一原理，便会发生人体生理健康性障碍；后一种循环可以被称为自我内部信息自动循环原理。一旦违背这一原理，不但会影响自我精神健康，也会间接地影响人体生理健康。

我将以上两个原理合称为人体内部能量信息自动循环原理，简称自我内部循环原理。

人性的绽放、人格的发展、人生的一切生理活动、心理活动、意识活动和精神活动都是从感觉出发的，从能量或信息的循环往复过程中成长和成熟起来的。人对于万事万物的感觉延伸到整个神经领域，进而延伸到意识领域，以及主观精神领域，并奇迹般地演绎了主观世界与客观世界的转换规律和循环规律。

只要内外环境通过各种循环关系朝着平衡方向发展，只要匮欠正在被逐渐填充，只要身体内在生理环境接近或处于平衡状态，主体自我就会获得舒适感受，就会给出舒适的评价反应。这一般是事关生理性舒适反应，除此还有事关心理性舒适反应，因为一个人的心理世界长什么样，对于外在现实中的对象性他者来说并不知情，但有一些属于人类共性的欲望方向，或者按照“己欲立而立人，己欲达而达人”或“己所不欲勿施于人”的原则，来改善相应环境条件、改善服务质量和服务态度、改善沟通方式和处世方式，就会使人获得舒适感受，并得到与之相应的舒适性评价。

三、从舒适感到舒适区

人类的一切活动都是以实现欲望并获得舒适为终极目的。所以，舒适与不舒适是人们评价事物好坏的唯一主观标准。但一切舒适感均来自于欲望满足过程当中，这个满足过程的实质则是内外两个环境的呼应过程及其能量信息流转或转化过程。而任何环境中都包含着事物之间的关系问题。

我们知道，任何欲望目标都不是孤立存在的，都不可避免地隐藏于或显现于特定的客观环境及其关系之中，而正是这个环境及其关系决定了个体自我对于目标的求知方式、求索方式、学习方式、思维方式、选择方式、表达方式、行为方式和满足方式。即一定的环境（包含着关系）决定一定的方式，一定的方式决定一定的习惯，一定的习惯决定一定的观念，一定的观念决定一定的行为。

这就意味着，一个人的舒适感不仅仅来自于外在特定的填充物目标，也来自于目标所处的环境以及在这个环境中获取目标的方式。复杂的环境、险恶的环境、动荡的环境、恶劣的环境、陌生的环境或者繁琐的方式、麻烦的方式、艰难的方式、曲折的方式、危险的方式、生疏的方式，只能给人带来更多的不适感，相反，简单的环境、安全的环境、稳定的环境、和谐的环境、优越的环境、熟悉的环境或便捷的方式、简易的方式、直接的方式、安全的方式、熟知的方式、高级的方式、习惯的方式，必然会给人带来更多的舒适感。环境和方式决定获取目标和满足欲望的难易度。

根据感觉舒适定律，人类作为欲望体必然具有避难就易、避繁就简、避重就轻、趋利避害的属性。所以，自我及目标所在的环境以及获取目标的方式在欲望系统中深刻地影响着个体自我的舒适感，而且这种由特定环境和特定方式决定的舒适感会深入并弥散到人的内心而形成具有一定稳定性的思维模式、观念模式和行为模式。

当一个人对这种模式习以为常之后便会认同为自我意识的一部分，便会认同为构成舒适感必不可少的条件。越是简单的环境、优越的环境、熟悉的环境，对目标的认识、锁定和获取的方式也越容易，自我所体验的舒适感也越多和越深刻，因此也就越适应于、习惯于和倾向于在这种熟悉的环境和熟知的方式中生存，并由这种环境和方式在其自我主观世界中建立起了一种被认可、被内化的观念模型、意识模型、心理模型、思维模型和行为模型。从而使自我内在的心理环境与外在的客观环境达成了一种持久稳定的和谐、妥协、洽和与统一。

有鉴于此，心理学家特提出了舒适区的概念。舒适区是人们在特定环境并按照特定方式生活过程中形成的稳定的习惯、观念、思维方式、行为方式和心理定势，并内化为一个只属于自己认同的心理舒适区。在这个区域里，个体自我会觉得放松、自由、稳定、舒适、能够掌控局面、能够充分体现自我意志、很有安全感、自在感。一旦走出这个区域，个体自我就会感到陌生、紧张、别扭、不舒服，不适应、不习惯。例如，习惯了右手切菜的人，让他用左手切菜，他会很不舒服。如果他在某个办公区或人际圈中工作多年，让他临时换一个办公区或人际圈去工作，他也会感到不适应、不习惯和不舒适。

舒适区一旦形成，个体自我便会对其产生依赖、依恋、留恋、眷念、安逸、自在、遂意、安全、熟悉、习惯、稳定、放松的作用。因此，个体自我便不再愿意轻易离开这个舒适区。离开了这个舒适区，就意味着陌生、不稳定、不安全、不轻松、不自在、不得劲、不方便，就意味着需要重新学习、重新认知、重新建立和调整自我与外在环境的关系。

所以，舒适区不仅具有特定的物理性时空维度，也具有特定的心理性意识维度，包括感知维度、思维维度、情感维度、观念维度、人际维度和行为维度。一个人进入舒适区需要一定的认知过程、学习过程、思考过程、实践过程和习惯养成过程，这就意味着每个人的舒适区都是经过较长一段时间的学习和实践之后获得的，每一个舒适区的建立都必须经过一个足够长的学习和实践过程。

在舒适区中舒适度越高，则意味着主体自我的学习能力、实践能力、适应能力和独立能力越强，但一个人从舒适区中走出来而进入陌生的生存环境之中，包括陌生的自然环境、社会环境、人际环境、情感环境、关系环境、心理环境、思维环境、精神环境，就会给自我带来诸多不便、不安、不适等负面反应，这与欲望总是朝着舒适感方向发力的原则相违背，不符合感觉舒适定律。如果陌生程度加大，不仅会给自我带来不便、不安和不适，而且还有可能带来紧张感或恐慌感。为此，美国学者诺尔·迪奇（Noel Tichy）在舒适区之外，还提出了学习区和恐慌区的概念。

学习区指的是自我生存的时空环境、自然环境、社会环境或心理环境既不算过于陌生，也不算特别熟悉，虽然有所不适，但只要经过一段有限时间的学习和适应，即可以达到差强人意的状态，这个区域即为学习区；恐慌区指的是自我生存的时空环境、自然环境、社会环境或心理环境非常陌生，明显感到紧张、惊疑、恐慌、忧虑和压力过大，明显感到不适应、不安全、不方便、不习惯、不舒适，对这种环境只想拼力逃脱，不想继续留下，这个区域即为恐慌区。

图 2-8 是舒适区、学习区、恐慌区示意图。最里面一圈为舒适区，对于特定的个体自我来说是没有学习难度的知识或者习以为常的事务，在这个环境或生存方式中可以处于舒适心理状态；中间一圈为学习区，对个体自我来说有一定陌生感，有一定挑战性，因而感到不适，不自在，但也不至于太难受；最外面一圈为恐慌区，对大多数情况都感到非常陌生，超出自己能力范围或观念范围的事务或知识感到太多了，心理产生的压力非常大，有严重不适感，甚至导致精神崩溃，并极力想逃出此环境而溜之大吉。

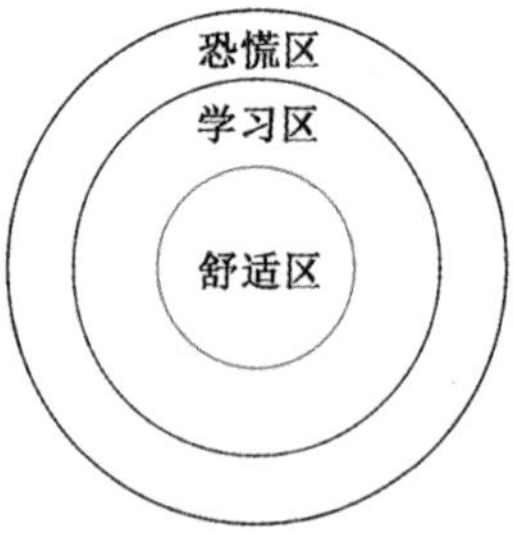

图 2-8　舒适区、学习区、恐慌区

在舒适区生活或工作，等同于每天都处于熟悉的环境中，与熟悉的人打交道，做得心应手的事情，甚至早已成为这个领域的行家里手，因此会对这个区域中的人和事都感觉很舒适。但越是熟悉的，越是已知的，越是很难学到更新的东西，所以在这个区中生活和工作的人进步比较缓慢，阅历比较狭窄，经验比较单薄。尽管如此，人们还是更倾向于在舒适区内按照早已习惯了的方式和节奏生活和工作，不愿被打扰，不愿发生变故。

个体自我一旦跨出舒适区，就进入了相对比较陌生的环境中，只有经历一个继续学习的过程才能适应。所以学习区里面可以认识一些陌生的面孔，可以接触到一些新鲜的知识，可以了解一个未曾涉足的行业或领域，可以增加一些全新的技能和全新的阅历，这是一个可以充分锻炼自我、挑战自我和提升自我的训练场。

恐慌区是人们不愿意进入的区域，因为在这个区域中，绝大多数的人、事、物都是陌生的，甚至与自己已知的秩序、程序、知识、习惯、心理、观念都格格不入，因此会倍感慌乱、恐惧，压力重重，忧虑不已，无所适从。只想逃避，不想继续逗留。

一般而言，处在学习区的人进步最快，状态最好，前途最大，但在学习区中经过一段时间的学习和历练，这个学习区也就变成了舒适区。所以，聪明智慧并富有开拓进取精神的人不会安于现状，不会常年沉湎于舒适区中而不自拔，而是凭借坚强的意志、勇气和信念主动超越，逐渐突破，不断把学习区变成舒适区，继而再向外跨一步而进入新的学习区，以致将更多的学习区都变成舒适区。这样，他们的生存空间和发展前景就会越来越大，越来越广阔。当舒适区越变越大之后，而一部分的恐慌区也会相应变成学习区，最后变成舒适区。

舒适区是自我对于内在生理环境、心理环境与外在自然环境和社会环境相互对接、碰撞和适应之后而产生的相对稳定的认知模式，在一定意义上等同于特定的欲望空间。人们在这种模式中确立自我意识，维护自我形象，调节自我平衡，稳定自我情绪，形成自我心理防御系统，并对舒适区以外的风云变幻起到一种避风港的作用。但舒适区妨碍人们对外界信息的接纳度，很容易使人安于现状，没有危机感，丧失进取心，甚至产生自我麻痹感，并逐渐变得懒惰、松懈、倦怠、保守和固执。这意味着舒适并不绝对是个好东西，一时的舒适有可能需要付出一生的代价。

19 世纪末美国康奈尔大学的科学家做过一个“温水煮青蛙”实验。科学家将青蛙投入已经煮沸的开水中时，青蛙因受不了突如其来的高温刺激立即奋力从开水中跳出来得以成功逃生。当科研人员把青蛙先放入装着冷水的容器中，然后再逐渐加热，结果就不一样了。青蛙反倒因为开始时水温的舒适而在水中悠然自得，怡然自乐。当青蛙发现无法忍受高温时，已经心有余而力不足了，不知不觉便被煮死在温度越来越高的热水之中。因此，我们只有跨出舒适区，主动要求改变，寻求突破，谋求发展，才能迈向成功，走向卓越。

每个人的舒适区都是各有千秋的，即便是长期生活在同一个环境中的不同的人，其舒适区的差异也十分明显。这主要源自于舒适区并不直接等同于舒适的客观环境，而是外在客观环境与内在心理环境的有机对接、叠加、交融与洽和。因为舒适感或幸福感并不是客观意志的反应，而是主观意志的反应。每个人的舒适感和幸福感都各自寄托于不同的生存空间或心理空间之中。

舒适区意味着个体自我感到自在的范围。一个人只会在自己舒适区的范围内感觉自在，超过这个范围可能就会感到不自在。舒适区有大小之分，有的人其舒适区偏小，只能有小自在；有的人其舒适区偏大，则会有大自在。要想获得更多的自在，就必须努力拓展自己的舒适区，打破习惯，打破常规，打破既有模式，不断扩大学习范围、行为范围和适应范围，从而扩大舒适区范围。

欲望动力心理学提出的感觉舒适定律，决定每一个人都必须努力为自己建立和开拓一个适宜生存的舒适区。而要想实现这一目的，就必须经历一个由陌生到熟悉的过程，由不习惯到习惯的过程，由不适应到适应的过程，这个过程其实就是学习的过程。所以，学习的过程不是一个可有可无的过程，而是由人的欲望力驱动下的必不可少的行为历程。

第四章 欲望空间

每个人的欲望场都涵盖着一个特定的欲望空间，这个空间不限于四维物理空间，也包括可以穿越任何维度的意识空间或心理空间。

一般地，人的生理欲望全部被限定在四维物理空间之中，这就使从生理机能中直接延伸出来的智能空间（即感知空间）也同样被限定在具有特定阈限的物理空间之中。除此之外的欲望空间、心理空间、意识空间或统称为精神空间则不拘于物理空间而存在。即人的欲望、思想、意识、精神可以超越任何空间和时间的限制，可以在任何维度中存在。因此，人类精神空间是超维度的，这就为人类实现自我超越、自我解脱和突破四维或多维物理空间的限制创造了可能的条件。

根据我在本书系《欲望与认知心理学》一书中所提出的欲望层次理论可知，越是高层次欲望，其距离生理性自我越远，越虚无，而越是低层次欲望，其距离生理性自我越近，越实在。而且，每个人以其生理系统的复杂性特征和处身环境的复杂性特征，其所产生的欲望形式是多种多样的，五花八门的，纵横交织的。在我们的生活中，每一天每一刻都有很多欲望纠缠着我们，蛊惑着我们，诱导着我们，启示着我们，驱役着我们，其中有些欲望并不是我们的生理欲望，而是生理欲望的衍生欲望。

我们每个人都生活在特定的自然环境、社会环境或人文环境之中，这就使得我们的欲望也必然地被锁定在这些环境之中。一方面我们的欲望匮欠源自于这些环境及其能量信息的流动和转化，一方面我们的欲望目标来自于这些环境及其能量信息的流动和转化，鉴于我们的所感所应、所思所言、所行所为每时每刻都在以自身的欲望为导向，都在为自身的欲望而追逐、奔波和忙碌。这就使得我们的思维、行为也都无可避免地被锁定在特定的环境之中了，尽管我们的思维可以超越物理环境。

鉴于欲望匮欠必须由等值等效的填充物目标来弥补的原则，那么，按照爱因斯坦质能关系公式，能量等于质量乘以光速的平方，则可以得出欲望能量的计算公式，即欲望能量等于目标填充物的质量乘以光速的平方。因为一切匮欠性能量均可以转化为特定的等值等效的目标质量。由此我们可以确信，在我们每个人身体内部或大脑内部都潜藏着巨大的欲望能量以及与之相应的心理能量、意识能量和精神能量。

一、近欲望与远欲望

我们把距离生理层级比较近、直接与生理欲望密切相关的欲望，称之为近欲望。如直接与食欲、性欲等生理欲望相关联的占有欲、控制欲、争夺欲、繁殖欲、养育欲，或者直接与生存欲等生理欲望相关联的权力欲、合作欲、表达欲等，也都可以列为近欲望范畴。还有一些近欲望表面上看起来好像与生理欲望不相干，但是，只要我们追根溯源，顺藤摸瓜，就会发现这些欲望仍然根植于生理欲望之中，并为生理欲望的满足提供帮助和便利。比如尊重欲源自于存在感，一个人不被尊重大多表现在其他人无视于自己的存在，而存在感源自于生存欲，生存欲则属于生理欲望的范畴；再比如官欲源自于控制欲，控制欲源自于占有欲，占有欲源自于食欲、饮欲、呼吸欲、性欲等物质资源性欲望，食欲、饮欲、呼吸欲与性欲等物质资源性欲望则属于实实在在的生理欲望。

欲望有时就像一株树，有的长得高大，有的长得矮小，有的枝繁叶茂，有的根枯茎萎。那些表面上看似与生理无关的欲望，其繁茂的枝叶遮掩了其生理性的根茎，一眼望去可能看不到它的根扎在什么地方而已。比如归属欲、价值欲、荣誉欲、信仰欲等在社会层面上产生的欲望，远远超越了人的生理层面。我们可以把这些距离生理系统比较远、不能与生理机能或生理欲望直接关联的高层次欲望，称之为远欲望。

远欲望越过生理欲望的直接目标层次而在社会层次中孵化出来，究竟与哪一个生理系统、生理机能有关，我们仅从表面上似乎很难厘清其内在关系。如果我们剥繁去冗，按图索骥，就可以找到这些枝繁叶茂的欲望之树遮掩的根茎依然还是在生理机能那里。

比如实现官欲、尊重欲、归属欲、价值欲、荣誉欲等高层次欲望的满足并不是人的终极目的，其终极目的是生理性欲望的满足。远欲望对近欲望具有辐射效应，远欲望实现以后，在一定程度上会产生“社会通吃”的功能或效应，对满足生理层面的欲望来说不啻一种“曲线救国”的接应方式。比如尊重欲、价值欲、荣誉欲均可以提升自身的存在感、地位感和身份感，归属欲可以提升安全感、舒适感和自在感。获得这些欲望的满足之后，可以更好地、更顺利地和间接地实现对食欲、对性欲、对舒适欲等生理欲望的满足。

任何高层次欲望都可以间接地找到相应的生理机能为发源地的终极归依，都要最终回归到生理机能的发轫机关上来。

远欲望通常都是社会层次以上的高级欲望，如集占有欲与控制欲于一体的权力欲，往往会成为食欲、性欲或舒适欲的近欲望。而社会交往欲、自我能力提升欲、自我价值提升欲往往也会成为权力欲的近欲望。谁会成为谁的近欲望并不是一成不变的，在欲望系统中，哪一种欲望对另一种欲望起到直接的推动作用、连接作用、奠基作用，哪一种欲望就是近欲望，而对生理欲望起到间接推动和影响作用的欲望则属于远欲望。如公平欲、正义欲、规则欲、创造欲等都属于欲望系统的高层次欲望，即远欲望，表面上已经脱离开了与生理机能的直接关系，脱离开了与生理欲望的直接关系，但对实现这些生理欲望、甚至包括实现中间层次的近欲望都具有更全面和更圆满的保障。

欲望由低级向高级发展的各个阶段显示了欲望满足的阶梯性特征。如一个人处于年幼的时期，希望长得好看，希望学习好，希望身体强壮。表面上看与生理机能无直接关系，但本质上却与长大以后参与社会竞争，包括占有更多食物的竞争、占有心仪异性的竞争等与生理机能相关的欲望竞争息息相关。而希望自己学习好和身体好，不过是为了以后满足各种生理欲望的前期准备阶段和发展阶段而已，是欲望的阶段性表现。

图 2–9 是欲望空间—近欲望与远欲望示意图。图中显示在个体自我欲望空间中，与自身生理关系切近的欲望都是近欲望，这些近欲望事关自身生存和感官舒适；而与自身生理关系不太密切的欲望都是远欲望，这些远欲望与自身生存和感官舒适不直接相关，但它们却是构成人的心理世界或精神世界的重要组成部分。其中，最靠近生理欲望系统的欲望是第一层近欲望，属于本性欲望，以此向外衍射，由近及远，便有了第二层的感性欲望、第三层的知性欲望、第四层的情性欲望、第五层的理性欲望、第六层的慧性欲望、第七层的神性欲望。

从严格的理论规定性上来讲，每一种欲望都来自于某一特定的生理系统或生理机能，如食欲来自于消化系统及其功能，性欲来自于生殖系统及其功能，呼吸欲来自于呼吸系统及其功能。如果这一理论完全成立，就意味着每一种欲望都能找到相应的出处和来源，这将为我们描述欲望系统的内部规则以及有针对性地解决人类欲望问题提供可供探赜索隐的明确线索，并可以为此设计出更为实用有效的欲望满足机制和制动机制。但事实上，我们也遇到了一些表面上看起来很尴尬的问题，比如，安全欲、舒适欲、占有欲、权力欲、控制欲等欲望似乎并不能很容易地归结到某一个特定的生理系统之中，这些欲望究竟来自于哪一个生理系统，似乎并不十分明确。

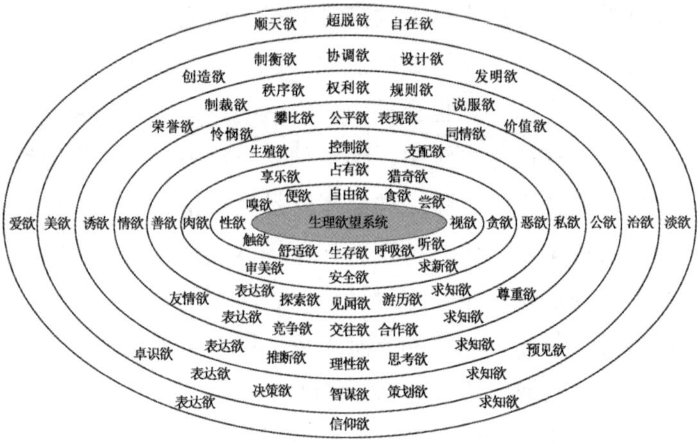

图 2-9　　欲望空间—近欲望与远欲望

仅拿安全欲来说，当一个人看到身边的房子即将倒塌或脚下的土地即将陷落之时，可能不太有机会凭借神经系统进行信息的汇总和分析，而在第一时间便会感受到危险的降临并不自觉地或下意识地躲逃和闪避，这种凭直觉产生的安全欲完全来自于感觉系统。而当身体发生疼痛事件时，人们通常首先会产生解除疼痛、解除不舒适状态的浅层次欲望，这在本质上仅仅是舒适欲的一种表现，是来自于感觉系统的欲望。当联想到疼痛可能会导致残疾或死亡事件的发生时，因对残疾或死亡事件的恐惧而促使其安全欲抬头，并随着疼痛的加剧而变得越发强烈，这时的安全欲已经从感觉系统（神经智能系统）上升到大脑中枢系统（自我意能系统）的信息处理层面上来了。

同样的，一个从没有经历过地震的人，在第一次经历较低级的地震时，有一种像玩跳跳床一样的美妙感觉，此时只会在感觉系统中产生舒适欲，而不会产生安全欲。只有在具备了一定的地震知识或遭受过地震危害的经验的前提下，才会在地震来临时产生安全欲。这时的安全欲应当属于信息系统的知性产物。其他如呼吸系统出现呼吸障碍或呼吸到异常气味，消化系统出现消化障碍或品味到异常口味的食物，首先产生的欲望也不会是安全欲，而是负舒适欲，在负舒适欲驱动下产生了解除呼吸不适感或口味不适感的正舒适欲，只有当发现问题越来越严重时，或者出现头痛、眩晕等不良症状时，才会意识到人身危险，大脑自我意识系统针对空气或针对食品的安全欲才会随之而生。

这说明，人体多个生理系统都涉及到安全问题，也都涉及到舒适或不舒适问题，某一安全欲或舒适欲来自哪一个生理系统，要具体问题具体分析。只要经过严谨的推理，就会找到与之相对应的生理系统的发源地。再拿权力欲来说，权力欲是实现控制欲的媒介性欲望，而控制欲是实现占有欲的媒介性欲望，这类高层次欲望表面上看不会是某一个特定生理系统的产物，而是与多个生理系统都有针对不同欲望目标的对应关系，最后落点在占有欲上。

根据占有的目标资源的不同，我们即可以找到不同的占有欲所对应的不同的生理系统。比如对食物的占有，对衣物的占有，对建筑物的占有，对工具的占有，对性伙伴的占有，其实都是与特定的生理系统相对应的。只是我们用了一个模糊的措辞或概念将对不同欲望目标资源的占有做了一个笼统的概括而已，占有欲的概念本身没有精准的规定性，这是语言障碍或词语障碍造成的表意混乱，其实我们的理论规律本身并不混乱。

通过上面的讨论可以证明，每一种欲望都可以找到与具体的和特定的生理系统逐一对应的关系。找到这些对应关系的重要性在于我们可以对每一种欲望的脉络按图索骥，藉此寻找解决欲望系统平衡问题的有效方法、途径或工具。

这个欲望系统被建立起来之后，我们必将发现历史上很多关于哲学、生理学、心理学、精神现象学和社会学等学科中的很多论证方法并不具有严谨的逻辑性，而有些甚至是混乱的和滑稽的，其中难免有一些结论是错误的。同时，我们在本书系中建立的这个全新的欲望系统揭示了人类意识、心理、情感、理性、智慧和精神的形成过程和运行规律，是意识形态领域的重要建树，这一建树必将使人们在整个世界观方面发生重要的改变，并藉此找到全新的方法论。

二、欲望点与欲望线

一种欲望的欲灶（欲望产生的内在点位）总要对应于外在某一特定的目标点位上，这就是欲望点。换句话说，每一个欲望发之于内，而应之于外，应之于外在的某一个或几个特定欲望点。

比如食欲、性欲、安全欲、占有欲、权力欲、尊重欲、荣誉欲、交往欲等等都有对应着的特定的欲望点。一个人饿了，可能会垂涎于多个食物目标，每一个目标都是食欲的欲望点；一个人性欲荡漾，可能会倾慕于某一个或几个性欲对象，这些对象便是主体性欲射中的欲望点。

一个人的占有欲可能是单一方面的占有，也可能是多个方面的占有，其打算占有的目标物就是他的欲望点；一个人的安全欲，其欲望点往往在主体所担心的各种有威胁的目标上。一个人每天视听嗅闻触等感官信息连续不断，甚至连做梦都会产生信息，这些信息越积累越多，而且潜伏于头脑中的表象信息还会因为诸多欲望属类的欲感线的重新串连、组接、叠拼而形成了更多的主观信息。

这就一方面不断有新的信息涌入大脑，另一方面也不断有新的信息在大脑中自动衍生，这就使自我与他人之间交流信息成一种可能、一种必要。尽管生活中存在很多与他人交流的机会，但也难以诉尽衷肠。所以我们中的很多人，特别是平时交往较少的人，一见有其他人出现，一有其他人搭讪，便会凑上前去，谈天说地，嘘寒问暖，沟通感情，交流信息，从而实现自我内部信息与外部信息趋于平衡性流动与循环，这就是交往欲产生的原因之一。

另外，其他欲望体一旦进入自我欲望场，就会切割到自我射出的欲感线，这就在原有欲望之外衍生出了交往欲和交流欲。交往欲与交流欲的欲望点就是他的交往目标或交流对象。

任何人都不应该也不可能只为某一种欲望而活着，同样，任何欲望寻求满足一般都不会只依赖于一个欲望点。俗语说的好，“东方不亮西方亮”“不能指望着一棵树吊死人”“不能一条道走到黑”“哪里的黄土都养人”“没有金刚钻也一样能干瓷器活”“三条腿的蛤蟆不好找，两条腿的人多的是”“天涯何处无芳草”“天无绝人之路”“车到山前必有路”“条条大道通罗马”，等等，说的都是针对一个欲望的满足可以找到多个欲望点和多个满足路径或满足方式。人体作为一种生理运动的机器，内部具有很多欲灶，外面对应着很多欲望点，而且每一个欲灶也都对应着不止一个欲望点。这就意味着，每一种欲望都有多种可供满足的条件选项，用以满足和平慰内在的欲灶，从而实现多个生理系统的平衡运动，并获得多种舒适感。

以人体生理系统之复杂，生理功能之繁多，必然会有很多欲灶的发生和存在；同样，以大千世界万物之阜盈，也必然具有很多欲望点的呼应。可以形象地说，一个生理健全的人，其浑身上下、从里到外总是遍布着无数个各种各样、五花八门的欲灶，其中有的欲灶已经觉醒和发作，有的欲灶尚在沉睡和潜伏。而且那些沉睡和潜伏的欲灶在可能的情境中也必然会反复发作，这就使得外在世界的很多事物都可能会随时变成主体辐射的欲望点。这可以被称为主体欲点多发原理。按照主体欲点多发原理，一个欲望主体，并非只有一种欲望存在，就像一个千手观音，每一只手都可能代表一种欲望、一种意志。我们在日常生活中面对的每一个人，都是一个欲望主体，而且其浑身上下也一无例外地长满了无数只欲望之手。在我们的对面，表面上看我们是在跟不同的人打交道，实质上却是在跟不同的欲望之手打交道。

一个欲望被满足了，其他欲望还会继续张着倾盆巨口等待着填充和满足，这就是人们之所以感到欲无止境、欲望太多、人心不足的原因之一。这就意味着，满足了一个欲望，并不代表满足了所有的欲望，并不代表欲望主体就可以高枕无忧、一无挂碍和再无想法了。我们在与人相处时常常感叹绝大多数人都有得寸进尺、得陇望蜀、贪得无厌的特性，这既是人类不断上进的动因，也是社会交往、人际合作与竞争、社会管理或企业管理的困惑和难点。

一个组织不可能通过某种单一的或单方面的目标和措施而实现对人的长久激励，而必须考虑到人的多方面甚至是全方位欲望性需求。在人的整个欲望系统中设置多个激励目标，采取立体的欲望管理模式，才能对人实施最有效的管理和控制。现代人本管理思想其实从一定层面上已经接近或基本达到了欲望管理的高度。

既然在欲望主体之外有那么多欲望点存在，那么，以主体欲望为中心，就可以与这些欲望点连成若干条线，这便是欲望线（这与我们提出的欲感线概念是一脉相承的）。任何一个欲灶发生的欲望总有一个或多个外在的欲望点与之相对应，欲灶这时就像一个小小光源，向散在于四面八方的欲望点发射出很多条甚至无数条光线，每一条光线都连接着一个具体的目标（欲望点上），这条与欲望目标连接在一起并类似光线的连线就是欲望线。

欲望线不限于欲灶与目标之间逐一对应的连线，还可以从广义上扩展性地理解为欲望主体与欲望目标之间放射性的连线。这样，欲望线就不再局限于主体所对应的同一属类的欲望，也包含了主体所面对或对应的不同属类的欲望。

每一条欲望线都可以成为满足和实现该欲望的渠道、线索、途径或手段。

这就是说，一个欲望可以有多个渠道、多条线索、多条途径或多个办法来实现该欲望的满足。比如食欲的满足，可以通过春种秋收，可以通过钱币购买，可以通过上山打猎采摘，也可以通过索取讨要，甚至偷盗抢劫。每一种办法都体现为一条特定的欲望线，欲望线代表的是欲望满足的渠道、路径、方式、方法、手段和线索。

同样，一个人饥饿时面对一桌子丰盛的菜肴，每一道不同的菜肴可能都是这个人的欲望点，那么，欲望主体与这些不同菜肴之间的连线，便是其食欲的欲望线，他无论夹取哪一道菜肴都可以用来满足其食欲。当然，一个欲望主体也可能同时对应着诸多欲望目标，并可以按照先后主次的逻辑顺序或机缘顺序而在多个方面实现欲望满足。比如甲在某个特定时间里可能处于饥、渴、冷等多种欲望匮欠之中，既需要食物的满足，也需要饮用水的满足，还需要保暖衣物的满足。这时以甲为中心而与食物、水、衣物等不同目标物构成的连线，就是甲作为欲望主体而与多个目标之间产生的欲望线。

这说明欲望主体的不同欲灶必然对应着多个不同属类的欲望点，而即便同一个欲灶也有可能对应着同一属类的不同欲望点。比如一个人的食欲可以对应着诸多种类不同的食物的欲望点，他同时可能还有饮欲，其饮欲也对应着诸多口味不同的饮品的欲望点。除此之外，此人可能还有其他诸如烟瘾、酒瘾、性欲等多种欲望，在其所及的时空范围内，可能有好多好多同属类或不同属类的欲望点存在，有的是他垂涎已久的，有的是他即时发现的，都在他的意志倾向、情感倾向、欲望倾向的投射或辐射范围之内。这样说来，这个人浑身上下都充满了欲望，充满了不同的欲望，时刻都对身边其他人构成了合作、竞争，甚至威胁。

人与人站在一起，表面上看各成一体，好像没有什么交合之处，实质上，按照主体欲望点多发原理，每一个人都可能与周边另一个人有着微妙而复杂的欲望关系。这种关系主要体现在彼此之间在欲望点上的重合、交集、冲突、竞争和威胁上。欲望点实质上就是人与人之间产生联系或关系的媒介、桥梁和纽带，想联系或不想联系几乎完全是由欲望决定的，由欲望推动的。欲望点表明一个欲望的满足可以有很多个目标，一个欲望主体可以拥有很多个不同属类的欲望目标，而欲望线不但表明一个欲望的满足有很多线索和渠道，而且也表明一个欲望主体可以拥有不同的价值取向、兴趣倾向或人生选择。

比如性欲可以通过恋爱、婚娶、插足、嫖娼、强奸、自慰等很多渠道或线索获取性欲的满足；再比如甲可以立志当一位医生，而乙却可以选择当一名教师或者摄影爱好者。不同的选项连接并延伸出了不同的人生之路，从这个意义上说，人生之路与欲望线的取向不无关系。

同时，因为欲望线带有一定的主观自我选择性，正是这种选择性决定了社会秩序和社会管理的必要性。有人主张节欲、制欲、禁欲，主要是鉴于人对欲望线选择的不当而给社会造成了消极负面影响而提出的。欲望本身没有错，而是错在对欲望线的选择和连接上。社会管理中设定的道德、法律、制度、条例等规则性标准，本质上就是规范人们对欲望线的选择。通过符合社会伦理秩序的渠道满足欲望，是社会管理者倡导的基本管理思想。只有教化和管理人们选择正确的欲望线满足自己的欲望，社会才能获得发展与进步，才能实现和谐与文明。

三、欲望阶与欲望阵

欲望从人的神经对于匮欠做出反应开始出发，借助大脑认知而产生欲望驱力，并通过目标反射和发散，构成一个虚实相接的回合系统。使得欲望在生理层、欲望层、目标层、社会层、情感层、理性层、智慧层和精神层等不同层次上展现出不同的面貌和属性。

生理机能发生匮欠反应而引发的欲望，会同目标构成一种反馈回路，这时的欲望与生理机能之间表现为一种直接对应关系。如食欲、性欲、呼吸欲皆与生理机能本身表现为一种直接对应关系。但我们在生活中常常发现有些欲望看起来与生理的关系并不大，甚至表面上看似乎没有什么关系可言。其实这正是由欲望满足过程中的阶梯性特征或层次性特征造成的结果。

欲望的阶梯性特征正是欲望发展和满足过程中的阶段性反应。不管是远欲望还是近欲望，要实现它们都不是一蹴而就和一帆风顺的。欲望就像一座高楼，如果把楼顶比喻为终极欲望或终极目标的话，那么每上一个台阶、每登一个梯段都代表了一个欲望的阶段性上升高度。

从欲望产生的原点位置到终极欲望目标得以实现的距离，我们称之为欲程。一个人要实现终极欲望目标一般都需要经历多个台阶和多个梯段的欲程。而实现每一个台阶或每一个梯段的欲望都是向终极欲望目标接近了一步。

我们把抵达终极欲望目标的整个欲程划分出若干个阶段性单位，就像一个人从纽约到罗马要经历很多站点、很多次交通工具的转乘、遇到很多人、办理很多手续等多个环节一样。为了形象起见，我们仍以攀登高楼作比，对终极欲望的楼顶而言，不管是 8 层楼房还是 18 层楼房，亦或是 108 层楼房，要登临楼顶，总得一层楼一层楼地攀登。每登上一层楼都算实现了一个环节性欲望，而要实现某一层楼的环节性欲望，还必须拾阶而上。这就意味着，每登上一个台阶，也都算作实现了一个较小环节的欲望。

这样，我们把为实现终极欲望目标而登上的每一个环节性台阶，称之为欲望阶。一个人朝着终极欲望目标进发的过程中，不一定最终总能抵达终极目标，但每登上一个欲望阶，都会获得一定程度的满足感和幸福感。

这也是很多人的远大理想虽然没有实现，很多人的终极追求虽然没有获得成功，但也不能否认他也同样算是一个奋斗者和上进者，在整个奋斗的过程中也未必没有过快乐，也未必没有过满足，这些快乐和满足是从一个又一个小环节上的小成功上获取的，亦即从不断上升的欲望阶上获取的。奋斗的过程本身就是一个不断获得快乐、获得满足、获得幸福的过程。原因就在于：虽然没有到达终点，但在过程中经历的每一个欲望阶或欲望层上都获得过不同程度的满足感和自我实现感。

定义欲望阶概念的意义，表明了任何欲望的实现或满足都是分若干阶段和若干环节的，也揭示了欲望在满足过程中的不断上升路线和不断上升规律。如果不能把阶段或环节搞清楚，就无法把整个欲望满足事件搞清楚。

人们之所以感觉到欲望无止境，欲望标准不断提高，欲望的胃口越来越大，满足了一个欲望总还会有下一个欲望不断生发出来，这些大都是因为在欲望满足的整个欲程中存在着欲望阶的缘故。比如一个人，如果把满足性欲作为终极欲望的话，那么要实现它并不是一件简单的事，谁也不能随便拉过一个性目标就立刻实施交配并获得性高潮，而必须要跨上几个欲望阶才能达到目的。比如，第一个阶段是要找到一个心仪的性对象，第二个阶段是设法获取性对象的欢心，第三个阶段是实现性交配，第四个阶段是达到性高潮。每登上一个欲望阶，都会获得一定程度的满足感。将若干欲望阶组合在一起，就是自我实现终极欲望目标的整个欲程。

一个欲望链中究竟有多少个欲望环节或欲望阶段，取决于个体自我所设定的终极目标在哪里。比如就一个人的性欲而言，其性高潮满足后暂时告一段落，性欲消失，处于休眠状态，主体自我不会再在性欲方面产生要求，关于与性有关的行为或事件到此实现了阶段性终止，那么实现性高潮即是这个人的终极欲望。如果这个人把繁殖欲作为终极欲望，那么其性欲也就退居为一个欲望阶而已，之后还要实现性对象受孕的欲望阶和顺利生产的欲望阶。这就是说，大多数欲望都是分阶分层来实现的，世界上没有一步到位的欲望满足形式。

比如食欲阶可以是这样的：吃得着——吃得饱——吃得好——吃得全——吃得健康——吃得长寿。也可以是这样的：食不果腹——粗食淡饭——美味佳肴。还可以这样设置：有啥吃啥——吃啥有啥。

欲望阶体现的是每一种欲望都是分不同的步骤或阶梯而实现的，前一步是后一步的铺垫，这样，一步一步，一阶一阶，就会登上欲望满足的更高殿堂。由此可见，欲望阶与欲望链具有明显的相似之处，只是欲望链侧重于欲望的前后连锁联动、相生相延的关系，而欲望阶则侧重于体现欲望的阶梯性上升特征和欲望满足的阶梯性运动过程。

人常说世界上不存在“免费的午餐”，也不存在“衣来伸手、饭来张口”或“天上掉馅饼”的欲望满足捷径。即便简单如食欲，也要通过多种途径才能获得满足。比如农民要春种秋收，工人要挣钱买米，并且都要烧锅造饭，一个食欲的满足过程需要跨过多个欲望阶之后，才能达到满足的目的。要想吃得饱，需要跨过几个欲望阶，若想吃得好，可能需要跨过更多的欲望阶。这就说明欲望的实现具有阶梯性特征，而且越是高水平、高层次的欲望，越需要跨过更多的欲望阶。

现行社会管理系统中设置的职务晋升机制，就是运用欲望满足过程中所具有的阶梯性特征来设计的。从基层班组长、科长、处长、局长、县长、省长等一级一级按照一定层次和级别设置官欲满足的管道，既符合欲望系统拾级而上的满足逻辑，也符合社会管理的运行机制。

欲望阵指的是欲望就像一个阵，遍布在时间和空间的每一个时段和角落，时时处处都有不同的、各种各样的欲望在那里生发着，闪动着，消长着，诸多欲望具有一定的并列关系、平行关系。比如眼睛需要看到美景的视欲，耳朵需要听到美乐的听欲，口中需要吃到美食的味欲……每一种感官，都有与之相应的欲望形式及其内容，它们的关系是并列的，就像一个阵。不止于此，还有包括精神性欲望在内的所有欲望都按照不同的时空顺序排列着，官欲、财欲、荣誉欲、自尊欲、美色欲、亲情欲等等，也与视欲、听欲、嗅欲、味欲、触欲一起，布列成一个欲望之阵。

在这个阵上的每一个欲望就像乘客一样，随时随地等待登上具有特定满足功能的列车，这就是欲望阵。当然，在这个阵中，各种欲望就像夜晚浩瀚的星空，每一颗星星都如同一个欲望，都在眨着眼睛，张着嘴巴，等待给予满足。同时其大小参差不齐，此消彼长，闪闪灭灭，休休动动，各有特色。这个欲望的星空就是欲望阵。哪一种欲望先满足，哪一种欲望后满足，从外表上看是没有规则的，但从内在驱动力上看，却是有规则的。就像我们举头看见某个星星闪动，某个不闪动，某个更亮，某个更暗，某个出现，某个消失，非天文学家可能是看不出其规则的，是无序的，随机的，但其实每一种变化都是各有原因的。

欲望只要出现过一次，就会形成记忆。可以说，人类的记忆功能就是专门为欲望设置的。没有欲望，记忆就没有了人性的意义，就像一台电脑，只有存储功能而没有欲望功能因此也没有人性意义一样。曾经出现过的欲望，不管是自身机体中滋生出来的，还是外在目标诱发出来的，都会储存在记忆的荧屏中。

这就意味着，每一个人都有很多欲望形式潜藏在心底，有的被称之为雄心壮志，有的被称之为野心勃勃，有的被称之为一己之私，有的被称之为一时之念……这些欲望可能来自不同的机体功能，不同的生活背景，不同的人生处境，不同的履历经历，它们储存在记忆的星空，就像一个沉睡的迷阵。某一种欲望被激活，被唤醒，一方面缘于内在机体的能量运转情况，一方面缘于外在环境的信息刺激情况。而以人的精力之有限，客观环境条件之有限，机缘之有限，在某一特定的时空环境下，被激活和被唤醒的欲望总是有限的。

一边看电影大饱眼福的同时还能吃着冰激凌，眼欲和口欲几乎可以同时获得满足，如果此时还有爱侣陪伴，彼此一面看电影，一面吃冰激凌，一面亲昵抚摸，爱欲也可以在此时获得一定程度的满足，这就在个体潜伏的欲望阵中冒出了至少三种欲望，而非仅有看电影的欲望在单独发动着和运转着。如果这时因为喝水过多而产生小便欲，就又多出来一种欲望需要打理。但即便这样，在影院看电影过程中产生的欲望形式及其内容还是有限的，其他诸如权力欲、荣誉欲、自尊欲、归属欲、性欲等诸多欲望却是未能在这一时空环境下产生出来和发动起来的。

正因为有欲望阵的存在，所以某一个欲望因为被满足而消弭之后，便总有新的欲望冒出来接踵而至，纷至沓来，真是“按下葫芦浮起瓢”。一个欲望被满足了，也就相当于被按下去了，另一个欲望却冒了出来，于是作为主体的人还要继续为后一个欲望忙碌起来，被后一个欲望支配着，驱使着，正所谓“长江后浪推前浪，前浪死在沙滩上”，这就是欲望的联发联动效应。主体意志更包括主体行为在这个层面上看却是被动的，不断被欲望阵中冒出来的新欲望牵着鼻子走，即便是自控力很强的人，即便是对于某种欲望有所节制，那么他也要为此而施加控制行为，其被动性是显而易见的。

同时我们还发现，在欲望阵中，哪一个欲望首先冒出来，哪一个欲望紧跟着冒出来，抑或哪一个欲望突然压过前一个欲望而成为优先打理的欲望，这些关于欲望满足的时空顺序，并不是一成不变的。一般情况下，欲望满足顺序要遵循如下五原则。

第一原则是匮欠度原则。欲望的匮欠度越大，其重要性和紧迫性越强，排列的优先度越靠前，反之则越靠后。比如在饿得要死的情况下，人会首先选择面包满足食欲而不会选择性对象满足性欲。

第二原则是重视度原则。不同的欲望可能在个体心目中被重视的程度不同，在不违反第一原则的前提下，重视度越高，其安排满足的顺序越靠前，反之则越靠后。比如一个小伙在发生了较为浅层次的食欲之时，正好也有机会可以满足性欲，因为他更重视性欲，所以就首先选择了性对象。

第三原则是难易度原则，欲望的满足难度越大，其安排满足顺序的优先度越靠后，反之，则越靠前。比如为了满足性欲，可以选择甲为性对象，也可以选择乙为性对象，但因为选择甲比较难，或是远水不解近渴，或是默契度有待提高，而对象乙却可以随叫随应，于是成为首先选择的性对象。或者在满足视欲的一次旅行，还是满足听欲的一次音乐会，两相比较，听音乐会就在家门口，很容易实现，于是首先选择了听音乐会以满足听欲。当然，也有挑战难点，越是容易的越不屑一顾，而专门选择难度大的欲望进行挑战，这也是难易度原则的又一种形式。总之，哪一种欲望排在前面，与欲望满足的难易度是有一些关系的。

第四原则是价值度原则。欲望满足过程中，哪种欲标的价值高，其安排满足的顺序就会越靠前，反之则越靠后。比如在个体可供满足的欲望阵中，看一场门票为 100 元的电影，吃一顿 500 元的大餐，完成一次 800 元的旅行，在这三项欲望目标中，大多数人会首选价值更高的 800 元旅行为第一要满足的欲望，而将其他两种欲望置于其次。价值度也是受益度，人们通常总是把那些对主体更有利的欲望排在优先位置，反之则靠后，而更有利的往往也是更有价值的。所以，价值度原则也是受益度原则。

第五原则是志趣度原则。在欲望阵中，兴趣度越高的欲望越会排在前面给予率先满足，反之则靠后。比如在欲望阵中有机会在土地、财富、权力、美色四项欲望中选其一，不同的人会根据自己不同的情趣倾向或志向做出不同的选择，有人喜欢权力，爱坐江山，有的人则“不爱江山爱美人”，各有其志，因而也各得其所。

一个人的欲望阵中所有的欲望并不是按照等时等份等值等价等效的严格并列关系排列的，也不是每一种欲望都会获得同样的展现机会和满足机会。有的是与内在生理机能出现的匮欠有关，有的是与外在环境目标的诱惑有关，表面上看是随机的，实际上却是有规则的。有些欲望潜伏心底，如果没有可行的机会，一生可能都不会崭露头角，比如篡权夺位欲等不可告人的欲望，都属此列；有的可能是随着生理机能的运转而不断出现的匮欠，可以随时睁开欲望的眼睛，或随着社会关系的胶着而日益增长的需求，可以随时敞开欲望的情怀。这一切，都在欲望阵中暗暗地遵循着欲望的联发联动效应。

我们所置身和所面对的宇宙存在两种顺序，而且只有两种顺序：一种是时间顺序，一种是空间顺序。我们可以把这两种顺序称为自然顺序。自然顺序是绝对的，不可颠覆的。那么，在这个宇宙中，除了时间顺序和空间顺序之外，有没有第三种顺序存在呢？我的回答是有的。这个第三顺序不是别的，就是任由人或动物的欲望所支配的顺序，叫作欲望顺序。比如我们把香蕉、苹果、桃子、木瓜、葡萄等水果摆放在猴子面前，那么猴子先选择哪一种水果后选择哪一种水果，完全是由猴子的欲望（食欲）排列出来的。对于人类自身而言，欲望顺序也可以叫作心灵顺序，或理想顺序。殊不知，人们总是把更重视的东西排在前面，总是把与自己关系最密切的东西排在前面，总是把对自己更有价值更有益于满足某种核心欲望的东西排在前面。

世俗所说“有奶便是娘，无奶中山狼”，其实就是一种欲望顺序。这样我们就可以认识到，按照本能需求排列的顺序，是本性欲望顺序，如趋暖避冷等；按照物质对自己的益处大小排列的顺序，是物性欲望顺序，如见利忘义，或如马克思所说“人只有在满足衣食住行之后才会有更高层次的精神活动”等；按照自我感觉好坏而给事物排列的顺序，是感性欲望顺序，如择香去臭，趋美避丑等；按照对事物的了解程度、认识程度排列的顺序，是知性欲望顺序，如因材施教、择优录用（以物质内在的、看不见的价值而非表面现象选择事物）等；按照感情亲疏远近排列的顺序，是情性欲望顺序，如任人唯亲，搞裙带关系等；按照社会伦理规则或者理性原则排列的顺序，是理性欲望顺序，如父父子子，君君臣臣等；按照某种灵感或个人信仰排列的顺序，是神性欲望顺序，如灵机一动而生出的某个计谋，偶一闪念而想到的事物等。所以，人们究竟把什么排在前面，把什么排在后面，重视什么，或者不太重视什么，除了不可抗拒的自然顺序之外，都不可避免地要在冥冥中遵循着欲望顺序，或心灵顺序。如果说自然顺序是上帝的顺序，那么心灵顺序便是人的顺序。

从某种意义上说，欲望阵中各种欲望的满足顺序，基本上都是按照欲望力的大小顺序排列的。

第三篇 情与欲

——人类欲望与情感并蒂而生

本章要讨论的是情与欲的关系问题，情泛指感情、情感、情绪、心情、心态、态度、倾向等情性内容，这些内容无一不是欲望激发的产物。

人类既是有欲望的动物，也是有感情的动物。何谓感情？感情是感和情两个字的组合，感是感觉、感知、感受、感触、感应、感动，既包含着人类神经及其大脑对自身内在生理或心理状态的自我感觉和感受，也包含着人类神经及其大脑对外在事物刺激的感觉、感知和感动；而情则是自我在欲望方向上基于与外在相关事物的联系而产生的心理反应、心理体验、心理倾向和心理评价。感情两个字合起来便是主体自我对于外在他者所给予的感官刺激而在欲望方向上产生的某种特定的应答性心理感受和反观性心理体验，包括喜怒哀乐忧思惧等带有明确倾向性的心理反应，都属于感情概念的应有之义。

与感情相近或相似的概念还有情感、情绪、心情、态度、心态、脾气等。这些概念所涵盖的意义都是自我大脑对自我内部和自我外部环境中与欲望有关事物的倾向性反应、感受性体验和相对稳定性评价。从本质上说，感情、情感、情绪、心情等这些情性心理特征都与客观性“他者”相联系，没有“他者”与自我之间的特定欲望关系，便不可能产生这些情性心理特征。

当任何一种外在刺激物进入自我欲望场之后，以其特定方向切割欲感线时，因其运动方向与欲望力方向所构成的角度的不同而产生方向不同和程度不同的感应性电流。在这种感应性电流的冲击下必然引起自我内环境中的一系列神经反应，包括大脑中枢神经、躯体运动神经、内脏运动神经的连锁性波动与谐振，进而引起自我内环境中的体液、体气、血管、腺体等发生特定生理性波动与谐振反应。由这种生理性波动与谐振反应而引起的心理性波动与谐振反应，即可以理解为情感反应或情绪反应。所以，情感反应或情绪反应一旦发生，便会在内脏系统引起心率加速、血管膨胀或其他体液、体气循环规律发生改变，表现为脸红脖子粗、胸闷气息短等反应形式。

就感情、情感、情绪、心情、心态、态度这六个概念来说，感情和情感两个概念的含义更接近，二者更侧重于自我与外在他者之间的联系性体验，具有基于联系意义的依恋性或寄托性心理反应特征。比如甲对乙感情好、情谊重，通常体现在双方联系过程中的互动互感上，并在这种互动互感的基础上产生了一定的欲望性心理依恋和寄托。撇开了与他者的联系，感情或情感便成了无源之水，无本之木，不可能滋生出来。即便是一方知之而另一方不知的单相思性质的感情或情感，也是基于某种特定的联系意义产生的，并寄希望于通过继续联系而实现互动互感的流连与慰藉，否则这个单相思便不是完整的和可兑现的感情或情感经历。

而情绪和心情则更侧重于自我在受到内外环境中“他者”的刺激之后而获得的心理体验、心理感受和心理态度，具有基于被刺激、被影响意义的被动性或依附性心理反应特征。比如一个人的心情很容易会随同天气的阴晴变化而变化，一个人的情绪也会很容易随着身体状态的优劣或外界刺激的好坏而变化。自我作为内外环境刺激或内外他者刺激的受体，其情绪的产生和心情的好坏具有一定的被动性和依附性，所谓情绪可以感染，心情也可以感染，正是这种被动性和依附性的体现。

心态和态度虽然也都属于情感表现形式，但心态更偏重于自身内在特定的心理体验所维持的心理状态，是自我心理处于某种匮欠条件或满足条件下的现实静态反应，在匮欠条件下则需要自我调整才能达到某种平衡状态；态度是相对于外在事物所表现的情感倾向，在面对对自己有利的事物或对自己不利的事物时会表现出不同的自我心理状态和对外在事物的表达方式。

感情、情感、情绪、心情、心态和态度等概念的不同，并不足以掩盖它们本质上的相同和相似之处。但相比之下，似乎情绪对人生和事件的影响更为显著。下面，我们仅以情绪这一简单的概念为例（它同时也代表了情感、感情、心情、心态、态度等其他情性概念），来解读人类的情性内容与欲望之间的特殊关系。

第一章　情绪产生的理论模型

情绪几乎伴随着我们日常生活的每一天，这使得我们的行为每时每刻都难免要受到情绪的影响。情绪有时就像一个中邪的捣蛋鬼，常常导致我们的行为跑偏、走板、变样、越轨、逾矩，最后让我们吃尽苦头而后快。

情绪与行为的关系绝不像思想与行为的关系那样来得理性、沉着与稳健。相信每个人几乎都经历或看到过喜、怒、忧、思、悲、恐、惊等各种情绪所引起的一系列令人颇感难于按捺的生理反应和行为反应，包括血液循环和呼吸快慢的异常变化、肌肉张弛和腺体分泌的异常变化、面色表情和眼神的异常变化，以及与此相伴随的语言和行为的异常变化。

我们时不时看到，一个表面上看来很理智的人被激怒后很容易失去控制，产生粗暴的言语和贸然的行动，甚至造成可怕的不堪收拾的后果。在日常生活中，我们注意到，因为情绪而乱了方寸，乱了口德，乱了行为，最后导致失败的事例实在不胜枚举。一个人能否控制自己的情绪已经成为考验其是否成熟的关键标志之一。

一、三种影响较大的情绪理论

学界对一个人控制和调整情绪的能力称为情商。鉴于情绪与行为的特殊关系以及对人生产生的特殊影响，很多心理学家都把情绪列为性格的组成部分，作为一种决定人生命运的关键要素而被提到了研究日程之中。那么，要研究情绪，最关键的问题是要探明情绪是怎么产生的。从心理学角度而言，目前存在三种影响较大的情绪理论：一是詹姆斯—兰格理论；二是坎农—巴德理论；三是情绪的认知理论。

1. 詹姆斯—兰格理论

19世纪的美国心理学家威廉·詹姆斯和丹麦生理学家卡尔·兰格(C·Lange)，基于情绪状态和生理变化的直接联系，提出情绪是对机体变化的感知，是机体各种器官变化时所引起的感觉的总和。詹姆斯认为，情绪就是对身体变化的知觉。

当一个情绪刺激作用于感官时，立刻会引起身体上的某种变化，激起神经冲动，传至中枢神经系统而产生情绪。

兰格认为，情绪是内脏活动的结果，强调情绪与血管变化的关系，情绪决定于血管受神经支配的状态、血管容积的改变以及对它的意识。詹姆斯和兰格在情绪产生的具体描述上虽有不同，但他们的基本观点是相同的，他们都认为情绪刺激引起身体的生理反应，而生理反应进一步导致情绪体验的产生。

詹姆斯—兰格情绪学说强调生理变化对情绪的作用，强调植物性神经系统在情绪产生中的作用。这有其合理的一面。但是它片面夸大了外围性变化对情绪的作用，忽略了中枢对情绪的主导作用，因而引起了很多的争议。

2. 坎农—巴德理论

美国生理学家坎农（W. B. Cannon）首先反对詹姆斯—兰格理论，并提出了自己的理论。坎农对詹姆斯—兰格理论提出了三点疑问，并据此建立了与之不同的情绪理论。

坎农对詹姆斯理论的疑问：（1）机体上的生理变化在各种情绪状态下差异不大，很难作为依据去分辨各种不同的情绪；（2）机体的生理变化受植物性神经系统支配，变化缓慢，不能说明情绪的骤变；（3）机体的某些生理变化可由药物引起，但药物只能使生理状态激活，却不能产生某种情绪。

坎农认为，情绪的中心不在外周神经系统，而在中枢神经系统的丘脑。由外界刺激引起感觉器官的神经冲动，通过内导神经传至丘脑；再由丘脑同时向上向下发出神经冲动，向上传至大脑，产生情绪的主观体验，向下传至交感神经，引起机体的生理变化，使个体进入应激状态。

因此，情绪体验和生理变化是同时发生的，它们都受到丘脑的控制。

坎农的情绪学说得到巴德（P. Bard）的支持和发展，所以后人称坎农的情绪理论为坎农—巴德学说。

3. 情绪的认知理论

情绪认知理论主要由阿诺德的评定—兴奋理论、沙赫特和辛格的两因素情绪理论、拉扎勒斯的认知—评价理论共同组合而成。

美国心理学家阿诺德(M.B.Arnold)在20世纪50年代提出的情绪的评定—兴奋学说，强调来自外界环境的影响要经过人的评价与估量才产生情绪，这种评价与估量是在大脑皮层上产生的。

阿诺德的评定—兴奋说有三个主要观点：（1）刺激情境并不直接决定情绪的性质，从刺激出现到情绪的产生，要经过对刺激的估量和评价，情绪产生的过程是刺激情境—评估—情绪；（2）情绪的产生是大脑皮层和皮下组织协同活动的结果，大脑皮层的兴奋是情绪行为的最重要的条件；（3）情绪产生的理论模式是，作为引起情绪的外界刺激作用于感受器，产生神经冲动，通过内导神经经丘脑传到大脑皮层，刺激情境在此得到评估，形成一种特殊的态度。这种态度通过外导神经将皮层的冲动传至丘脑的交感神经，将兴奋发放到血管或内脏，所产生的变化使其获得感觉。这种从外周来的反馈信息，在大脑皮层中被估价，使纯粹的认识经验转化为被感受到的情绪。

美国心理学家沙赫特（S. Schachter）和辛格（J. Singer）于20世纪60年代初提出，对于特定情绪而言，有两个必要因素：一是个体必须体验到高度的生理唤醒，例如心率加快；二是个体必须对生理状态的变化进行认知性的唤醒。

该理论将对当前刺激的知觉分析和记忆系统中过去的经验通过认知比较器联系在一起，更加符合人类情绪产生的过程。

拉扎勒斯（R. S. Lazarus）认为情绪是人与环境相互作用的产物。在情绪活动中，人不仅反映环境中的刺激事件对自己的影响，同时要调节自己对于刺激的反应。按照他的观点，情绪是个体对环境事件知觉到有害或有益的反应。因此，在情绪活动中，人们需要不断地评价刺激事件与自身的关系。具体来讲，有三个层次的评价，包括：（1）初评价，是指人确认刺激事件与自己是否有利害关系，以及这种关系的程度；（2）次评价，是指人对自己反应行为的调节和控制，它主要涉及人们能否控制刺激事件以及控制的程度；（3）再评价，是指人对自己的情绪和行为反应的有效性和适宜性的评价。

以上不管是心理学家、生理学家还是医学家，他们所提出的情绪理论、特别是情绪产生理论都在不同程度上脱离了人类的本质属性，而仅仅是把人当成了物来研究、至多当成了动物来研究。这难免会出现隔靴搔痒的缺憾，很难触及到问题的本质。

我在这里通过对欲望动力心理学的研究，发现欲望是人类全部属性的终极归依，是人类一切心理活动和行为活动的发源地和归宿地，可以解释人类的一切心理和行为，一切个体现象和社会现象。自然也能够很好地解释情绪的来源和产生——这就是我在这里提出的第四个情绪产生的认知理论：欲望—情绪理论。

二、欲望—情绪理论

人类的一切情绪都来源于欲望及寻求欲望满足过程的各个环节之中，这一点不会有任何例外。

我们已经讨论过，欲望是一种能量，任何能量都可以通过波的形式表现出来，我们有理由确信欲望能量也是以波的形式表现出来的，所以，我们可以称之为欲望波。

欲望波以主体自我为中心而必然辐射到与匮欠有关的事物目标上去。对于那些可以减小匮欠或满足匮欠的事物目标，欲望波辐射其上产生纠缠与振荡，并以共振或谐振的形式显示为引力波，这种波就是爱，就是悦，就是美，就是愉快，就是惬意，就是心仪，就是喜欢，就是积极乐观的情绪波。对于那些可以造成匮欠、加重匮欠或阻碍欲望满足的事物目标，欲望波辐射其上产生纠缠与振荡，并以非共振或非谐振的形式显示为斥力波，这种波就是恨，就是怨，就是烦，就是怒，就是丑，就是痛苦，就是厌恶，就是懊恼，就是惆怅，就是失意，就是抑郁，就是抵触，就是排斥，就是消极悲观的情绪波。

我们之所以感受到每一种情绪都是波动起伏的，就在于情绪本身产生于欲望波，即当欲望波受到其他能量波干扰之后便产生了情绪波。当其他能量波顺应欲望波的波动方向而形成谐振、共振时，便表现为引力波形式的情绪波，这种情绪波就是爱波，就是和谐之波；当其他能量波违逆欲望波的波动方向而形成非谐振性的颤振、抖振时，便表现为斥力波形式的情绪波，这种情绪波就是恨波，就是干扰之波。

严格地说，人类最初的情绪反应是从产生不欲之欲开始的。我们在前面讨论过，不欲之欲是一种负欲望，是自我大脑对匮欠的第一重反应，是对发生在自己身上的匮欠，在第一时间所做出的排斥性和拒绝性的智能反应或意识反应，这也可以说是人类欲望产生的最初胚芽。

从匮欠开始，到对匮欠做出神经反应，再到对填充物目标的寻求与选择，最后到对欲望目标的搞定与消化，签注了欲望从无到有、从负到正、从最初物质性的生理机能变化，到与生理机能相连的神经智能反应，再到大脑意能反应，从对匮欠的不舒适反应，到欲望进入满足过程中所感受到的各种舒适反应，一步一步，将欲望推向高潮，直到匮欠被填平而又使欲望退潮，并重新化为无。

这让我们从中仿佛看到了一条从负到正的欲望曲线，其间每一个点位，每一个环节，都贯穿着不舒适与舒适的神经感性反应，而发端于神经的感性反应最终必然要转化为大脑的意志反应，转化到心理的情绪反应。从这一意义上说，感性来自于神经反应性，智性起之于大脑意志性，情绪起之于心理体验性。

通过以上分析，我们可以很明确地找出人类的第一次情绪反应。天生具有神经反应功能的人类个体，自从母体中降生之时，最大的改变当属生存环境的改变，从没有光、没有声音且温度适宜的母腹中，降临到有光有声且温度异样的外部世界上，其眼耳鼻舌身等各个感官无一不面临着一种全新的生存体验。此一时与前一时的不同感受，构成一种差异，一种匮欠，对这种匮欠的神经反应便是不舒适感，由不舒适感带来的最直接的心理反应便是情绪反应。

从我们身边无数生育例证中可以看到，婴儿刚出生时总是哭闹不止，情绪大发，而没有一个婴儿是笑吟吟地从母腹中降临于世的，一些人迷信地认为人生是一场苦难，婴儿降生的啼哭便是一种预兆。其实不然，婴儿降生时的哭闹行为完全是一种简单的情绪反应，是一种针对生存环境变化造成的匮欠而引起的不舒适感所做出的倾向性反应，环境的改变造成的匮欠当属“不欲之欲”的负欲望，婴儿对匮欠性负欲望的排斥和拒绝，只能以哭闹的形式表达出来，这是婴儿出生时之所以哭闹不止的根本原因。对于这次哭闹，我们可以认定为人类来到这个世界上发生的第一次情绪反应。自此以后，情绪便伴随着人的一生。

可见，人类的第一次情绪发作实际上是一种负面情绪，当然，随着对环境的逐渐适应，婴儿的不适反应会逐渐变弱，哭闹情绪也会随之休止，待到舒适感增多，还会破涕为笑。从婴儿出生之时开始观察人类情绪的变化，我们会发现，情绪总是与舒适感密不可分，与舒适感的高低强弱变化一脉相承，从不舒适到舒适，从不轻松到轻松，从不自在到自在，情绪之水始终盈溢其间。

随着自我对内外环境刺激的感性体验，特别是从内外匮欠造成的感性体验，到匮欠被逐渐填平的欲望满足过程的感性体验，人的情绪一直都在伴随着各种体验的不同而不断发生波动性变化。随着年龄稍长，社会意识渐次觉醒，对事物或事务的评判能力得到提升，人的心理性、精神性匮欠引起的不欲之欲也随之增多，非生理性匮欠引起的情绪反应与生理性匮欠引起的情绪反应从此交错在一起，混合在一起，使人类的情绪反应变得更加错综复杂和扑朔迷离。

人的情绪贯穿整个欲望发生发展过程之始终。好情绪是从带来舒适感的正欲望中生发出来的，坏情绪是从引起不适感的负欲望中激发出来的。

可以说，与欲望无关的情绪是不存在的。欲望本身不是情绪，但却可以激发并产生情绪反应。情绪总是产生于欲望之后，产生于欲望的满足程序和满足环节之中。就像食欲或性欲本身不是快乐，但在感受食欲、感受性欲、寻求满足或进入满足的程序和环节之后才能产生痛苦或快乐一样。

对某种欲望的感受实为对某种匮欠的感受，通常是不舒适的，因而也只能产生与快乐相反的情绪，如果在寻求满足或进入满足程序的过程中遇到挫折、阻碍、不顺，也同样会产生与快乐相反的情绪。

比如人在饥饿的时候，耳闻一个可期待的满足食欲的信号，尽管食物暂时没有送达，也会产生快乐情绪；发现了食物目标，尽管食物尚未得手，也会产生快乐情绪；待食物送入口中使食欲真正获得满足时更会产生快乐情绪，包括品味的快乐、撕咬的快乐、咀嚼的快乐、吞咽的快乐。

但是，如果出现了与以上情景相反的信息或内容，则也会产生与快乐相反的情绪，比如痛苦、焦躁、煎熬、纠结、郁闷、烦躁、甚至愤怒等负面情绪。

能够激发情绪的欲望不限于生理欲望、心理欲望，也包括精神欲望。精神欲望是人类欲望系统的最高层级的欲望形式。

我们知道一切生理欲望或心理欲望都具有个体特定的方向性或指向性，在这一方向或指向的顶级层次所产生的情感、理性、观念、信仰、境界以及与此相关联的行为动机，就是精神欲望。

同时，我们还有理由确信，凡是带有方向的内容都具有体验性，凡是带有体验性的内容都具有情绪性。当某种欲望受到外在特定事物的推动、干扰、阻碍或冲击，主体针对外在特定事物的有益性或有害性必然产生相应体验，并沿着这种体验的好与坏的方向而产生与之相应的或好或坏的情绪反应。比如，当有人在信奉上帝的人面前诋毁上帝时，那么，这个虔诚的信徒可能会对诋毁者怒目而视，表现出非常不满和厌恶的情绪，这就是精神欲望所激发的情绪反应。

一个匮欠产生之后，紧接着必然会产生一种对满足匮欠的目标性期待，这个目标就是欲标。一个人包括快乐或痛苦的任何情绪反应总是伴随着欲标或与欲标有关对象的正反信息性刺激而产生。这些正反信息性刺激有的与欲望力方向一致，并因此而成为有益于满足欲望的助力；有的与欲望力方向相反，并因此而成为有害于满足欲望的阻力，这种助力或阻力必然针对欲望主体自我发生正作用力或反作用力。于是，情绪便在欲望力、正作用力或反作用力的统一性与对立性矛盾中产生了。

即是说，欲望产生后，欲标对应特定匮欠必然要经由神经系统构成一种信息反馈回路，外在的欲标信息向内在的匮欠的感受器或神经元反射或投射，传递到神经中枢之后，也必然会使人产生一种心理认同或不认同的反应。乐观的情绪则是对欲标有利于满足匮欠的积极信息的认同性反应，悲观的情绪则是对欲标无益于或有害于满足匮欠的消极信息的不认同反应。

人的任何情绪都是欲望匮欠和欲望目标两者之间构成的相对、相激、相冲、相合、相生、相克关系的产物。情绪不但产生于自我与匮欠之间的关系中，也产生于自我与目标之间的关系中，还产生于自我与横亘在匮欠和目标之间的各种干扰物之间的关系中。那么，这里面有个逻辑问题，即单看一个方面，比如单看欲望匮欠本身，会不会直接产生一种情绪反应呢？比如饥饿是一种匮欠，这种匮欠产生了一种不适反应，这种不适反应是不是可以直接演变为一种情绪呢？如果算作一种情绪，那就证明情绪是欲望的伴生品，并与欲望产生之后而出现的满足程序或过程无关。这一点，我们可以举一个例子来证明一下。

当你身上某处皮肤瘙痒时，产生了一种不适反应，你是痛苦呢？还是快乐呢？如果瘙痒处就在你触手可及的地方，你通常会自己抓挠几下，瘙痒立除，不适的感觉变成了舒适的感觉；如果这个瘙痒处在你的后背上，并在你伸手够不到的地方，抓挠几次，总是够不到，这时你会焦躁不安起来。因为瘙痒无法解除而致使你的注意力越发向瘙痒处集中，瘙痒感便会不断加剧，你的情绪也会越来越躁动，一旦找个器具或让他人帮忙，使你立刻解痒，你会感到格外舒服而且快乐。

这说明，由瘙痒的不适感产生的解除瘙痒的欲望是你产生痛苦与快乐情绪的根由。在刚刚发生不适的时候，你未必感到痛苦，只有在你难以解除或无法解除不适感的时候，痛苦的情绪才会由是而生。正像在你刚刚发生一点饥饿感的时候，马上就能吃到食物，你会为这种饥饿感而产生痛苦的情绪吗？不会的，而是相反，你会产生享受食物的快乐情绪。

饥饿也有一个发生和发展的过程，可分为刚发生些许食欲匮欠或能量匮欠的初期饥饿，此期饥饿感不强，要求满足的心理欲望并不急迫；再后来随着能量的不断消耗，饥饿感渐趋加重，比较急迫地寻求满足，则为中期饥饿；待到饥饿感难于忍受，非常急迫要求满足，再不满足会对生理甚至生命造成危害，则为终期饥饿。只有你在有效时间内为解除中期以上的饥饿感而遇到困难和挫折的时候，才会产生痛苦的情绪。

这就是说，欲望本身既不等同于快乐也不等同于痛苦，或者说欲望本身不是情绪，只有在寻求满足的过程中才能产生情绪。而在匮欠与目标之间的干扰物常常是促使个体自我产生情绪的直接诱因。这个干扰物就像磁场中切割磁力线的铁棒一样,不但对于整个磁场产生了干扰作用,而且还会由此产生感应电流,影响整个磁场的存在状态。欲望场内横置于匮欠与目标之间的干扰物与此相类似，在切割欲感线的过程中也必然产生类似于感应电流的东西，并对人体内部器官组织产生影响。一般地，凡是顺应欲感线方向的干扰便会产生积极乐观的情绪反应,凡是逆应欲感线方向的干扰便会产生消极悲观的情绪反应。这一点,我们可以在欲望场理论中找到更好的解释。

我们还可以在这里重新搬出阿诺德的熊来说明问题。在森林里看到一只熊会产生恐惧，在动物园里看到一只关在笼子里的熊却并不惧怕。阿诺德认为这是个体对情境的认识和评价在起作用，从而提出了情绪的评定—兴奋学说，强调来自外界环境的影响要经过人的评价与估量才产生情绪，这种评价与估量是在大脑皮层上产生的。

阿诺德给情绪下的定义是：情绪是趋利避害的一种体验倾向。但我认为，在森林里看到熊产生恐惧，是人的安全欲发生了作用，并由安全欲得不到保障时衍生出惧怕的情绪反应（须知一种情绪总是对应一种欲望，在此情景下绝不会产生与舒适欲相对应的愉快或痛楚的情绪反应）；而在动物园看到关在铁笼子里的熊未引起惧怕，是因为人的安全欲具有保障，此一情境下的安全欲不会被激活而衍生出惧怕的情绪反应。

但如果是小孩子，可能也担心熊挣脱铁笼而产生不安全感，从而也会产生一定程度的惧怕反应。阿诺德认为之所以产生惧怕是个体对情境的认识和评价在起作用。但我认为认知或评价不是问题的根本，生存欲和安全欲才是问题的根本。任何认知或评价都是围绕欲望做出的，都是为了实现或满足某种特定的欲望服务的。

如果一个猎手看到熊不是为了安全欲而是为了食欲进行认知和评价则必然会产生另一种情绪，他可能会认为这只熊膘肥体壮，一旦猎取成功，便会解决整个冬天全家人的食物储备，那么他所产生的情绪可能就不是惧怕的情绪了，而是快乐的情绪。欲望不管处在哪一种情境，都离不开认知性评价，但这不能说情绪是认知或评价的产物，认知和评价的出发点和落脚点都在欲望上。所以情绪是欲望的产物，是人为了满足某种欲望而在特定认知与评价中产生的某种特定的心理倾向性反应。

如果我们一口咬定情绪来自于认知或评价，那无异于在说人的一切心理和行为都是来自于认知或评价，这种讨论会变得毫无实际意义。认知和评价不是人的本质属性，而欲望才是人的本质属性，情绪是人的本质属性中的一部分，而认知和评价则是为满足欲望而做出的程序性反应或必然经历的心理性信念环节。

情绪的产生来自于欲望系统中两个方面因素的交合：一个因素是内在的匮欠，亦即不欲之欲，我们通常会笼统地说成是内在的欲望；另一个因素是外在的目标或与目标有关的对象，我们通常笼统地说成是外在的目标。人只要产生了欲望，就会有相应的欲标存在。

这就是说，情绪要由这两种东西相互作用而产生出来。作为产生情绪的外在对象可以是人，也可以是物，还可以是事，可以是内容也可以是形式（如表达方式）。不管是人、物、事、内容或形式，都必须是处于内在的欲望与外在的目标之间的东西，都必须对某一特定的欲望具有干扰或影响意义。

你跟一个你喜欢的人在一起很快乐，你跟一个你喜欢的物在一起也会很快乐，你参与做一件你喜欢的事情也会很快乐。因为这个人、这个物或这件事对满足你的某种欲望具有积极意义。离开欲望的因素，离开匮欠与目标之间的关系，你是不可能产生快乐的。比如在你没有任何食欲的情境下，你面前摆放着很多美味佳肴，即便你产生了对美味佳肴的认知和评价，你也不会产生快乐情绪。只有饥饿感加重、食欲旺盛的时候，你才会对眼前出现的美味佳肴感到快乐无比。这说明，快乐是一切欲望在寻求获得满足过程中，对获得满足或部分地获得满足、或显示有可能会获得满足的情况下所产生的积极的认同性情绪反应。

图 3–1 是人类生理—欲望—意识—精神—行为递升演进图，简称人类精神塔。这个精神塔是按照欲望层次理论设计的[1]，从图中看，不管是快乐的情绪、痛苦的情绪，还是感激的情绪、愤怒的情绪，或者是其他情绪，都是在人类精神塔层级之间产生的倾向性反应。这种倾向性反应自本能层即已开始，每上升一个层次，都有智能与情绪掺杂其间。

从图 3–1 中可以看出，越是较低层次，其智能因素越少，情绪因素越多，越是较高层次，其智能因素越多，情绪因素越少，反映了人在成长过程中自身智能与情绪的对抗与消长。随着社会经验的增多，理性在与情绪的长期较量中逐渐占据了上风，克制、调节和控制情绪几乎成为理性成熟的重要标志。

1 见《欲望与精神心理学》。

自我与匮欠感之间的联系最早是在本能层中产生的，自我与目标物之间的联系最早是在外应层中产生的，自我与知识的联系最早是在认知层中产生的，自我与其他人的联系最早是在社会层中产生的，自我与各种伦理道德、法律制度等方面的联系最早是在规则层中产生的，自我与处理事务的方式、方法、策略、手段等的联系最早是在智慧层中产生的，自我与精神、信仰、鬼神之间的联系最早是在精神层中产生的。而人类的情绪无一不是在欲望方向上所建立起来的各种联系中产生的。

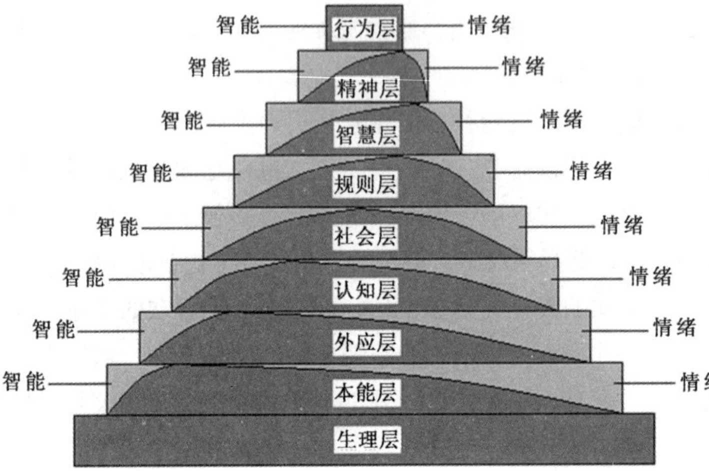

图 3-1　人类生理—欲望—意识—精神—行为递升演进图（简称人类精神塔）

一种生理匮欠产生后必然经由神经系统表现为一种不适反应，这种反应的直接后果便是产生“不欲之欲”，而“不欲之欲”的负方向与“所欲之欲”的正方向在同一个自我个体中发生作用，并在匮欠与目标急于对接的过程中因为顺利或不顺利等原因而产生神经波动性反应，或顺心或逆心，或通畅或别扭，或成功或失败，由此激发内脏运动神经管辖的腺体、器官等做出调节性反应，进而引起血管膨胀、心率加速、血液循环和呼吸循环发生改变。

在这个过程中，人类个体自我便出现了快乐、开心、愉悦、高兴、惬意或痛苦、烦躁、抵触、厌恶、愤怒等情绪反应。特别是在追求欲望目标过程中会遇到各种干扰物并引起与欲望目标密切相关的情绪反应，即欲望目标被确认或确定之后，这个目标能否给予适度的满足，或是否可以顺利满足或不顺利满足，是否遇到其他因素的帮助和推动，是否遇到其他因素的干扰和阻挠，也都会引起不同的情绪反应。进入社会层，情绪的产生和变化不再局限于外应层中与物的关系，而更包括与人的关系了。我们通常所说的“人有七情六欲”，不单单是指感情与欲望的关系，也包括情绪与欲望的关系。

人与动物、植物或自然界中的很多东西都能产生情绪或情感。比如一个人独自来到山中、海边、草原上，都可能会产生快乐的感情、心情、情绪、情感，这是视欲、听欲、触欲等感官或感觉系统产生的审美欲、见闻欲、求知欲的满足感所致。

而情绪的变化也会引起生理和神经感受的改变。情绪向好，人的精神指标会随之提升，包括注意力、记忆力、联想力、思维力都会顺势获得提升，使得视觉、听觉、触觉、嗅觉、味觉等感官，都迅速按照注意力的方向集结和聚焦，从而使那些能够促进和推动情绪进入亢奋状态的行为、事件或情景更容易形成清晰而持久的记忆，并使人的整个精神面貌也会为之一振。

而在社会与人的交往过程中，在尚未与其他人产生感情之前，首先会凭借以往的经验对人做出某种强弱、智愚、好恶、贵贱等简单判断，某人与经验或观念中的某人在音容笑貌、性格气质等方面的相似性决定了对这个人的基本态度，而这个态度便是情感中的内容。这说明情感有时是个势利眼，很容易被一些表面现象所迷惑。

第二章 欲望与五种基本情绪反应

欲望与情绪之间的关系非常玄妙精微，复杂多变。我认为，情绪是感性的近亲，是个体自我对于在特定欲望方向上所产生的舒适感或不舒适感所做出的情觉性反应（情觉是本书系提出的新的认知概念，可参见《欲望与认知心理学》）。

离开了内部感觉或外部感觉对内外环境的感性（这里的感性是一个更宽泛的概念），人类个体便不会产生朝向非自我性“他者”发动的欲望，而没有感性欲望，情绪也不会产生。换句话说，一切感性反应都会产生欲望反应，一切欲望反应都会促发情绪反应。反过来也是如此，一切情绪反应都来自于感性反应，我把这一规律称之为情绪发动的感性原则。

从欲望的方向上看，当生理匮欠发生之时，首先产生的是不欲之欲，在搜寻到了填充物之后，便产生了目标性欲望，直到目标被捕捉而使欲望获得满足，方才完成了一个完整的欲望过程。在这个过程中，自始至终贯穿着感性的链条，比如匮欠带来的不适感——搜寻填充物的迷茫感——遭遇干扰物阻碍时的挫折感——发现目标的愉悦感——捕捉目标的欣慰感——填充匮欠并满足欲望的舒适感，如此等等，构成了一条由不舒适到舒适的感性经线。

在这条经线上流动的便是情绪。不舒适感引起的自然是负面情绪、消极情绪、悲观情绪、不良情绪；舒适感自然引起正面情绪、积极情绪、乐观情绪、优良情绪。所以，情绪的感性特征非常明显。我们说一个人很感性的言外之意是这个人可能也很情绪化，缺乏最基本的理性。

我们在此可以进一步发问，感性是从哪里来的呢？感性来自于两个方面。

一是来自于内在生理刺激的感性，比如生理匮欠被自我神经感觉捕捉到之后必然产生的不适感，使得这种生理的感性反应必然带来心理的情绪反应。就像饥饿引起的不安情绪、尿急引起的躁动情绪、性欲高涨时引起的焦躁情绪，等等，都是内在生理刺激的感性引起的情绪反应。

二是来自于外在他者刺激的感性，比如外在环境中的声、色、气、味等给人的感官带来的或好或坏的刺激，必然使人的心理产生或好或坏的情绪反应，美景、美乐、美味等正面刺激当然可能会带来好的情绪和好的心情，惨境、噪音、臭味等负面刺激当然带来不好的情绪和不好的心情。

再比如听到一句赞美会引起愉悦情绪，听到一声贬损会引起怨恨情绪，遭到一顿毒打会引起愤怒情绪，受到一次欺骗会引起悔恨情绪，等等，都是主体在外在他者刺激的感性认知基础上，以特定欲望意义所确立的知性经验为指向而产生的情绪反应。

外在他者的刺激，有的是物质性刺激，有的是事理性刺激，有的是关系性刺激，不管是哪一种刺激，都必须以感性为基础、以欲望为导向、以知性为标准而在人的心理层面激起波动性反应。这种波动性反应必然对自主神经发生特定作用，并引起内脏运动系统在内分泌等方面发生改变，以致造成身体内部环境中的体液、体气等循环状态发生改变。而这一系列反应全部始之于最初的感性刺激层面。

欲望的发生发展过程是一个从不平衡到平衡的过程，也是一个从匮欠到填平的过程，还是一个从不舒适到舒适的过程。而情绪正是人类自我对不舒适和舒适的再度反应形式。简单地说，情绪即是人类对自身舒适感的特定反应。不舒适时便产生忧郁、痛苦的反应，舒适时便产生愉悦、幸福的反应。

每一种欲望都游弋于匮欠与目标之间，每一种欲望在匮欠与目标之间遇到第三者干扰时都会产生情绪。在欲望尚未获得满足之前，因为不适感未被解除，产生的是负面情绪、消极情绪、不良情绪，而且随着匮欠的渐趋增大，这类情绪会变得愈发敏感而焦躁，强烈而急迫；在欲望进入满足程序之后，负面的、消极的和不良的情绪会随着满足时间、满足方式、满足条件和满足程度而发生波动和变化，直到获得自己所期待的或超过自己所期待的水平，情绪才会由阴转晴，由坏变好。

情绪是一条不断变化的曲线，曲线坐标的原点在欲望的匮欠上，其横轴（外在条件因素的感性刺激）和纵轴（内在生理因素的感性刺激）的取值决定情绪变化的方程式。同一种欲望，同一种满足条件，处在不同的匮欠状态下，情绪反应会有明显不同。在不同的人那里，用同一种欲标满足同一属性的欲望，由于其欲望期待值不同，也可能会产生不同的情绪反应。当欲望朝着满足的方向发展，因为舒适感增多增强，产生的是正面情绪、积极情绪、优良情绪。

情绪反应虽然变化万千，但在本质上都遵循着以下五个基本规律。

一、欲望匮欠性情绪反应

欲望发生于由欲灶产生的匮欠，匮欠有大有小、有严重与不严重之分，我们把匮欠发生的大小程度和严重程度称之为匮欠度。匮欠度与能量的缺失程度、对生理功能的影响程度、个体自我重视程度和目标满足期待程度密切相关。

匮欠度越小，欲望越小，对欲望的满足要求和迫切程度越小，介于匮欠与目标之间的第三者对于欲望满足方式、满足过程的干扰程度相对也越小，个体自我的在意程度也越小，由此而引起的情绪反应越平和，越舒缓，越沉静。相反，匮欠度越大，欲望越强烈，对欲望的满足要求越迫切、越惶急，个体自我的自已程度越大，由此而引起的情绪反应越敏感、越激烈、越焦躁。我们把主体自我针对欲望匮欠度大小而引起的情绪强弱变化，称之为欲望匮欠性情绪反应。匮欠性情绪反应一般都是消极、低落、悲观、痛苦的负面情绪。

一个人在特别饥饿的情况下，越是不能给予满足，其情绪反应越会很急躁、很痛苦；而在稍有饥饿感的情况下，即便一时半会不给予满足，其情绪反应通常也会很平和，很矜持，很安稳。两种条件下的情绪反应如此不同，与食欲匮欠度的大小密不可分。一般地，匮欠越大，情绪越低落，越消极，越糟糕，越不稳定。匮欠越小，情绪越趋于平和与稳定。欲望匮欠度情绪反应只与内在的欲望匮欠本身有关，而与外部的欲望满足条件无关。或者说，这类情绪产生之时，欲望尚未进入正式满足程序。

匮欠性情绪反应也属于内因情绪，即由内在生理需求引起的情绪反应，如饥饿引起的恐慌、忧虑、焦躁、纠结等。也就是说，内因情绪在绝大多数情况下都属于负面情绪。

二、欲望目标性情绪反应

欲望是有方向的，一方面是朝着对自我不利的目标完全相反的方向发力发功的，亦即朝着逃避危险、伤害、困境、束缚、不适等威胁自己和损害自己相反的目标或方向发力发功；一方面是朝着对自我有利的目标完全一致的目标或方向发力发功的，亦即朝着获取更舒适、更安全、更自在等保护自己和成全自己的目标方向发力发功。

在面对和获取有益目标时会产生兴奋、愉快、乐观、热切的良好的正面情绪反应，并藉此而产生趋之若鹜的积极乐观行为。而对于有害于自己的目标因其与自我欲望力方向相反，则会产生抵触、怠慢、厌恶、忌惮、冷漠、怨怒、愤恨的不良的负面情绪反应，并藉此而产生拒绝、对抗、逃避的消极行为。我们把主体自我针对欲望目标的属性、特点而产生的情绪反应，称之为欲望目标性情绪反应。

比如人们闻到花香，满足了嗅欲，就会产生愉快的情绪，并藉此产生在花间继续盘桓流连的行为；而闻到臭味时，就会产生厌恶的情绪反应，并藉此产生逃避的行为。目标的性质决定欲望方向，而欲望方向决定情绪反应的方向。

目标性情绪反应一般发生在欲望进入满足程序当中。我们可以把欲望目标分为正目标和负目标两种。正目标就是能够满足人们某种匮欠的目标性事物，负目标就是引起或加重某种匮欠的目标性事物。正目标必然引起正情绪反应，负目标必然引起负情绪反应。但鉴于不同主体自我存在着不同的欲望满足经验，即便是针对同一个目标，对其质量、数量的优劣或多少也会显示出不同程度的评价标准，有人认为好的东西，在另一人看来可能视如敝屣，这就意味着同一个特定目标，针对不同主体可能会产生不同的情绪反应。

目标性情绪反应属于外因情绪，即由外在事物目标引起的情绪反应。如食物或性对象引起的快乐、欢喜、惬意等，或者某一条蛇引起的惊惧、恐慌、厌恶等。这就是说，按照外在目标对象对自我欲望有利或有害的标准划分，外因情绪可以分为正负两种情况。

三、欲望干扰性情绪反应

欲望的二象性决定了匮欠与目标之间的对缺互补关系，这就意味着，一种欲望在尚未获得满足之前，在自我内部匮欠与外在目标之间必然存在着一段时空距离。在这段距离之间，常常会出现第三者的介入和干扰，有的可能会成为满足欲望的助力，有的可能会成为满足欲望的阻力，主体自我必然会对这种与自身欲望力方向一致的助力或与欲望力方向相反的阻力产生情绪反应。这是完全针对第三者的情绪反应。

我们把主体自我在欲望力方向上所遭遇的第三者或顺或逆的干扰关系而引起的不同情绪反应，称之为欲望干扰性情绪反应。

美国心理学家伊扎德也曾经这样认为，情绪与有机体的需要联系紧密，它是以需要为中介的一种反映形式。客观世界的某些刺激并不全都能引发人的情绪，只有与人的需要有直接或间接联系的事物，才使人产生情绪。通常，那种能满足人的某种需要的对象，会引起肯定的情绪体验（例如满意、愉快、喜悦等）；反之，那种妨碍与干扰需要得到满足的东西，就会引起否定的情绪体验（例如不满意、痛苦、忧愁、恐惧、愤怒等）。

比如一个人在寻找性伴侣时，对于帮助牵媒拉线的中间介绍人也往往会产生好感，而对于从中间起破坏作用或夺人所爱的第三者却充满嫉恨、怨怒的情绪反应。

四、欲望期待性情绪反应

每个人对于欲望的满足都有一个大致可以达到自我心理平衡的期待值。达到或超过期待值的水平就会引起积极情绪、优良情绪和正面情绪，反之，则会产生消极情绪、不良情绪和负面情绪。我们把这种在欲望满足程序中由个体自我欲望期待值的高低引起的情绪变化现象，称之为欲望期待性情绪反应。

一个期待提高自己薪酬级别的人，其欲望目标可能早已有所指向，如果提高的程度与他的期待值相符或者更高，他就会产生愉快的情绪反应；如果未予提高或提高的级别未达到他的期待值，虽然他的薪酬比以前提高了，但也可能会引起他产生冷漠、消极的不良情绪。这对管理者来说，钱花了，却引起了不称人意的相反的激励效果，显而易见是一件极不划算的事情。

还有一种与欲标属类有关的情况也是如此，比如，一位作者希望应聘到某报社做编辑工作，经推荐与报社总编见面后，始知社长刚刚批准了另一个人占居了应招的编辑职位，总编便答应为这位作者在报纸上设置专栏，用以发表他的作品，以帮助他进一步提高知名度和获取稿酬，这使得该作者的欲望指向被替换了，欲标的属性变了，虽然也得到了一定的回报，但引起的情绪却可能很复杂，或许高兴，或许不高兴，或许既有高兴的一面，也有不高兴的一面。

总之，情绪与欲标之间在欲望属类和满足方式方面存在着影响其情绪变化的效应问题。“偷鸡不成蚀把米”的抱恨、羞惭、晦气的情绪正是由于欲望发力方向与期待的失落而引起的不良情绪反应。这是欲望进入满足程序之后产生的情绪反应。

五、欲望落差性情绪反应

同一种欲标（欲望目标），对同一个人在不同的匮欠条件下，或对不同的人在不同的匮欠条件下，在满足其同属性的欲望时，会构成一种反差对比而互成匮欠关系，其情绪反应也常常表现各异。

比如，一个人处于特别饥饿的条件下，因为其生命欲受到了威胁，随便给一块粗制劣等的硬面包也会引起兴奋、美好的情绪反应。这就应了俗话所说的“人饿急了时吃什么都香”。这同“饥不择食”“晚餐可以当肉，漫步可以当车”的成语和典故所表达的意思完全一样。而在略感饥饿时，给一块同样的面包却可能会引起抵触、拒绝的不良情绪反应，因为这无关于他的生命欲，而更关乎他的味觉的舒适欲甚至精神的尊严欲，所以他更有可能会对食物质量和档次挑肥拣瘦。

这说明，欲望的匮欠度较高时，即便给出一个较低档次的欲标，也能够产生优良情绪；反之，在其欲望匮欠度较低时，同样给出一个较低档次的欲标，却很可能会产生相反的不良情绪。我们把主体在欲望系统中通过认知比较产生相对性落差而引起的情绪反应，称之为欲望落差性情绪反应，也可称之为欲望比较性情绪反应。

一位年逾三十而未娶的男子，因其性欲长年受到压抑而不得释放，以至匮欠太大而欲火中烧。在这种情况下，他对女方的条件要求更有可能会自降一格，此期若有一个姿色平平的女子愿意与他缔结秦晋之好，他通常就会欣然应允，虽觉差强人意，却也能够产生较为优良的情绪。相反，如果一个男人没有成婚的年龄压力，更很少感受到性欲的强烈压抑，其心中便会期待一位更称意的姑娘与他喜结连理，倘若阴差阳错而未能如愿，最终不得已而求其次，仅是一位不称意的女子入怀，他更有可能会产生郁闷纠结的不良情绪。这是欲望匮欠与欲标之间存在的一种期待值与欲求结果的现实值出现反差而引起的情绪反应。

同时，对于同样一种欲望，在同样的环境条件下，不同的人会产生程度不同的情绪反应：有的可能干脆未产生任何情绪波动；有的却反应很敏感、很强烈，很异动。造成这种差异的原因大致有两个：

第一个原因，是与个体生理性差异相关的原因。现代生理科学已经证明，人的生理机能在运转过程中存在着一些物质性或功能性的差异。比如人体中的各大腺体包括松果体、脑下垂腺、甲状腺和副甲状腺、胸腺、肾上腺、胰腺等功能特点及其分泌物特点都存在着很多不同之处，这些个体差异会引起同一种欲望在同环境、同条件下产生的情绪反应存在着强弱、急缓等程度不同的表现。所以有学者认为人的血质、血型等物质性或物理性因素的差异，是造成人的性格和情绪表现各异的根本原因之一。对这种在同一种欲望作用下由于个体生理差异而引起程度不同的情绪反应现象，我们称之为欲望生理性情绪控制。

比如，一对具有同样成长经历的双胞胎，长大成人后，遇到同一种欲望产生的挫折感，可能会表现出程度不同的情绪反应。在对待同一挫折的敏感度、激烈度和在意度等方面不可能划等号，一个可能选择默默承受并表现出不温不火的无所谓的样子，一个可能会选择发作并表现出躁动不安、心有不甘的样子。因为两个人生理内部的腺体分泌功能和各种分泌物含量不可能完全一样。我们经常看到喝过酒的人与没有喝酒的人，在同一时间同一条件下遭遇同一羞辱事件时所表现出的程度不同的情绪反应，就知道生理内部腺体分泌功能及其分泌物的物理性差异，对人的情绪反应程度将产生怎样的作用和影响。即便是同一个人,针对同一个欲望性事件,在年轻时和年老时会表现出程度不同的情绪反应，这与其身体各种激素水平等生理指标随着年龄的增长而不断下降密切相关。

第二个原因，是与理性智慧控制能力相关的差异原因。人们在成长过程中，理性智慧与情绪反应相互交融、纠缠、牵制、掣肘，共同推动和影响人的性格形成和思想境界的提升，理性控制能力随着经历、经验或见识的增多和加深，并通过记忆、联想、注意等神经活动形成的自我暗示和自我警戒而不断提高，从而成为控制情绪发作及其表现程度的关键制约力量。我们把一个人在同一种欲望作用下由于理性控制能力水平的不同而引起程度不同的情绪反应现象，称之为欲望理智性情绪控制。

生活中我们常发现见多识广、境界高远的君子与心胸狭隘、见识短浅的人，在遇到同样问题时会表现出迥然不同的情绪反应状态。造成这种“君子坦荡荡，小人常戚戚”的根本原因就在于理智控制能力不同造成的结果。我们通常评价某某人城府深，有涵养，很理性，很老练，等等，说的都是事关情绪反应程度的理智控制能力或水平。情绪是理性的破坏者，理性是情绪的降温器和调节器。长期的情绪抑郁可以变异为抑郁症，简单的情绪冲动可以变异为杀人狂。社会上发生的杀人放火、违法乱纪的事件，大多是情绪冲动压过理性智慧而促发的激烈的行为反应。一旦理性控制能力匮乏，情绪导致的乱子就会频繁发生。人们听说过“良药苦口利于病，忠言逆耳利于行”的箴言，但对苦口的良药、逆耳的忠言，却常常会产生抵触、厌恶的情绪。对于理智稍差或不懂事的小孩而言，就会藉此产生拒绝、逃避和反对的消极情绪和消极行为。而对于具备足够理智的人而言，在生活实践中却能够产生接受和认同的积极情绪和积极行为，原因是苦口和逆耳所带来的与舒适欲发力方向相反的感受最终会被生命欲和生存欲的理性认知所倾轧下去。这就是人们为什么对表面上看来不利的目标或事物也会产生接受和认同的根本原因。

当然，影响情绪的欲望性因素还有很多，包括欲望满足方式、欲标质量高低或数量大小等等因素，都可以引起主体自我的情绪反应。一种欲望产生之后，以何种形式给予满足，以多少内容给予满足，都会引起主体自我的情绪反应。

第三章 情绪的两种基本表现形态

情绪是人类最基本的心理构成要素之一，有其自身的发生、发展规律。情绪卷入人的整个心理过程和实际生活，是人的各种欲望性活动的助推器、粘合剂和晴雨表，其具有对社会活动的促进和瓦解两个方面作用。

正面情绪起促进作用，人处在积极乐观的情绪状态时，则精神振奋，热情高涨，效率倍增；负面情绪起瓦解作用，人处在消极悲观的情绪状态时，则萎靡不振，伤心失望，意气消沉，抵触懈怠，严重的负面情绪还易产生攻击性，而且，经常处于负面情绪中的人还会严重影响身心健康。正是由于情绪在人们的生活、工作和学习中的重要作用，国内外的心理学界一直很重视对人的情绪的研究。

国外的一些心理学家于 20 世纪 90 年代初提出了一个新概念——情商，并认为一个人未来成就的大小取决于情绪商。由此可见，情绪在人才成长中起着特别重要的作用。特别是年轻人处于心理和生理发展日趋成熟阶段，也是最富于激情的时期，他们的情绪活动有其独特的色彩。认真研究人特别是年轻人的情绪特点，有针对性地培养积极健康情绪，不论对个体的人还是对整个社会无疑都具有十分重要的意义。

为了证明情绪来自于欲望，我们必须找出不同的情绪与不同的欲望的严谨对应关系。这样，情绪是由欲望产生的结论才能得到无可置疑的证验。

人的情绪复杂多变，情绪的种类几乎难以数计。据医学研究表明，情绪就像颜色一样五光十色，绚丽多彩。我们知道，颜色有三原色，红、绿、蓝；有三间色，橙、绿、紫；有对比色，如：红与绿，黑与白，深红与浅红；有互补色，红色与绿色互补，蓝色与橙色互补，紫色与黄色互补；有相邻色或叫类似色，如：红、红橙、橙等。情绪一如人类在追求欲望的过程中所表现出来的心灵的颜色，面对不同的外在的欲望目标的“光照”或不同的心境背景和欲望匮欠，也会产生各种各样的色彩。

我在这里把人的情绪首先可以分为两个基本维度状态：一种是常态情绪，一种是变态情绪。

一、常态情绪

所谓常态情绪是指一个人在未受到任何与自己欲望相关或关系微弱的内在或外在信号刺激的背景和条件下所表现出来的情绪状态，不仅具有本然性、自在性、稳定性、持久性和一贯性的特点，而且也带有与社会现实状态、自然现实状态和谐共融的特点。一般表现为不惊不惧，不卑不亢，不慌不忙，不喜不忧，不矜不伐，不愧不怍，不偏不党，不温不火，不徐不疾，不忮不求，不骄不躁的状态。这种状态也是一个人生命存在的本然状态、自在状态，也是在没有内外明显刺激和干扰的正常情境下的一种常态。

人的常态情绪符合自然和社会的常理和常情，一般不会对社会任何人或任何事件产生较大的干扰或冲击，因此所换来的也常常是不轻易被社会任何人或任何事件所干扰或冲击的平和环境。所谓“处变不惊”“临危不乱”“镇定自若”“波澜不惊”“安然处之”“静若处子”等等词语，皆为对人处于各种变局中保持常态情绪的可贵性的赞赏。常态情绪包括自在、稳定、平静、悠然、淡定、放松、和顺、恬素等等安之若素、处之泰然的情绪状态。

二、变态情绪

所谓变态情绪指的是突破常态情绪而发生起伏变化的特殊情绪反应，是情绪的偏执、偏激和异常状态。由于人们总是处于一个不断变化的世界当中，不但自身生理环境不断发生改变，外界自然环境和社会环境也在不断发生改变，永远保持常态情绪也是不可能做到的，这是产生变态情绪的根本原因。

我们通常讨论的情绪反应和现行主要的情绪理论都是以讨论变态情绪为主要对象，其原因在于变态情绪更多地影响人们的身心健康、人际关系、社会和谐和行为倾向。这就是说，我们通常所研究的情绪，基本上都是针对变态情绪而言的。

从变态情绪出发，我们可以对情绪进行更进一步的分类。变态情绪又可以分为亢态和颓态两种。

亢态情绪是一种向着亢奋高涨的方向上突变的情绪，具有强烈、紧张、短暂、突发的特点。生理性表现为内分泌增加、血压升高、血管膨胀、心律加速、呼吸变快、肌肉紧张、身体抖动、瞳孔放大、视觉模糊、行为失控等特点，甚至严重者还有小便失禁，短时晕厥等极端表现，很多生理指标处于非正常的上升状态。亢态情绪源自于追求欲望满足过程中发生的各种事件而引起的兴奋、快乐、欣喜、焦躁、惊讶、恐惧、愤怒、悲痛、嫉妒、憎恨等情绪反应，凡是在追求欲望满足过程中遭遇某一事件的刺激而引起血压升高、呼吸急促、肌肉紧张、心跳加速等生理指标发生上升的异常变化的情绪，都是情绪的亢奋状态，都是亢态情绪反应。

颓态情绪是向着消沉低落的方向上演变、渐变或突变的情绪，具有迟缓、迁延、弥散、消沉、低落、持续时间相对较长的特点，生理反应表现为身体乏力、血压低落、心律缓慢、瞳孔迷离、行为散漫等特点，严重者甚至出现轻生自杀等极端表现。颓态情绪源自于追求欲望满足过程中出现的各种困扰性、挫折性、打击性事件而引起的悲观、失望、忧郁、悲哀、苦闷、烦恼、担忧、顾忌、畏缩、沉沦等情绪反应。凡是在追求欲望满足过程中遭遇某一事件而引起血压降低、心跳缓慢、呼吸加长、眼神迷离、行为怠惰等生理指标发生下降的异常变化的情绪，都是颓态情绪反应。

我的这种分类是在同一坐标上按照情绪升降起伏的取值标准划分的。这与20世纪50年代至60年代，前苏联心理学家捷普洛夫和斯米尔诺夫等人把情绪分为心境、激情和应激三种基本状态颇有不同。后者的分类标准显得界限不清，不管是激情和应激都是情绪的激情状态或亢奋状态，将二者分开描述只缘于两种亢态情绪的产生方式不同而已，而心境却又不是按照情绪的产生方式之标准划分出来的内容，将它与激情和应激并列在一起，明显有层次混乱和牵强附会之嫌。因此，此种划分虽然比较实用，但其科学的严谨性却存在着显而易见的缺陷。

我这里之所以把情绪分为常态和变态两种状态，目的不是标新立异，而是由情绪所特有的动静变化的性质决定的。在这两种状态的基础上又进一步将变态情绪划分为亢态和颓态，相对于常态情绪而言，亢态指的是情绪上升态，颓态指的是情绪下降态。这样，亢态情绪和颓态情绪连同常态情绪，恰好描述了情绪从不变到变的坐标曲线。

不变是一种状态，变则存在着两种基本状态，即亢态和颓态。常态相当于坐标的原点位置，亢态相当于坐标纵轴原点之上的上升状态，颓态则属于坐标纵轴原点之下的下降状态。

常态与前苏联心理学家捷普洛夫和斯米尔诺夫等人所描述的心境的概念比较接近，但也具有明显的区别。亢态情绪中包含着前苏联心理学家捷普洛夫和斯米尔诺夫等人所提到的激情和应激的内容，激情反应和应激反应都会引起血压升高、心跳加快、肌肉紧张和呼吸加速的现象，这两种情绪都属于亢态情绪。亢态情绪既有激情式爆发的亢态情绪，也有应激式爆发的亢态情绪，既有正向的亢态情绪，也有负向的亢态情绪。兴奋、欣喜、快乐、慰藉、感恩等情绪即属于正向的亢态情绪，而愤怒、悲痛、嫉妒、憎恨等情绪即属于负向的亢态情绪。而颓态情绪无论是对自身生理健康而言，还是对社会影响而言，所起的作用基本上都是消极的。

这其中存在一个问题是：亢态情绪中的负向情绪，与颓态情绪相比，虽然从作用上看都差不多，但它们所直接引起的个人生理变化具有明显的不同之处，前者引起血压升高、呼吸加促，肌肉紧张等生理性指标的上升，后者则正好相反。这就是亢态情绪与颓态情绪的根本区别。

情绪的常态（恒常态）、亢态（兴奋态、冲动态）和颓态（消沉态、低迷态）三种基本状态，也是情绪呈现出来的三个基本维度，从这三个维度上可以对情绪做出更为具体的分类。

常态情绪包括：自在、稳定、平静、悠然、淡定、放松、和顺、恬素。

亢态情绪包括：快乐、喜欢、激动、愤怒、惊惧、悲痛、哀怨、烦厌、焦躁。

颓态情绪包括：消沉、苦闷、抑郁、忧伤、失望、低落、萎靡、颓丧。

亢态情绪和颓态情绪都是足可以引起生理异常的情绪反应状态，并且都是以链状的形式演进、演变或突变的，我们把情绪的这种连锁性反应现象称为情绪链，每一个情绪链都是从情绪的常态即平静的状态下开始发展起来的。现代心理学一般把情绪分为快乐、愤怒、悲哀、恐惧四种基本形式，但这种归纳不尽科学之处在于它没有把情绪的常态列入其中，其实人的情绪的常态是最本然、最恒定的状态。研究情绪必须首先认知常态情绪，然后才能更好地推导和研究变态情绪。

变态情绪有六种基本形式：喜悦、惊讶、恐惧、悲哀、愤怒、厌恶。

除了相对平静稳定的常态情绪之外，六种变态情绪则是我们要讨论的影响人的身心健康、人际和谐、工作状态和社会评价的主要因素。这六种变态情绪由平静开始分别形成不同的情绪链：

①静——（好事引起的）喜悦——兴奋——快乐——幸福——感恩。

②平静——（坏事引起的）惊讶——恐惧——胆怵——焦虑——不安——烦躁——忧愁——苦闷——抑郁；或（坏事引起的）惊讶——愤怒——气恼——怨怼——厌恶——鄙夷——反感——憎恨——抑郁；或（坏事引起的）惊讶——悲伤——痛楚——忧虑——悔恨——抑郁；或（好事引起的）惊讶——兴奋——喜悦——快乐——感恩。

③平静——（坏事引起的）恐惧——胆怵——焦虑——不安——躁动——忧愁——苦闷——抑郁。

④平静——（坏事引起的）悲哀——忧伤——痛楚——苦闷————惆怅——幽怨——消沉——萎靡——抑郁。

⑤平静——（坏事引起的）愤怒——气恼——厌恶——怨怼——憎恨——抑郁。

⑥平静——（坏事引起的）厌恶——鄙夷——反感——憎恨——抑郁。

亢态情绪还可以有多种细分方式，可以分为积极情绪和消极情绪，乐观情绪和悲观情绪，正面情绪和负面情绪。凡是对身心健康、对人际关系、对事件发展、对满足欲望有正面的推动作用、激发作用的情绪都属于积极情绪、乐观情绪、正面情绪，如喜爱、快乐、热情、幸福、感恩等；反之则属于消极情绪、悲观情绪和负面情绪，如恐惧、愤怒、悲哀、怨恨、抑郁等。同时，亢态情绪从产生的方式上划分，还可以分为激情情绪和应激情绪，这意味着前苏联心理学家捷普洛夫和斯米尔诺夫等人提出的心境、激情、应激三种情绪状态，在我这里处于情绪分类的第三个层级上：即二分法的常态与变态为第一级；变态中的亢态、静态与颓态为第二级；激情与应激的分类属于亢态以下的分类方式之一种，因而属于第三级。

情绪在日常生活中只有三个维度状态：情绪高潮、情绪稳定、情绪低潮。其中，情绪高潮是情绪处于亢态时的表现，情绪稳定是情绪处于常态时的表现，情绪低潮是情绪处于颓态时的表现。

一个人坚持什么、反对什么、爱什么或者恨什么，都可以通过其在欲望方向上产生的情绪或情感反应出来。对一种情绪或情感保持长期稳定的操守可以被界定为一种人格品质，我们通常把这种人格品质称之为情操。

同时，情绪也是人体信息能量在转化过程中所引起的神经反应性波动，并由此造成生理反应性波动。信息能量既可以来自于身体内部，也可以来自于身体外部，而来自于身体外部的信息能量可以在欲望场之内沿着特定欲望方向进行无线性神经感应和传导，因此可以造成传染效应，人们通常称之为情绪传染。

比如，当一个人心情舒畅时，他本人看什么都会觉得乐观积极，其他在场的人也很容易受到这种积极乐观的情绪所感染，也很容易表现出乐观积极的情绪。而当一个人郁郁寡欢时，则其本人几乎对任何事或任何人，都会感到没有兴趣，而其他在场的人也很容易产生与之相类似的情绪反应。

对于同样一个事物，不但“忧者见之而忧，喜者见之而喜”，而且不同的人处于某种特定忧喜情绪氛围之中，也会产生与其情绪氛围相近似的情绪反应。

我们在上面讨论过，一切情绪反应都是自我在个体自我欲望场内发生的神经感应性事件。几乎每一种情绪都对应于特定的神经反应区域（脑区）。外在事物在个体自我欲望场内，或顺应欲望方向，或逆应欲望方向，或以不同角度切割欲感线，从而对欲望产生不同形式和不同程度的干扰作用，因干扰而在人体内部产生电磁感应，并激起植物性神经做出波动反应，这种反应直接影响体内液压和气压，致使血液循环、体液分泌和气息循环发生程度不同的非常态性改变。

科学研究证实，下丘脑是植物性神经系统及内分泌系统的皮层下中枢，也是控制有机体各种生理需要并调节内脏器官活动的皮下中枢。它在情绪性和动机性的行为中起重要作用。背部下丘脑具有产生怒的整合模式。如果这一部位发生损伤，病人只能表现出一些片断性的发怒反应，而不能表现协调的发怒模式；网状激活系统与许多原始情绪活动密切相关。

据临床观察发现，给忧虑不安、具有攻击行为的病人作切除边缘叶扣带回前部的手术后，病人失去恐惧的情绪，社交活动变得冷漠无情；大脑皮层是情绪情感的最高控制调节中枢，它对通过认知评价而产生的情绪情感体验以及情绪行为有重要控制调节作用，并在各类情绪活动中起主导作用。临床观察到，大脑皮层机能失调的儿童，会无根据的产生怕孤独、怕黑暗、怕雷雨的情绪。精神病患者的反常情绪也是与大脑皮层疾病有关。

总之，周围神经系统影响情绪的反应；中枢神经影响情绪体验。下丘脑是产生怒模式的关键部位，边缘系统与愉快、痛苦、愤怒、惧怕等强烈情绪有关；网状结构是使有机体产生情绪活跃、情绪色彩和情绪反应的必要条件。中枢部位越高，其调节功能越显著，而大脑则是自我情绪的最高调节器官。

第四章　情绪的三种基本功能

人生中绝大多数问题和事件的发生和发展都是由情绪或情感决定的，而并非由理性决定的。

甚至远不止于此，即便是整个人类历史的发展曲线，也基本上是由情绪或情感决定的，理性仅仅在情绪或情感发动的方向和方式上起到一定的调节作用和制衡作用，并不能起到决定作用。否则，人类历史的发展就绝不至于如此缠绵悱恻、如此蜿蜒曲折、如此跌宕起伏、如此缓慢跛行，人类社会也不至于如此风雷激荡、如此争风吃醋、如此互不相让。

人与人之间的关系基本上都是由情绪或情感维系在一起的。人与人之间和睦相处，互助互益，合作共事，离不开情绪和情感的联通与联动，只有在某些人或某些事通过情绪或情感解决不了问题的时候，或者在彼此伤了和气、伤了感情的时候，理性才被派上了用场。

换句话说，当理性站出来讲理和摆事的时候，说明感情、情绪或心情已经在一定程度上遭到了怀疑和破坏。人类的理性究竟在社会活动中起到了多大的制衡作用，实在是难以高估的，这说明情绪或情感具有很多功能，心理学家仅仅针对个体自我与社会的关系给情绪（情感）大体归纳了三种主要功能。

一、情绪的信号功能

情绪的信号功能是指在人际交往中，人们除借助言语进行交流之外，还通过情绪的流露来传递自己的思想和意图。情绪的这种功能是通过表情来实现的。

表情具有信号传递作用，属于一种非言语性交际。人们可以凭借一定的表情来传递情绪信息和思想愿望。在社会交往的许多场合，人们之间的思想、愿望、态度、观点，仅靠言语无法充分表达，有时甚至不能言传，只能意会，这时表情就起到了信息交流的作用。其中，面部表情和体态表情更能突破言语表意的限制，发挥独特的沟通作用。

心理学家在对英语国家人们的交往状况进行研究后发现，在日常生活中，55% 的信息是靠非言语表情传递的，38% 的信息是靠言语表情传递的，只有 7% 的信息才是靠言语传递的。表情是比言语产生更早的心理现象，在婴儿不会说话之前，主要是靠表情来与他人交流的。表情比语言更具生动性、表现力、神秘性和敏感性。特别是在言语信息暧昧不清时，表情往往具有补充作用。

人们可以通过表情准确而微妙地表达自己的思想感情，也可以通过表情去辨认对方的基本态度和内心世界。所以，表情作为情感交流的一种方式，被视为维系人际关系的特殊纽带。在许多影视作品中，人们用情绪或情感的表露代替了语言的表达，显得更具有“此时无声胜有声”的效果，更具感染力。

二、情绪的动机功能

情绪具有激励作用。情绪能够以一种与生理性动机或社会性动机相同的方式激发和引导行为。有时我们会努力去做某件事，只因为这件事能够给我们带来愉快与喜悦。从情绪的动力性特征看，情绪分为积极增力的情绪和消极减力的情绪。快乐、热爱、自信等积极增力的情绪，对于激发人们的潜能、振奋人们的精神、提高人们的社会活动能力，可以起到正向推动作用和正向激励作用，而恐惧、痛苦、自卑等消极减力的情绪则会降低人们参与社会活动的热情。有些情绪同时兼具增力和减力两种动力性质，如悲痛可以使人意志消沉，也可以使人化悲痛为力量。

个体的情绪表现还常被视为动机的重要指标。由于情绪可能与动机引发的行为同时出现，情绪的表达能够直接反映个体内在动机的强度与方向。因此情绪也被视为动机潜力分析的指标，即对动机的认识可以通过对情绪的辨别与分析来实现。

动机潜力是在具有挑战性的环境下所表现出的行为变化能力。当个体面对一个危险的情境时，动机潜力会发生作用，促使个体做出应激的行为。对动机潜力的分析可以经由对情绪的分析获得。当面对应激场景时，个体的情绪会发生生理的、体验的以及行为的三方面变化，这些变化会告诉我们个体在应激场合动机潜力的方向和强度。当面临危险时，有的人头脑清晰，沉着冷静地离开；而有些人则惊慌失措，浑身发抖，不能有效地逃离现场。这些情绪指标可以反映出人们动机潜能的个体差异。

三、情绪的健康功能

在大多数情况下，人对社会的适应是通过调节情绪来进行的，情绪调控的好坏会直接影响到身心健康状态。作为心理因素的一个重要方面，情绪同身体健康的关系早已受到人们的关注。情绪对健康的影响作用是众所周知的。积极的情绪有助于身心健康，消极的情绪会引起人的各种疾病。

我国古代医书《内经》中就有“怒伤肝，喜伤心，思伤脾，忧伤肺，恐伤肾”的记载。有许多心因性疾病与人的情绪失调有关，例如溃疡、偏头痛、高血压、哮喘、月经失调等。有些人患癌症也与长期心情压抑有关。一项长达 30 年的关于情绪与健康关系的追踪研究发现，年轻时性情压抑、焦虑和愤怒的人患结核病、心脏病和癌症的比例是性情沉稳的人的四倍。

美国心脏病学会将易患上心脏病的人群定义为 A 型性格人群，认为这类人群的特征是生活压力过大，自我要求过高，性情暴躁，易发脾气。一些临床医学研究也证明，长期受不良情绪困扰，会导致各种身心疾病的发生。因此，对不良情绪进行控制、引导和排解，代之以积极乐观的情绪，不但能提高生活质量，也能有效地防治疾病，增益身心健康。所以，积极而正常的情绪体验是保持心理平衡与身心健康的基本条件。曾经有人说过，一个小丑进城胜过一打医生。这句话非常形象地说明了情绪对人身心健康的影响。

由于情绪不但可以引起一系列心理反应，而且，也会引起一系列生理反应，这就导致情绪不但事关心理健康，也事关身体健康。生理状态向好或预示着可能向好之时，则人的心情、心态、情绪、情感和感情等心理环境和心理状态也随之向好的方面转变。反之，生理状态趋恶或预示着可能趋恶之时，则人的心情、心态、情绪、情感和感情等心理环境和心理状态也随之趋恶。我将这种相互影响、相互作用、同向顺应、彼此联动性感应关系，称之为生理与心理互感联通效应。

根据这一效应原理，当人的生理条件、生理状态沿着某种趋向发生某种程度的改变，也会促动心理条件、心理状态发生方向相同、程度相应的改变。同样的，人的心理条件、心理状态沿着某种趋向发生某种程度的改变，也会促动生理条件、生理环境发生方向相同、程度相应的改变。

个体自我的欲望不可避免地要经受社会考验，要经受社会道德伦理标准或法律标准的制衡，这就有了善恶之别。为了符合社会关于善的标准，个体自我隐藏在内心深处的不善良的或恶的欲望也就失去了在社会上寻求满足的市场，这就使得人与人之间出现了诚实与伪作的分野。这样，从善欲到恶欲，从诚实到虚伪，一直有情绪或情感的暗流在涌动。而只要有情绪或情感发生，就一定会影响到自主神经支配内脏运动系统亦即人的生理系统发生某种相应的改变。比如当人要说谎、欺骗时，无论情绪如何稳定，生理状态都会出现不由自主的变化，甚至可以被精密的测谎仪监测到——人的机体内部冥冥中在遵循着一种特殊的客观意志在运转，不以人的愿望为转移。

据说科学家在神经化学领域的研究中发现了这样一种现象：当人心怀善念、积极思考时，人体内会分泌出令细胞健康的神经传导物质，免疫细胞也变的活跃，人就不容易生病，正念常存，人的免疫系统就强健；而当心存恶意、负面思考时，体内的负能量就会产生出来，身体机能的良性循环会遭到破坏。所以善良正直的人往往更加健康长寿。有研究者认为，我们人类的恶念，能引起生理上的化学物质变化，在血液中产生一种毒素。当人在正常心态下向一个冰杯内吐气时，凝附着的是一种无色透明的物质；而当人处在怨恨、暴怒、恐怖、嫉妒的心情下，凝聚起的物质便分别显现出不同的颜色，通过化学分析得知，人的负面思想、念头会使人的体液产生毒素。

我们知道水是生命之源，人体内 70%以上的物质都是水，人的很多生理反应或心理反应，都可以在水中找到答案。一项关于水结晶形态实验研究显示，万物皆有灵，天地有一种客观意志存在，即便善恶在自然中似乎也遵循着某种客观的标准，而非人自己创造出来的虚幻概念。当水接触到慈悲、博爱、幸福、鼓励这些良性信息，或者是在美妙的音乐场中时，水结晶会呈现出绚丽、美妙而牢固的形态构造；而如果当水接触到负面的信息时，水结晶的构造会变异、扭曲，甚至根本涣散无法成形。这可能意味着，当人处于不同的心理状态时，其身体机能也会发生相应的变化。

情绪的生理机制是相当复杂的。一方面，生理机制运行状态直接影响心理机制中的心情、心态、情绪、情感，比如身体处于较严重的疾病状态，常常会导致心情消沉、情绪烦躁；另一方面，心理机制中的心情、心态、情绪、情感也直接影响生理变化，比如心脏跳动加快、血管膨胀、血流加速、腺体分泌物增多、免疫能力降低等生理性改变。

人的情绪是人的生理机制或心理机制基于特定生活环境或条件并通过神经表现出来的一种生命反应状态。一定的生理环境或心理环境，必然对应于和反衬于一定的外在客观环境，因此也必然表现出一定的生命反应状态。

抛开心理环境因素，而从纯生理条件来看情绪问题，可以确信，情绪作为一种与生俱来的动态心理结构是人的外在客观环境与内在生理环境或心理环境实现平衡状态的神经应答性反应。外在客观环境刺激物如果对内在生理环境或心理环境现状没有构成有益或有害的关系，便不会产生情绪反应。对趋于平衡有利，就会产生积极的、乐观的、愉快的情绪反应；对趋于平衡有害，就会产生消极的、悲观的、厌恶的情绪反应。

当生理环境或心理环境发生变化时，情绪也会发生变化。而生理环境或心理环境的变化可以分为三种情况：

一是生理环境或心理环境受到外部的直接刺激。如身体被撞击，被打耳光，被羞辱、被嘲弄，被威胁，被恐吓，或者相反，身体受到爱抚，按摩，被夸奖，被肯定，被欣赏，被信任、被鼓励等等，都可能会导致生理环境包括心跳、血压、呼吸、脉搏等发生变化。并藉此引起情绪、情感、心情等发生紧张、恼怒、怨恨、仇视或轻松、愉悦、感激、慰藉等冲动，从而改变了原有的生命反应状态。

二是生理环境或心理环境与外部相关事物的间接刺激。比如欲望中的某一目标发生变数，导致欲望主体受到关联性刺激，个体的情绪、情感、心情等就会发生相应的变化。再比如，一位热烈期待户籍制度改革的平头百姓在电视上看到某领导为这项改革进展不力而推卸责任时，不禁大发牢骚，虽然这位平头百姓与这位领导没有直接联系，也从未与这位领导直接接触过，但因为他讲的话与自己的欲望具有关联性，所以会对关联物产生不满、不屑或愤激的情绪反应，从而在一定程度上改变了原有的生命反应状态。

三是生理内部环境发生了变化。如疾病、饥饿或酒精、药物的刺激，都会引起情绪、情感、心情的变化，从而改变原有的生命反应状态。

一个人受到合乎欲望期待方向的美好事物的刺激时，便眉开眼笑，心花怒放；当遇到悖逆欲望期待方向的丑恶事物的刺激时，便怒从心头起，恶向胆边生。说明人的生理环境与心理环境之间具有相互影响、相互掣肘、相互渗透和感染的作用。

情绪首先是欲望激发下的神经反应状态。现代神经科学试图通过神经结构的物理性解剖手段找到情绪发生和发动的生理性运行原理和调节机制，并取得了一定的进展。但把人类情绪完全归结为神经反应的单方面解释，仅仅拘囿于人体结构的物理性分析，带有明显的机械化、平面化和简单化之嫌。

事实上，人的情绪产生原理、发动机制和调节机制并不限于生理结构特别是神经结构，还应该包括心理结构特别是欲望结构、外在环境结构特别是欲望满足过程中的背景结构，以及关联结构特别是欲望主体与目标之间的对应结构和目标受到干扰的关系结构。

情绪的发动机制应该是这四个板块结构的粘连组合、交叉交错和互应互动的产物，这就使情绪问题呈现为一种多维的、立体的、动态的交响乐式的结构体系。

这一点，我们从构成情绪的四要素中可以找到实证性依据。所以，阐释情绪、情感、感情、心情、心态、态度、性格、脾气等问题，必须将这些跨学科的知识和理论进行有针对性地对接粘连和融会贯通才能找到合适的途径和方法。

第五章 情绪的神经反应原理

我们当然不能小觑神经科学对于情绪的机械解剖性研究，这是我们可以借助物理性实验完成的工作。这项研究的意义使得情绪问题在物质性客观层面上变得可视可感，从而揭开人们对于情绪所特有的不可控性和不可捉摸的神秘面纱。

现代神经科学证实，情绪是大脑皮层和皮层下神经过程协同活动的结果。皮层下神经过程的作用处于显著地位，大脑皮层起着调节制约的作用。

从近年来科学家的一系列研究成果上看，与情绪关系密切的神经结构主要包括指向性神经系统、下丘脑和边缘系统。

一、情绪与自主神经系统的关系

自主神经系统也称为自律神经系统、植物性神经系统或内脏运动神经系统。自主神经系统分为交感和副交感神经系统。交感神经的主要功能是动员身体内部的应急活动，而副交感神经的主要功能是维持身体内部的正常活动。

绝大多数内脏器官都受交感和副交感的双重神经支配。通过交感和副交感神经系统对机体的分泌、消化、呼吸、循环、生殖等内部器官活动的支配，以及调节内脏、平滑肌和腺体等功能作用程度来保证机体内外环境的平衡。

1. 情绪在内脏运动系统的表现

个体自我面对顺应欲望力或违逆欲望力的特定因素的刺激，自主神经系统也会处于应激性变化状态，主要表现为交感神经系统活动的相对亢进或相对抑制，因此导致心率加速、血压上升、呼吸加剧、胃肠道抑制、出汗、竖毛、瞳孔散大、脾脏收缩而使血液中红细胞计数增加、血糖增加，这就使随意神经系统所处的内部环境气候发生了一系列改变。

这种从自主神经系统及其生理辖区到随意神经系统及其生理辖区的联通联动性改变，对于主体自我所带来的直接后果便是情绪反应。

这种反应具有内外联动性和内外互感性特征，即一方面表现在自主神经系统所管辖的诸如腺体、器官、气压、血压等生理层面的变化上，一方面也表现在随意神经系统所管辖的诸如思维、意识、语言、行为等大脑意志层面的变化上，这两种变化同时纠缠振荡在同一个自我主体上，造成整个自我内外环境中的能量信息流转出现波动性反应，我们把这种波动性反应笼统地称之为情绪反应。

通常，我们会用激动、紧张、积极、消极、乐观、悲观、痛苦、喜悦、沉静、烦躁、高兴、愤怒、勇敢、恐惧、友善、仇恨、欢快、忧虑、开心、哀怨等不同的词语来描述这些情绪反应。

欲望系统发生的一切变化都会造成情绪波动性反应，而情绪波动性反应对于自主神经系统及其生理辖区和随意神经系统及其生理辖区也具有反作用。

如突然的惊惧必然促使自主神经系统和随意神经系统都做出应激反应，表现在自主神经系统生理辖区内可能出现呼吸暂时中断、外周血管收缩、脸色变白、出冷汗、口干，表现在随意神经系统生理辖区内也会随之紧张起来。而焦虑、抑郁或苦闷等情绪反应可抑制胃肠道的蠕动和消化液的分泌，引起食欲减退，思维迟钝。

同样的，在某些情绪状态下，也可表现为副交感神经系统活动相对亢进或相对抑制。如食物性嗅觉刺激可引起动物“愉快”的情绪反应，表现为消化液分泌增加与胃肠道运动加强，而某些腐败性嗅觉刺激则可能会引起相反的效果。

巴特舒克（Linda Bartoshuk）研究发现，人类因味觉引起的情绪反应是固定的。把甜的或苦的食物放在新生儿的舌头上时，新生儿舌头和面部的反应与成人一致。没有舌头的人仍有味觉，味觉感受器在嘴的后部和顶部。这个发现也印证了情绪反应与自主神经的特殊关系。

一般地，人在多次受到某一种情绪的干扰后，会在内脏运动神经系统自动产生针对这种情绪来源的抗体，对这种情绪具有一定的抵抗力和适应力。

比如一个没吃过苦瓜的人，偶尔吃过一次苦瓜便会表现出难以下咽的痛苦表情，从此便再也不想吃苦瓜了。后来他患了一种病，医生告诉他多吃一些苦瓜会有益于康复，于是没办法，只好捏着鼻子硬着头皮吃起苦瓜来了。连续吃了一个多月，反而对苦瓜有了依恋，有了好感，吃到嘴里感到很爽，其味觉引起的情绪反应由痛苦而转变为快乐。

巴特舒克说是固定的，只限于初始状态的研究，没有考虑到后续可能会产生的抵抗力和适应力问题。在生活中我们面对一个冷峻的、暴躁的人通常会给我们带来畏惧的情绪反应，当后来相处时间长了，这种畏惧感会渐渐减弱或消失。也同样是因为我们自身天赋即具有一种特定的情绪抵抗素，可以让我们具备一定的抵抗力和适应力，即便是一种乐观的情绪，时间久了，也会产生抵抗性的适应，对引起乐观的对象也不再感兴趣，也就是习以为常了，也不会总能引起乐观的情绪反应。

所以，所谓适应能力，并非指随意神经系统对于环境的有意调整能力，而是指自主神经对于环境的自动调整能力。自主神经不但具备调整内部机体、器官的有机配合与有机协作能力，也具备调整内部机体与外部环境的有机配合与有机协作能力，即不但具备协调内环境中各机体、器官、细胞之间的协作、适应能力，也具备协调内部环境与外部环境之间的协作、适应能力。

情绪的自主神经功能反应有时可因人而异，这可能是自主神经在人体内部分布结构等不同的缘故。有的人其情绪变化主要波及某些脏器，如心脏或胃；有的人其情绪激动只使心率加速而血压不上升；有的人其喜怒哀乐形之于色，而另有些人则处变不惊，沉稳如常。由于情绪反应可导致自主神经系统功能的改变，因此持久的或过激的情绪刺激会造成植物性神经功能的紊乱。

从欲望动力学的观点来看，情绪是生理内部环境或生理外部环境在主体欲望正负两个方向上对随意神经系统产生某种刺激后，而引起自主神经系统产生内在功能性波动反应所激发的结果。

所谓随意神经系统是相对于自主神经而言的。换句话说，情绪是经由随意神经系统对来自不同欲望方向的刺激信息传导、体验和评价之后，而牵动自主神经做出的交替性连锁反应。

所谓交替性，指的是随意神经系统将自身所接受的刺激信息传递给神经中枢，由神经中枢以其对欲望的利害为标准而做出评价，并把这种评价结果直接内在地传输和融入于自主神经系统之中，由自主神经做出内脏运动倾向性生理反应，这种反应又直接刺激随意神经系统按照自主神经引起的倾向性生理反应方向做出回馈式应答，并由此产生心理波动，这便是情绪。

所以，情绪是随意神经系统在欲望驱动下而对自主神经的干扰性反应，受到干扰的自主神经反应虽然不能进入意识层面，却可以在内脏运动系统通过器官和血管收缩或膨胀而反应出来。

情绪或情感总是通过机体分泌和吸收体内液体或释放和吸纳气体、心血管或心肌收缩等方式改变内在生理环境，并藉此改变神经纤维的活性、弹性或松弛状态，从而提高随意神经系统对于刺激信息的敏感状态。

所以，严格地说，情绪是随意神经系统的欲望波对于自主神经系统的功能波进行干预的结果，自主神经是情绪的幕后反应者，随意神经系统在本质上不过是给自主神经充当了欲望的信史和对阵的炮筒，对情绪的发生和隐退很难起到主观控制作用。

萨特从哲学的视角上也看到了情绪所存在的这个怪癖的特性，他认为："情绪是个体对自身构建的客观实体存在性的确信。真正的情绪永远伴随着一种可相信的性质。只有我们确定客体的某种新质是真正的存在时，一种情绪才会被体验到。它既不能随人的愿望而随时产生，也不能因为它令人不快而被抛弃。然而，如果意识到我正在生气，那么就不再是真正的生气了，因为那种被个体构建起来的客观性被'意识'这一事件而瞬间摧毁了。"[1]但在情绪发作的神经结构特点方面，对于萨特而言却是一个不解的"斯芬克斯之谜。"

所以，人类情绪是自主神经系统在唱主角，随意神经系统只起到察言观色、旁敲侧击和通风报信的辅助作用。换句话说，情绪是自主神经系统与随意神经系统相应相感、互动互推、相互干涉的结果。二者是如何互动并产生出情绪的？情绪的发动机制到底在哪个环节上发生的？我们可以暂且抛开神经反应的单一视角，而以另外一种方式加以考察。

各位在此处可以跟我一起设想有这样一个丁克家族，夫妻两人可谓天造地设的一对，彼此举案齐眉，相依为命，谁也离不开谁。男的名叫随意神经系统，女的名叫自主神经系统。他们居住在一个完全封闭的透明的房子里，严格恪守着"女主内，男主外"的传统生活方式，从不越雷池半步。女主人虽然寸步不离她的宫室，却能透过皮质的透明墙体感知到男主人在外面的所作所为。

他们虽共处一室，却各司其职，分工明确，女主人主司和打理房间内的事务，包括一心二室，三长四短，五脏六腑，七窍八穴，九经十脉等一切家什或器物的摆放和移动，还有各种食物和水等营养品，还包括各种物质的进出管道清理等，这显然是一个很难打理的居室。

女主人大门不出，二门不进，昼夜不停地忙于新陈代谢、分泌渗透、消化

1　萨特《情绪理论初探》。

吸收、排泄清理、免疫去病等工作。男主人具有五官健全、五体自由的优势，但对房间内这些琐碎的事务却毫无管理权限，只能听任女主人安排和处置。他除了夜晚睡觉时一头钻进女主人的被窝里蒙头大睡之外，其他时间则溜出房间之外，专门与外面的事物打交道，每天只要一睁开眼睛，便东奔西走，眼观六路，耳听八方，挑肥炼瘦，吆五喝六，见好处就上，见坏事就跑，到处搜寻打点，腾挪取舍，吃拿卡要，不断把外面的食物、水等各种营养品带回家，用以讨好女主人的欢心，帮助女主人有效安顿和料理家务，保证家里一切用品齐全，保证家里的一切器物功能正常运转，并达到舒适平衡状态，这是女主人最愿意实现的状态，为此，男主人甘为女主人的这一意愿效劳和服务。

女主人对男主人从外面传递回来的好消息感到高兴，惬意，并鼓励他继续努力，不断提高好消息的品质和数量，同时还要让他“不由自主”地满脸堆笑面对这一切好消息（其实，并非不由自主，而是由自主神经在“自主”）；而对他传递回来的坏消息却也总让他感到不安、不爽、不高兴，并强烈地反对和排斥他传递回来的各种坏消息，同时还促使他自动拉下脸来面对这一切坏消息（其实，并非他自动，而是她自动）。由此看来，这个男主人原来也是一个怕老婆的家伙。老婆喜欢的他就笑脸相迎，老婆不喜欢的，他就冷面相对。而情绪就是充斥在这个家族里的全部家庭气氛。

这就是说，情绪或情感是由自主神经系统沿着不同的欲望方向与随意神经系统互扰互动的结果，也是自主神经系统按照自己的方式而对随意神经系统暗中支使和驱役的结果。

或者说，情绪是自主神经系统发动的，是由随意神经系统传导的。离开了自主神经系统，不可能产生情感或情绪反应。同样，没有随意神经系统也不可能产生信息传递和情绪传递。

这也就可以解释，我们的情感或情绪为什么总是不由自主的发生？为什么总是难以自控的运行？其原因就在于情绪或情感的东西是由自主神经来主管的，而不是随意神经系统所能够控制的。这一点，很符合自主神经不受意志支配的基本特征，而且，一切与欲望有关的正负刺激都会使自主神经所主司的内脏、腺体等做出机能性反应，并发生相应生理性改变。

这样，我们从中就看到情绪发生和发动的基本原理和运行机制了。

情绪是由自主神经系统借助随意神经系统传递的信号发动起来，并一度表现于内部生理环境的功能性改变，包括体液的分泌、体气的胀泄、心脏速率的加快等等，从而使得随意神经系统在人体内部温度、湿度、润滑性、压强等方面的内环境发生了不可避免的改变，并由此导致其神经功能也发生了与之同步的改变，而后再通过随意神经系统表现于外部的表情、声音、用词选择和行为动作等方面。

这样，好情绪、坏情绪便都写在了脸上、声音上、词语上、动作上，于是便成为一种带有明显倾向性的心情、心态、态度等情感性标志。这就是情绪产生并发动的过程和机理。

2. 情绪与下丘脑的关系

下丘脑位于大脑腹面、丘脑的下方，是调节内脏活动和内分泌活动的较高级神经中枢所在。下丘脑一般被认为是情绪表达的重要神经结构。

实验证明,用机械或电刺激下丘脑会使动物产生强烈的攻击性行为等反应。如果去除大脑皮层，动物受到轻微刺激即可引起“假怒”的情绪反应，如甩尾巴、竖毛、张牙舞爪、扩瞳、出汗、呼吸加快、血压升高等。刺激下丘脑的另外一些部位可引起排尿、排便、流涎和用力嗅等。实验表明，下丘脑腹内侧核可能是抑制攻击性情绪行为的，破坏该区后猫变得愤怒而凶猛，而猴却反而变得温顺。

3. 情绪与边缘系统的关系

近年来，边缘系统与情绪的关系也越来越受到研究人员的注意，甚至有人将边缘系统称为情绪脑。边缘系统是指高等脊椎动物中枢神经系统中由古皮层、旧皮层演化成的大脑组织以及和这些组织有密切联系的神经结构和核团的总称。边缘系统包括边缘叶和皮质下结构。与情绪有关的研究主要集中于以下方面：

（1）杏仁核。位于前颞叶背内侧部，海马体和侧脑室下角顶端稍前处，附着在海马的末端，呈杏仁状，是边缘系统的一部分，也是产生情绪，识别情绪和调节情绪，控制学习和记忆的脑部组织。

而且研究发现，幼儿自闭症似乎也与扩大的杏仁核有关。研究发现杏仁核病变的病人易发生凶暴行为。他们在损毁病人的杏仁核后发现病人在术后 2 ～ 4 年未再发生凶暴行为。动物实验还发现持续 24 小时刺激杏仁底外侧核，使动物减少活动和摄食，动物似乎很“得意”。根据损毁杏仁核的不同部位的研究发现，杏仁核有两个颉颃的部位与摄食和情绪反应有关：损毁背内侧部引起情绪色调的丧失；损毁外侧部使愉快更加强烈。损毁杏仁核的效应决定于这两个部位损毁的范围。如同等地损毁这两个部位，则不能观察到任何行为的改变。损毁狗的杏仁核的背内侧部，狗不再友好并变得恐惧、悲伤、有时带有攻击性。如再损毁其外侧部，狗又变得愉快、玩耍、有情感和乐意吃食。

这项研究表明，杏仁核内两个系统之间只有在取得平衡的情况下，动物的情绪反应才会趋于正常。这就意味着，杏仁核内两个系统平衡的状态或因受到刺激而发生改变是影响某些情绪状态或某些情绪发生波动和改变的重要因素。

刺激杏仁核的不同部位也发现，有的部位抑制攻击性行为，有的部位则促进攻击性行为。研究者发现刺激杏仁核的前部发生逃跑和恐惧反应。刺激杏仁核的内侧部和尾部发生防御或攻击性反应。经实验研究还发现，刺激杏仁核与刺激下丘脑引起的攻击性行为不同。刺激下丘脑立即引起攻击性行为，刺激停止攻击也即停止；而刺激杏仁核引起的是逐渐加强的攻击性行为，刺激终止后攻击行为也是逐渐平息的。对杏仁核的阈下刺激和对下丘脑的阈下刺激一起可引起一阈上的攻击性行为。在刺激下丘脑或杏仁核前先刺激隔区可防止攻击行为的发生。

（2）情绪与隔区的关系。隔区位于胼胝体嘴的下方，包括胼胝体下区和终板旁回。终板旁回的前外测部深陷于沟内称为海马原基，隔核是隔区的皮质下核团，它接受穹窿，终纹，前穿质，扣带回以及前脑内侧束的中脑网状结构上行纤维。发出纤维投射到边缘系统各部皮质，也投射到脑干网状结构，被认为是各种冲动整合中枢，是边缘系统重要核团之一，当刺激或损毁隔核时，可见动物愤怒反应以及进食、性及生殖行为的改变。损毁啮齿类动物脑的隔区可使动物发生过度的愤怒反应和情绪增强，有人称之为隔综合征，它们随时间的延长而消失，一般会持续 2 ~ 3 周左右。

实验表明，这些情绪表现仅限于某些种群的动物，另有一些动物则未见有这类表现。有研究报道损毁猫、兔和人类的隔区时也出现情绪增强反应。隔区损毁的动物会对外界的刺激发生过度反应。它们对光的敏感性也明显增强，表现出超常的恐光反应。闪光使它们运动活动增加并难于习惯化。目前尚不清楚哪一部分的隔区与愤怒、情绪增强和过度活动有关。在隔区损毁前破坏从海马结构、穹窿来的主要的传入通路线或破坏主要的传出通路可减轻或消除隔综合征。

（3）情绪与扣带回的关系。扣带回是边缘系统的重要组成部分。扣带回前部和后部是边缘系统功能及形态结构不同的两个区域。切除动物的扣带回可短暂地降低恐惧或愤努的阈限。也有研究表明破坏两侧扣带回会立即引起短暂的情绪性增强，表现为攻击性行为和凶恶性行为的增加。

4. 情绪与大脑皮层的关系

大脑皮层是大脑的表层，是神经元细胞体密集的部位，呈灰色，也叫大脑灰质，由许多沟回，下凹的叫沟，凸出的叫回，各种调节机体的最高级中枢就分布于此，构成一个个的功能区，比如听觉区，视觉区，运动区，感觉区等。激发、掣肘、影响和控制情绪和情感的中枢在皮层下各部位，情绪的波动和改变与大脑皮层的调节是密不可分的。大脑皮层可以抑制皮层下中枢的兴奋，从而在一定程度上起到控制情绪和情感的作用。

另外，位于中央沟以前的额叶（包括初级运动区、前运动区和前额叶）是影响情绪反应的主要的新皮层。科学家早就发现切除额叶的猴会发生性格改变；切除猩猩的额叶可使它因不再给奖励而引起的挫折反应消失。这导致了临床上应用额叶切断术来治疗有情绪紊乱的病人。额叶切断术可使大部分病人的焦虑症状减轻。由于额叶切断术的副作用较多，现已很少应用于临床。

5. 情绪与内分泌腺的关系

内分泌腺主要包括脑垂体、肾上腺和甲状腺。

（1）情绪与脑垂体的关系。脑垂体是人体最重要的内分泌腺，分前叶和后叶两部分。它是内分泌系统中的重要组成部分，分为垂体前部和垂体后部。垂体前部分泌促肾上腺皮质素、生产激素、促甲状腺素、卵泡刺激素、黄体生成素和生乳素等 6 种激素。垂体后部分泌两种激素：加压素（又名抗利尿激素）和催产素。

下丘脑与垂体存在着有关胚胎的、神经的、血管的以及功能的联系，故称之为下丘脑－垂体系统。下丘脑的一些特殊神经元分泌各种释放性和抑制性激素，并直接进入门脉血流而被运送到垂体前部，刺激或抑制垂体前部激素的合成和释放。那些能够引起情绪紧张状态的刺激，也会引起促肾上腺皮质素的分泌。女子在紧张精神负担的影响下月经周期可发生紊乱，这是由于影响了垂体的促性腺功能，从而改变了性腺的活动所致。在不同情绪状态下，下丘脑活动的变化也可影响抗利尿激素的分泌，导致排尿过多或过少。

（2）情绪与肾上腺的关系。肾上腺是人体相当重要的内分泌器官，由于位于两侧肾脏的上方，故名肾上腺。肾上腺左右各一，位于肾的上方，共同为肾筋膜和脂肪组织所包裹。左肾上腺呈半月形，右肾上腺为三角形。肾上腺由肾上腺皮质和肾上腺髓质组成。肾上腺皮质分泌肾上腺皮质类固醇。其有三类皮质类固醇，即糖皮质类固醇、盐皮质类固醇和雄激素。糖皮质类固醇的合成和分泌受垂体前叶分泌的ACTH的直接控制。内外环境中的一切有害刺激及惊恐、焦虑、紧张、发怒等都可通过下丘脑及垂体前叶引起肾上腺皮质激素，尤其是糖皮质类固醇的大量分泌，这对机体适应这些有害刺激起着极为重要的调节作用。

肾上腺髓质分泌肾上腺素和去甲肾上腺素。肾上腺髓质的活动受交感神经的支配。去甲肾上腺素又是交感神经系统的传递物质，并对交感神经系统神经元的激活具有关键作用。情绪活动的增加可引起肾上腺髓质分泌的增加。早期的一些研究认为肾上腺素与恐惧、焦虑情绪反应有关，而去甲肾上腺素与愤怒、攻击性情绪有关。实验证明肾上腺素和去甲肾上腺素在情绪活动增加时分泌都增加，分泌量的多少与情绪性质关系不大，但与情绪强度有关。

（3）情绪与甲状腺的关系。甲状腺是人体最大内分泌腺体，呈薄薄的一层，位于甲状软骨下紧贴在气管第三、四软骨环前面，由两侧叶和峡部组成，平均重量为20 ~ 25g，女性略大略重。甲状腺素的分泌是由垂体分泌的促甲状腺素控制的。情绪兴奋可使促甲状腺素分泌增加。甲状腺素对身体全部细胞的新陈代谢的速度、血压升高、心率加速等具有直接的促进作用，当这种激素水平过高时会使人产生易怒或神经质反应。

6. 情绪与神经化学物质的关系

人的神经系统存在着一些独特的化学物质，并发挥着不同的功能。与情绪关系较密切的神经递质是儿茶酚胺。研究表明，情绪紧张或人处于应激状态下，会导致脑内去甲肾上腺素合成和应用的增加；用电刺激猫的杏仁核而引起愤怒时，其脑内去甲肾上腺素含量也会增加；人服用那些可以增加或抑制去甲肾上腺素的药物，可以起到增加或抑制愤怒的作用；长期服用利血平以治疗高血压的病人可发生情绪抑郁反应，而利血平是耗竭脑内单胺类神经递质的，抑郁药物一般用来增加脑内去甲肾上腺素的含量。也有研究表明，内啡肽可使正常驯服的老鼠变得狂暴而忿怒，说明内啡肽也可能影响情绪波动或改变。

人的机体发生的植物性神经系统和内分泌活动方面的变化可以使情绪发生改变，并藉此提供对情绪进行客观测量的指标和有效控制的方法与途径。如生理学家或心理学家可以利用皮电反应来测量情绪指标。由于在情绪状态中皮肤血管收缩的变化和汗腺分泌的变化而引起皮肤导电率的变化，皮电反应是交感神经系统活动水平的灵敏指标，被称为心理电反射。呼吸的频率和振幅的变化，血压、心率、血管容积、皮电以及肾上腺素和去甲肾上腺素含量变化等都可作为测量情绪的生理指标。

以上所阐述的是情绪与生理机能的特殊关系。情绪与生理之间存在的这种特殊关系正好反映了心理与生理之间密不可分的互动互通和相互感应关系。而不论什么关系，都离不开客体对于主体的刺激。情绪是一种神经反应，并由此引起其他生理指标的随应性变化，而生理指标的变化反过来又影响情绪反应。任何生理性变化都是主体受到特定刺激的结果。这说明，一切情绪反应也都离不开刺激，离不开主体与客体之间所建立起来的刺激性关系或联系。

二、情绪七弦琴

我们已经讨论过，一切情绪都是欲望性联系的产物，没有主体神经与事物之间的欲望性联系，便不可能产生情绪。

我们可以把主体神经在与事物对象之间产生并构成的欲望感应性联系设想为一根看不见的丝线，当这根丝线被绷紧的时候则可视为一根看不见的弦，我称它为神经感应之弦，简称感应之弦。

情绪机制的运作过程就像一场琴弦协奏交响音乐会，情绪的每一次发作都是欲望之手在一根根无形的感应之弦上弹奏出来的有关欲望的声响，而情绪机制就是一把拉满多根弦丝的古琴，我形象地称它为情绪之琴。

这把情绪之琴极为特殊，虽有多根弦，但其中只有最上面的一根弦能够弹奏出声音来，其他弦丝不能发声，只能传递特定的意义信号。这是怎么回事呢？

下面，我们首先要数一数这情绪之琴上到底牵拉着几根琴弦？要弄清这个问题，就必须首先看一看情绪在发动过程中到底有多少种联系在里面。因为每一种联系就相当于一根独特的感应之弦。

经过细心考察，我发现在任何一次情绪发作过程中都有七种联系潜藏其间，相当于有七根无形的感应之弦在被欲望之手交替性弹奏。所以，情绪发动机制是一个非常特殊而且非常复杂的装置，就像一把奇妙的七弦琴（简称情绪七弦琴），在这把七弦琴上，欲望之手有时可以弹奏出和谐而美妙的音乐，有时也会弹奏出不和谐的颤音。那么，情绪七弦琴上的七根弦都分别连接在哪几个点位上了呢？

第一根感应之弦是内部感觉神经与自我内部生理匮欠之间建立起来的感应

性联系，称为匮欠感应弦，弹奏出来的是匮欠性信息。即在匮欠感应弦上，内部感觉神经将身体内部发生的匮欠性不适反应，包括饥渴、疼痛、气胀、麻木、瘙痒、眩晕等信号传给大脑，产生负欲望，引起焦躁、不安等负面情绪反应。

第二根感应之弦是外部感觉器官与外在客观事物中的欲望目标之间建立起来的感应性联系，称为目标感应弦，弹奏出来的是客观性信息或称客观讯号。即外部感觉神经借助视觉、听觉、嗅觉、味觉、触觉等功能与外界目标性事物发生感应性联系，采集并获得了诸多客观资讯或信息。凡是顺应欲望方向即对满足欲望有利的讯号便产生乐观的、积极的正面情绪反应；凡是逆应欲望方向即对满足欲望不利的讯号便产生悲观的、消极的负面情绪反应。

第三根感应之弦是感受器与大脑中枢神经之间建立起来的感应性联系，称为中枢感应弦，弹奏出来的是主观信息。即内外感觉器官将搜集到的所有客观资讯以饥渴、疼痛、气胀、麻木、瘙痒、眩晕以及影像、声音、气味、味道、温软等感知信号形式传送给中枢神经系统中的脊髓及大脑。并由大脑将这些客观信息按照对欲望是否有意义的标准而提炼和加工成主观信息，这种主观信息既可能是对欲望的达成有利的信息，也可能是有害的信息，抑或是无用的信息。正是在此一环节或此根琴弦上，客观信息被赋予了欲望意义之后而变为主观信息。

第四根感应之弦是在中枢神经与自主神经（又称为自律神经系统、植物性神经系统、内脏运动神经系统、不随意神经系统）之间建立起来的联系，称为自主感应弦，弹奏出来的是无条件配合性反应。即与主观信息利害关系相一致的波动性反应，这是自主神经系统天赋的本能性反应形式，亦即自主神经系统在接到中枢神经系统传给它的具有欲望意义的讯号后而做出的功能性回应和呼应，按照对欲望有利、有害、无用等三种情况产生轻松态、紧张态和原生态三种形式做出功能性回应。内脏运动神经纤维在接到对欲望有利的意义讯号时则产生舒展、放松、顺畅的功能性波动反应，在接到对欲望有害的意义讯号时则产生收缩、紧张、纠结的功能性波动反应，在接到对欲望无用的意义讯号时则保持原生态不变的功能性波动反应。

第五根感应之弦是自主神经与内脏各器官之间建立起来的天然的联系，称为生理效应弦，弹奏出来的是生理内环境的自我协调性、适应性或拮抗性改变，亦即自主神经借助松弛态、紧张态、原生态三种功能性波动形式而驱动内脏各器官、机体、组织等做出与之相应的功能性反应，包括血管、心肌、平滑肌和腺体的活动与分泌，并参与内科调节葡萄糖、脂肪、水和电解质代谢，造成体液、体气、血压、气压、电压、温度、湿度等生理内部环境的改变。而这些改变并不能由中枢神经来控制，不随主体意志为转移，而只能由自主神经来主司和打理。

第六根感应之弦是一根断弦或虚弦，即内部生理环境中的内脏器官本来应该与中枢神经之间存在一条联系通道。但遗憾的是这个联系却被上天收回了，没给授权，使得这根琴弦只能处于断开或虚连状态，称为中枢失联弦。中枢失联弦指的是中枢神经本来应该直接指挥内脏器官的运动，但因为两者不存在直接联动机制，所以不具有直接支配和控制内脏器官运动的功能。也许正因为在这个关键环节上被上天设置了失联故障，所以，中枢神经通常无法支配和控制内脏器官的运动，因此也无力控制情绪的发作。只有后天地自觉强化这根琴弦，才能在一定程度上起到对情绪的管控和协调作用。所以，人们往往在经历过情绪发作而造成的挫折之后，或加强性情修养之后，才能通过一定的后天理性的努力而将这根断开的或虚连的琴弦暂时接通，但实际效果却远不如先天既有的琴弦更具有优势地位。

第七根感应之弦是内部生理环境与躯体运动神经之间建立起来的特殊联系，称为神经效应弦，弹奏出来的是躯体运动神经的功能性和效应性改变，亦即由于生理效应弦受到拨动，内脏运动神经在接受刺激后所做出的反应直接驱使生理机能发生一反常态的异动性运转，这就使内部生理环境发生了温度、湿度、润滑度以及液压和气压等方面的状态性改变。而改变后的新的环境状态对躯体运动神经产生刺激效应，致使躯体运动神经纤维在受到新环境刺激后做出相应波动性反应，并按照对欲望的满足有利、有害或无用三种情况呈现出不同的功能性反应状态。

这样，在内外环境的刺激下，情绪七弦琴就在自我欲望之手的弹奏下波动起来了。凡是与正欲望的波动方向或波动形式和谐一致的琴音，便会产生快乐、积极、愉悦的情绪。反之，凡是与负欲望的波动方向或波动形式不和谐不共振的琴音，便会产生悲观、消极、痛苦的情绪。即好消息换来好情绪，坏消息换来坏情绪。我们可以将信息与情绪之间存在的这种关系称为信息情绪联动效应。在整个情绪七弦琴上，一切讯号的传递最终总要体现在情绪上，演变为情绪反应，而且这些情绪反应最终又要体现为可见、可闻、可触、可感的外在客观动作、表情、姿态、声音、词语、态度等内容。

情绪七弦琴上的每一根弦都是神经感应之弦，都无一例外地有神经的参与和连接。其中有三种连接方式：一是神经与外在客观环境中的欲望目标的连接，既包括由内向外的主动连接，也包括由外向内的被动连接，即从内（神经）——

外（目标），或从外（目标）——内（神经）；二是神经与神经的连接，即具有不同功能和不同管辖权的神经之间建立起来的联系，属于神经系统内部的连接，即（内神——内神）；三是神经与内部生理环境中的器官或肌体的连接，属于神经系统与非神经系统的生理器官之间的连接，即（内神——内器），或（内器——内神）。其中内脏器官与自主神经系统所建立的联系是实连，而与中枢神经系统、躯体运动神经系统所建立的联系是虚连。

本来，躯体运动特别是身体各部分感觉器官和肢体肌肉的运动，通常都是由中枢神经系统按照一定目的直接向躯体运动神经系统发号施令，而后产生运动，并管控运动方向、运动方式和运动过程。但情绪发动机制却绕过了中枢神经系统这个最高指挥中心，由不受这个指挥中心控制的自主神经系统暗中策反并指使躯体运动神经系统直接驱动感觉器官和各个肢体做出了各种表达性动作、表情、声音、姿态等情绪性运动内容，包括心情、心态、感情、情感、态度、脾气等内容的动态变化。

由中枢神经系统管控的理智性运动内容与自主神经系统驱动的内脏情绪性运动内容虽然都因欲望而起，但二者却有着明显的不同。前者对运动内容能够做出理智的设计、调整、选择和管控，能够统筹兼顾运动的直接效果和间接效果、眼前效果和事后效果，以使自己能够更好地适应客观环境；后者对运动内容不能进行直接有效的设计、调整、选择和管控，只顾及眼前的欲望感受，不能统筹兼顾事件的间接效果和事后效果，而只能是竹筒倒豆子——直来直去，以使客观环境能够直接地适应自己。

这种不受中枢神经系统直接指挥和管控的情绪发动机制归因于自主神经系统对中枢神经系统在信息传输上发生中断、短路或虚连，归因于自主神经系统对于躯体运动神经系统的暗中唆使和怂动，所以情绪的发动注定落入暗箱操作的非理性怪圈。

从情绪七弦琴的发动机制中可以看出，人的情绪失控事件发生在第五根断弦或虚弦上，中枢神经系统无法对自主神经系统发挥理性的支配和管控作用，以致使躯体运动神经未经中枢神经系统发号施令，便已按照自主神经系统暗中所驱动的生理环境改变效应，而直接做出反应了。这个绕过中枢神经系统指挥中心的特殊反应形式便是情绪反应。这也是为什么我们看到一些人在情绪发作时，毫无理智地砸东西、出手打人或出口伤人而事后又懊悔不已的原因。所以，我们有理由认为，其他很多激情犯罪事件都是情绪惹的祸。

那么，欲望之手是怎样弹奏情绪之琴的呢？我们可以将每一根无形之弦按照有形的想象加以适度放大，就会发现经主体欲望之手的弹奏，其中有六根琴弦发生了六次牵动心灵的震颤和反弹。

第一次震颤和反弹发生在匮欠感应弦上，亦即内部感觉对于内在生理匮欠产生的不适反应，主体自我正是在这一不适反应基础上产生了欲望，并在欲望驱动下产生了包括情绪、思维、语言、行为等一系列连锁反应。而且每一种反应都是有方向的反应，这个方向就是欲望方向，而欲望至少有两个方向：一个是负欲望方向，即产生匮欠性不适反应或加大匮欠性不适反应的方向；一个是正欲望方向，即减小、消除匮欠性不适反应的方向。前者产生的是负情绪，后者产生的是正情绪。欲望之手在匮欠感应弦上第一次弹奏出来的是负情绪反应。

第二次震颤和反弹发生在目标感应弦上，亦即客观目标在欲望主体外部感官上的实时投射，是外部感觉神经对客观目标本然状态的原始反应。这个目标既可能是顺应正欲望方向而动的，也可能是顺应负欲望方向而动的。它们虽经欲望之手拨动，但并未在场，并未使欲望获得实质性满足，而仅仅是以其客观信息的面貌呈现出来。

第三次震颤和反弹发生在中枢感应弦上，是感觉神经将采集到的内外环境中的信息如实传递给中枢神经系统，传递给脊髓和大脑。大脑对这些原生态信息按照主体的欲望进行编码、排列、选择、加工，并按照对欲望有利、有害、无用三种情况赋予特定的欲望意义，从而使被加工过的信息变成了主观信息，同时按照主观信息所蕴含的欲望意义而产生相应的情绪反应。

第四次震颤和反弹发生在自主感应弦上，是中枢神经系统将主观信息单向无条件传递给自主神经系统，并引起自主神经系统发生功能性波动反应。自主神经系统主司的生理内部环境一般处于一种封闭性和自洽性信息能量平衡状态，亦即其内部能量、器官功能均处于正常供给和正常运行的信息进出平衡状态。其间这些能量信息一旦被中枢神经系统发现有所缺失或有可能缺失，就会发出对人体内部机能的平衡构成威胁的警报，就像一石激起千重浪一样，使全部神经系统发生波动。而自主神经系统的波动性反应对于内脏器官、肌体、组织的运动尤其具有特殊的驱动意义。

第五次震颤和反弹发生在生理效应弦上，是自主神经系统的功能性波动反应引起了内脏生理机能的连锁反应，使体内能量信息原生态平衡系统发生紊乱并引起生理性能量信息进行重组，从而改变内生理环境的平衡状态。亦即上面四次看不见摸不着的感应性信息在此一环节上产生了物质性和生理性的效应性变化，从而导致体液、体气、心肌、血管、温度、湿度、润滑度、压强等生理内环境改变。

第六次震颤和反弹发生在神经效应弦上，亦即自主神经系统主司的内部生理环境改变后，对置于其间的躯体运动神经纤维产生刺激效应，直接促动其做出舒展、放松、顺畅或收缩、紧张、纠结等与内生理环境变化相应的神经功能性反应。

通过以上六次震颤和反弹，使得躯体运动神经系统在新的内生理环境效应刺激下而做出相应的情绪反应，并将这种反应转达或发泄到与欲望相关的对象或目标上，从而形成一种外显的有形有声、可见可感的情绪性表达事件。

其间我们发现，在中枢失联弦上没有发生震颤和反弹性事件，其原因就在于这根琴弦是断开的、虚连的或者说是短路的。但在主体自我经历过情绪发作而造成的挫折以后，会经由自我反省、自我教育、自我修炼或他人提醒等方式，通过后天的理性努力而自觉实现对中枢失联弦的续接与强化，以使情绪的表达尽量接受主体自我理性的监督和管控。但这样的努力因为是后天完成的，所以其有效性也是有限的，一旦超过一定阈值的刺激，便会露出马脚，现了原形。在这种情况下，有人可能就会说“某人头脑缺根弦”，指的就是这根中枢失联弦或称为理智之弦。

图 3–2 是情绪七弦琴与欲望之手示意图。读者尽可以根据这个图将抽象的情绪进行形象化想象，尝试倾听和领略情绪之琴经欲望之手而被弹奏出来的美乐、哀乐、仙乐、交响乐或佳音、福音、知音、妙音、谐音、颤音、噪音等各种和谐的或不和谐的音响。

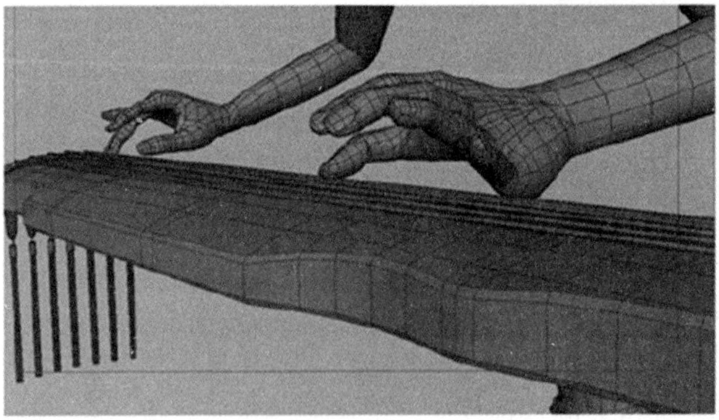

图 3–2　情绪七弦琴与欲望之手

情绪的波动来自于神经反应，且并非简单的单向性或一次性反应，而是复杂的经由多次和多个神经回路的反应。人类的一切情绪都是缘于欲望而发生的。

喜怒哀乐忧思惧等各种情绪都是沿着负欲望或正欲望方向进行波动的。

其实，情绪七弦琴的每一根琴弦之间的距离并不是完全相等的，其中第一根弦（匮欠感应弦）与第二根弦（目标感应弦）遥相呼应，二者与第三根弦（中枢感应弦）紧密相连，即客观信息变为主观信息只在一瞬间，在一般人那里这三根弦经常会混同为一根弦，简称信息感应弦。还有第五根弦（生理效应弦）与第七根弦（神经效应弦）也是难解难分的，二者也同样是瞬间发生的联动性反应，在一般人那里也被混同为一根弦，简称神情效应弦。这样，情绪七弦琴如果不加细分便可蜕变为情绪四弦琴。即由信息感应弦、自主感应弦、生理效应弦和神情效应弦这四根琴弦组成的情绪四弦琴。

情绪之琴可以弹奏出各种各样的声音，当然可能是绕梁三日的和谐之音，也可能是呕哑嘲哳的嘈杂之音。

以上以形象化手段重点阐述了情绪与自主神经系统之间的微妙关系。除此之外，情绪与神经系统联发联动的感应关系还可以得到解剖学或医学上的更多验证。我们在这里所讨论的内容和观点，不过是将神经科学、脑科学、解剖学、医学等学科的既有研究成果上升到哲学的高度进行阐述的。这样做，或许可以为后学者深入研究情绪与神经之间的关系提供一种独特的观照视角和一种崭新的演绎逻辑。

第六章　欲望层次与情绪反应

按照欲望层次理论，我们知道欲望可分为本性欲望、感性欲望、知性欲望、情性欲望、理性欲望、慧性欲望、神性欲望、动性欲望共八个层次。而人类情绪从最初的本性欲望开始发轫，并随着欲望层次的不断递升而必然发生相应的改变。

一、不同的欲望层次激发不同的情绪反应

本性欲望产生的情绪直接由生理匮欠的内部感觉激发出来，属于不欲之欲催生的心理波动性产物，因此具有最原始的本能性特征。而到了感性欲望层次以后，人类的意识活动才开始活跃起来，才开始步入了不断前进和发展的旅程。为了使得感性欲望能够最大程度地获得舒适性满足，感觉的触角开始从内在的生理系统即由内部感觉通过大脑而驱动外部感觉伸向了外在的客观世界，开始了解客观世界的万般事物对于满足其欲望的可能性和可行性，于是知觉产生了。

知觉的意义在于对客观事物、对自我本身以及与自我有关的一切按照其特定欲望意义进行全面而有效衔接的利害关系及其可行性上。这样，知性的东西比感性的东西，无论在空间范围上还是在时间长度上，无论在事物的属性上，还是在事务的效用上，都要更全面和更深透。这时，感性欲望会按照其知性层面的深层利弊关系而进行有意义的调整和适应，或改变方向，或改变方式，或改变进程，或藉此衍生出新的欲望形式，这就是知性欲望。

知性欲望是内在的生理系统与外在的客观世界相融合、相贯通、相适应的

产物。本性欲望只限于内部感觉对生理内环境刺激信号最直接的应答反应，其侧重点和关注点是自己的存在性和内在生理的舒适感，只有对自我内部环境的知己性了解，而尚未有对外在客观环境刺激信号的知彼性了解，是一种单向的知己而不知彼的应答反应。而感性欲望则是外部感觉发挥作用的产物。

比如当你闭着眼睛时，有人用一个器具捅了你的后背一下，你第一感应是后背遭到了触动，这就是感觉，或舒适或不舒适，你会据此做出有特定倾向的应对性反应，或主动躲避，或被动承受。这是感性欲望在起作用，你会根据这一感性欲望形式对自我行为做出适宜性调整。当你睁开眼睛，回头看见一个人手里拿着一根木棍站在你身边，你知道了捅你的器具是木棍，捅你的人是谁（男女或大致年龄，是认识的人或不认识的人），甚至你根据对方的表情或态度还能看出他是恶意的，还是善意的，或者是带有其他别的目的。这些是对捅你的对象的知觉反应，并由此产生带有特定倾向的应对性反应，或借助语言沟通，或借助肢体招架，或寻找机会逃跑，这是你的知性欲望在发挥作用。

知性欲望从内在生理环境中跳了出来，不仅仅着眼于对外在世界的知彼性关注，不仅仅对刺激信号的对象性了解以及与自己之间的关系性了解，而且还要试图实现“知己知彼”的双向性认知和内外环境的整体性认知，这就是知性欲望的特征。知性欲望因为获得了对于外在世界的影像投射和刺激信号的对象性了解，使得来自于内在生理层面的本性、感性与来自外在客观世界的知性的融合，不但驱动感性欲望上升了一个层次，变成知性欲望，而且也因为对外在作为刺激信号的对象在头脑中形成的影像联系以及对“知彼”与“知己”的双向关系认知而激活了主体自我的心理反应。没有对外部世界的知性，没有对作为外在刺激信号的知性过程，就不会形成心理层面的内容，就不会有人类的心理反应和心理活动。

知性欲望是在主体自我解决了与其当初作为感性欲望之主体具有特定关联事物的整体性认知亦即“知彼”问题解决了之后产生的。正是这一问题的被解决，方使得作为欲望人的“此”与作为欲权人的“彼”之间的特定对应关系开始明确起来了。二者以欲望的施受及施受事物为纽带形成一种彼此感应或体验，于是情感产生了，情性欲望自兹而生。很显然的，情性欲望是欲望主体与特定关系人、物、事等对象之间彼此相互联系的表达性产物。

我们把外在各种客观事物与作为欲望主体的自我之间所形成的欲望关系或联系，称之为欲联。

当某些人、事、物满足了甲的欲望，甲就会对这些人、事、物产生欲联。

即便某些人、事、物没有满足甲的欲望，但对于满足甲的欲望带来或可能带来希望、寄托、鼓励和帮助，或者相反，可能带来干扰、阻碍、掣肘和影响，那么，甲对于这些人、事、物也同样会产生欲联。

只有在产生欲联的基础上，才能产生情感，才能产生情性欲望。情性欲望的侧重点和关注点在于与欲望满足对象之间存在特定关系或联系上。人类的情性欲望不限于在人与人之间产生，人与物、人与自然界、人与事之间发生特定联系之后也会产生情性欲望。如一个人对于居住过的老屋具有一定的情感，并希望保留下来；对自己曾经用过的东西有情感，舍不得扔掉；对家乡有情感，出外久了，常有回老家看看或落叶归根的想法。

其实，不管是生理性本能反应、内部感觉反应、外部感觉反应或整体性知觉反应，或其他欲望性反应，每一种反应最终都必然要“九九归一”，都必然回归于表示自我存在性的神经结构最底层——即协理内部环境的自主神经系统。这个自主神经系统及其特殊的结构方式与代表自我性的内部生理结构——即内脏器官、肌体、组织等直接相连，并在内脏运动和肌体组织运动中发生极为隐秘的驱动作用。这种驱动作用产生的直接结果便是情绪性反应。其最显著的特征是引起体内各肌体、组织、器官以及相关腺体、液体、气体等内分泌关系、新陈代谢关系和循环关系发生程度不同的改变。

情绪是一个放任不羁、缺乏教养的浪子，但随着欲望层次的不断提升，个体自我将越来越趋于理性，情绪也会在一定程度上受到理性的平抑与制衡。

正是知性欲望使个体自我发现并明确了满足欲望的对象或施欲者的某些情况，从而使自我与事物之间的联系成为掣肘和影响欲望发生与欲望满足不可逾越的介质，并在此基础上产生了情性欲望。

尽管情性欲望加重了主体对各种关系的寄托，但所求者未必成为所得，有时还会碰壁、触霉头。于是情性欲望开始向理性欲望延伸，开始对外在世界刺激信号与外在世界中其他人、事、物的联系、以及联系的联系进行全面的关注、思考、评估、推理、判断、分析，从而调整知性欲望与情性欲望的方向、满足方式和满足手段，并根据理性分析的结论可能还会衍生出新的欲望（即理性欲望等）。

情性欲望从自我与事物之间的联系上牵引出来，理性欲望则从如何对待这种联系和如何应对这种联系的更高层面上滋生出来。比如，你被人用木棍捅了一下，通过从感觉到知觉的认知过程，你知道了捅你的人是谁，并根据捅你这件事而使你与他建立了联系，在此基础上产生了对他或好或坏的情感倾向，产生了与这一倾向有关的情性欲望。但随后你会根据你与他之间所建立的这种捅与被捅的联系而思考应对策略、方式、手段、办法，并按照对自己有利的原则做出决策和行动，说明你已经上升到理性的层面上来了。这个思考过程和决策过程就是一个理性欲望的发生发展过程。

这种对知性欲望、情性欲望及其满足方式进行调整、评估、分析、决断或由此重新衍生的更高层级的欲望即是理性欲望，也是欲望的第五个层次。可以说，理性欲望基于自我与其他人、事、物之间的联系所做出的应答反应。

理性欲望与情性欲望虽然都是发轫于事物之间联系的基础上，但二者之间的最大区别在于情性欲望产生于欲望者与相关事物对象及其欲权人的联系上，观照视角是直接冲着引发欲望的特定对象、满足欲望的特定对象或干预满足欲望的特定对象上去的。不但是单向的联系，也是单线的联系。而理性欲望的产生则是直接冲着对既有的相关联系或关系的前因后果以及应对方法或应对策略上去的，是对自我有利或不利的关系作出理性分析、理性应对或理性应答，并提出有利于解决这些联系或关系中所蕴含的矛盾的标准、原则和方法。虽然都与联系或关系有关，但情性欲望仅仅是关系的直接产物，而理性欲望已然超越了关系本身。

人是处在各种人、事、物之间的关系网络之中的人，如何找准自己的位置，如何通过各种联系而满足自己的欲望，则非理性头脑的逻辑思考、分析、判断所不能实现的。这时的欲望具有了强烈的理性色彩，因此上升为理性欲望。

正如一个欲望主体在无法直接获得目标物或无法直接找到欲权人来帮助满足自己欲望的情况下，便不得不借助自己的关系网而找到中间媒介来“曲线救国”，这个沿着联系或关系的线路图权衡、定夺、分析、判断、寻找的过程就是一个理性欲望的发生、发展过程。

这就是说，情性欲望低于理性欲望，并经由理性欲望来实现对各种关系的把控和梳理，人的情感、情绪、态度、脾气的放纵，只有得到理性的协调与控制，才能有可能创造和实现各种关系的平衡与和谐。

二、情绪四要素

如果没有自我与外在他者的特定欲望性联系，便不会产生情感或情绪。

比如一个人出生后有直系亲属和旁系亲属之谱系，此人一般会对父母、兄弟姐妹这些有直接联系的亲人产生较深的感情。

如果有爷爷奶奶或外公外婆在世并也能经常见面或生活在一起，也会对他们产生一定的感情。一般地，如果没有父母或爷爷奶奶对他们上一代或上几代人的事迹的描述，他便会对上几辈人的情况一无所知，因此也不会对上几辈子的人产生真正的情感，至多在长大成人后，懂得了家族繁衍的承传关系，而产生对祖辈的某些遐想。如果说有什么感情会产生出来，也无过乎是一种缥缈不实的只存在于想象中的虚拟情感。

人类产生情感不可超越的环节是联系，是自己与欲望对象之间的联系。没有联系而产生的情感是不存在的。不管这种联系存在于人与人之间，还是人与动物之间，或者是人与事物之间，只要有了联系便会产生情感，便会产生与对象之间的喜怒忧怨等各种情绪反应，而且有多深厚的联系，便会产生多深厚的情感。这就是说，任何情感都是与某一特定对象联系的产物，离开了对象，离开了与对象之间的欲望性联系，便不会有情感的寄托或情绪的发动与波动。

我对情绪与欲望之间所存在的特定关系的深入思考，缘于一次驾车的经历。

那天下班后，吃过晚饭已是 6 点 35 分，我驱车带着朋友到国家大剧院去听晚上 7 点上演的大型交响音乐会。

北京的西二环路自北向南有三个行车道，但车辆行驶依然缓慢。眼看时间要晚点了，我心里很是急切。但见右侧的行车道上不时有车辆并线穿插到我的前面添乱，搅得我不时要踩一下刹车，使我无法顺利行驶。此时一股怨气油然而生，刚才尚处于比较良好的稳静的心情一下子被打乱了："真讨厌！"我不禁开始对并线的车辆和它的司机抱怨和诅咒起来。并线加塞的车辆行驶在我的前面，我怎么看都觉得不顺眼，左右再看看其他行车道上的车子，却没有任何一点点不顺眼的感觉，也没有任何一点点气恼的情绪。

看来，因并线加塞而遭到我抱怨和诅咒的车子或司机，不经意而与我产生了联系，不经意而影响和干预了我的欲望期待。如果我没有急着赶时间去听音乐会的欲望，对别人开车在我前面的行车道上并线这件事可能就会不以为异和不以为非，更不会产生讨厌的情绪反应。同样的，如果有人开车并线到其他行车道上，不与我产生任何联系，那么我也绝不会对他和他的车子产生任何情绪反应。

这就相当于一个简单的实验，证明心情、情绪、情感、感情、心态、态度的产生至少具备三个要素：一个是主观欲望，一个是客观事物，一个是主观欲望与客观事物之间的特定联系。有人说："世上没有无缘无故的爱，也没有无缘无故的恨。”这其中的缘故就在于主观欲望与客观事物之间所存在的联系上。那么，除了这三个要素之外，还有没有其他要素存在呢?

我们知道，情绪伴随着欲望而产生，并伴随着负欲望的煎熬而纠缠振荡、躁动不已，由此产生消极的负情绪，同时也伴随着正欲望的诱惑而纠缠振荡、兴奋不已，由此产生积极的正情绪。正如一个人产生食欲之后而处于饥饿的负向煎熬之下，其情绪通常是负向的，低落的，消极的，悲观的，紧张的，易怒的；倘若此时有食物出现在面前，由此带来食欲很快被满足和饥饿很快被解除的正向期待，那么，其情绪会随之转为正向的，高涨的，积极的，乐观的，放松的，喜悦的；倘若进入食欲满足进行时，那么，生理性食欲被满足的舒适感将正情绪渐次推向高潮，快乐占了上风，而且随着饥饿所带来的危机感被解除，情绪也会渐渐趋于放松、平静、宁和与安恬。至此，一次由食欲引起的情绪曲线的起落性波动就这样完成了。

我们几乎都有过这样的经历：经过一夜良好的睡眠，清晨一觉醒来，倍觉轻松，就连心情也格外的舒坦和适意，这是生理性疲倦被解除之后所带来的轻松感觉。这种轻松感从生理层面延宕出来，经由感觉神经而直接辐射到心理层面，使人的心情也变得轻松起来。反之，如果一夜失眠，早晨起来身体倦怠不堪，那么，这种生理状态所导致的心情和情绪也会萎靡不振，提不起精神，好像整个身心都没有恢复元气似的。可见，生理感觉与心理感受具有趋同性和一致性，严格遵循“舒适二感同一律”和“生理与心理互感联通效应”。

这样，我们从欲望系统的逻辑运动过程上看，可以发现情感的产生具有四个要素。接下来，我将详细讨论一下。

第一个要素是自我，这是以欲灶为根据地的情感发动者，欲灶是欲望的发源地，也是情感的根据地，没有欲望泉水的涌动喷发，就不会有情感之溪的涓涓流淌。鉴于生理性欲灶总是由自主神经系统来司理和管辖，所以，情感和情绪反应总能激起内部生理环境中的诸如心脏、血管、腺体等发生改变，引起血压、气压、润滑等方面的连锁反应。情感或情绪之所以难以自制，不易把控，就在于受制于自主神经系统的非意志性特征上，是不随自我主观意志控制方向为转移的。

第二个要素是欲望。欲望不但是产生联系的内驱力，也是由联系而产生情感的激发力。没有欲望的驱动或支配下的联系是不存在的，因此也没有任何情感因子介入进来。欲望人因为具有自己特有的欲灶，产生匮欠后即生发欲望，产生欲望后即寻找填充匮欠的目标对象，有了目标对象之后才使自我与外在事物对象的联系具有了可能。所以，有了欲望才能是主体自我产生与欲望有关的联系，除此之外的联系是没有意义的联系。有了联系才能使欲望有了寄托，有了期待，才使主体对欲望目标物或欲权人及其干扰物等外在关系对象产生吸引或排斥、肯定或否定、依恋或厌弃的情感或情绪。

第三个要素是对象。对象是指满足欲望的目标物、干扰物或占有这一目标物的欲权人及其关系人。在欲望系统中，欲望的直接对象即目标资源，其间接对象是目标资源的占有者即欲权人，还有一种对象是与目标资源或欲权人存在某种特定关系的关系人，以及对于激发欲望或满足欲望具有媒介作用的干扰性事物。一个人可能对目标资源产生感情，比如喜欢一种物品，喜欢一种宠物，但在欲望未能获得满足之前，这些物品或宠物大多是在欲权人那里掌控着的。只有经由欲权人的允诺或成全，这个被自己喜欢的东西才能变现为自己的，才能达到欲望满足的目的。其间或许还会经由某个中间事物产生干扰或介质作用。这样，欲望主体对于目标资源、欲权人或干扰物都可能产生与特定欲望意义有关的情绪反应。

从社会关系意义上说，我们所说的对象更多的时候是指欲权人或关注同一目标资源的其他欲望人，欲权人或其他欲望人同意或者不同意、支持或者不支持、拒绝或者不拒绝、推脱或者不推脱、反对或者不反对。对于主体自我而言，都会对欲望的满足及其满足过程产生正面或负面的影响。由此便不可避免地使自我产生爱或者很、感激或者怨怒等情感或情绪反应。

在欲望主体与欲权人无法建立有效联系的情况下，还可能会托付或找到与目标资源或欲权人存在某种特定关系的中间人或媒介性事物而间接地锁定目标物或欲权人，这个中间人或媒介性事物可称为欲联介体。一般地，人们用来满足某种欲望的目标资源总是具有某种特定功能的对象，其欲权人也同样是一个特定的对象。而欲联介体有时却可以有多个，即与欲权人有联系的人、事、物，通常不止一个，而是多个，欲望主体选择哪一个作为欲联介体更有效，则出于一种理性的比较与分析。这就像我们在社会上托人办事一样，某件事的主导权在于 A 君，而主体不认识 A 君，但认识 B 君、C 君、D 君等多人，经过了解，得知 C 君、D 君认识 A 君，而 D 君与 A 君关系更深更铁，这样，欲望主体最理性的选择便是托付 D 君向 A 君传递求助信息，其欲望被满足或事情得到解决的可能性就会更大，更有效果。而不管欲望被满足或未被满足，或事情办成或办不成，欲望主体都会对 D 君寄予希望，并产生依赖感，这种依赖感便是感情或情感了。

所以，感情的发生是有对象的。任何一种感情都是与对象之间的感情，而不会是自己与自己的感情。通常我们说一个人很自恋或很自恼，并不是与自己这个人本身产生了某种感情，而仅仅是对自己某项优点或缺点的认同、欣赏或厌恶、不满。其情感对象并不在自己本人，而在于自己身上所具有的某种特性，按照自我意识魔方理论来看，则是在不同的自我之间发生某种特定关系的产物。

第四个要素是联系。没有对某一事物的倾注和了解，便不会产生对某一事物的情感。同样的，没有与欲权人之间的联系，便不会获得对欲权人的了解或依赖，也更不会与欲权人产生某种感情或情绪。联系是“自我”与对象之间建立起来的信息传递和反馈纽带或通路。

三、联系六要素

我们不从物理角度而是从精神角度或者说从欲望角度和情感角度来分析，“联系”这个概念应该包含着六个不可或缺的要素。这些要素与欲望产生的要素密切相连，包括自我（欲望人）、欲望、欲行（满足欲望的行为或动作）、欲法（满足欲望的方法或途径）、欲权人（欲望目标资源的占有人或权利人）、欲标（用以满足欲望的目标）这六个要素。

关于第一个要素，即自我这个要素，应该很好理解。我们在欲望系统中所说的联系，一般是以自我为中心或为出发点而论及的。没有自我，便没有“自我”与“对象”之间的联系。正如列维纳斯所说：“在需求中，我们可以将牙齿啮入实在，并同化他者以获得满足。”[1] 人类需求的满足是通过同化他者的形式来实现的。由于人类自身的不足与匮乏，导致人类无法自给自足，必须依赖他者才能生存。所以人类必须走出自我迈向他者并与他者建立联系。

我们所谈的欲望或情感问题，当然是以自我作为主体，而不是以他者作为主体。那么，作为欲望主体的自我而言，其他人或物都是以客体的“他者”的形式存在的联系对象。一种联系至少存在两对并存的对应点位：一对是欲灶（特定欲望得以产生的特定机体部位）与欲标的彼此对应，另一对是欲望人与欲权人的彼此对应。没有欲灶与欲标的对应关系，便不会产生欲望人（自我）与欲权人的对应关系。前者导致欲望主体与自然界中的物的联系，后者导致欲望主

1　【英】列维纳斯《整体与无限》。

体与社会中的人的联系。

人的每一个欲灶都是特定的，不但有特定的位置，也有特定的功能和作用，因此在点位上出现的欲缺或欲壑也是特定的，其所指向的欲标也是特定的。食欲的欲灶总是在于消化系统的腺体、神经元、感受器部位，并通过神经传输到大脑半球而产生食欲反应，因饥饿所造成的欲缺或欲壑也只能是消化系统特有的匮欠，而不会是别的地方出现的匮欠，其所指向的欲标只能是食物，而绝不会是优雅的美貌或骄傲的美名。当然，当对象作为欲望人而把“自我”当成欲权人时，即对象的欲灶所对应的欲标在“自我”这边，在自我这边掌控着，自我是对象作为欲望人的相关人或关系人，这样在自我这边也会产生某种被动性的联系，这种被动性的联系与自我的主动性的联系都是出于某种欲望因素而建立起来的。

关于第二个要素，即欲望，上面我们已经讨论过，没有欲望，没有任何目的的联系是不存在的，即便路上偶遇一个强盗，并与强盗产生了联系，也是因为强盗的欲望所引起的联系。

倘若一个人在马路上赶路,却不幸而被对面另一个行路人无意中撞了一下，并因挨撞这件事而与对方产生了联系，是不是与欲望无关呢？这是一种特殊的案例，他们二者之间产生的联系确实与欲望无关。但这种联系同物与物之间的联系没有本质的区别，二者皆是无意的，皆是在与对方没有任何欲望的情况下产生的瓜葛，属于一种无意识的物与物性质的联系。但受到撞击之后，两个人可能都会产生不同的感觉反应，或疼痛或受惊，从而产生了某种“不适”的匮欠反应，匮欠产生欲望，其为维护自己不受伤害的想法，使彼此之间产生了新的联系。二者可能为此相互理论起来，争辩谁是谁非的问题，他们之间这时便有欲望的因素掺和进来了，双方可能都是为了不吃亏的欲望或达成谅解，或互不相让，于是使得彼此之间产生了爱或恨、怒或怨等情感或情绪。

但他们在相撞之后产生的欲望，并由欲望产生的相互争执或相互谅解的联系，使彼此双方都产生了对对方的某种爱与恨的情感或情绪，并不是我们要讨论的内容。问题的关键则是在相撞之前有没有把对方视为欲权人的欲望，如果没有这种欲望，那么彼此相撞那一刻产生的联系就不是欲望驱动下的联系。这种联系，类似于物理性联系，而非生物性联系，应该属于物理学讨论的内容，而非欲望学讨论的课题。

关于第三个要素，即欲行。没有欲行，就意味着对一种欲望没有付诸行动，这是不可能产生与目标对象之间的联系的，也是不可能实现欲望的满足的。一个人想跟另一个人或跟某一个组织取得联系，就必须落实在具体的行动上，就必须用行为动作去执行，去办理，去对接，或见面，或通讯，或通过第三者来转达，总要在付诸行动之后才能产生联系，没有行动的联系，只能是自我空想，不会与任何人、事、物建立起任何联系。

关于第四个要素，即欲法。所谓欲法就是为实现或满足欲望付诸行动而采取的方法、手段、技巧和形式。欲行总是朝着欲标的方向而动的，总要借助于一定的方法和手段才能达到目的。这是欲望寻求满足不可或缺的要素，也是欲望人与欲权人产生联系不可或缺的要素。我们在社会活动中，要办一件事情、完成一项任务、达到一个目的，就必须采取一定的方法和手段，没有方法和手段的行动是盲目的行动，除了“瞎猫撞上死耗子”之外，是不可能抵达欲望目标的。所以，欲法是实现或满足欲望不可或缺的要素之一，因此也是自我与他者建立联系不可或缺的重要环节。

关于第五个要素，即欲标。欲标代表了联系的目标或目的。一个人要满足自己的欲望，就必须找到填充物目标，而几乎所有的填充物目标都有其特定的欲权人或其他欲望人。这就使得主体自我经由填充物目标这个媒介而与欲权人或其他欲望人产生了联系。

通常情况下，我们作为欲望人所联系的对象，表面上看是某个欲权人，而不是具体的欲标,但试想这个欲权人如果没有占有任何可以被自我利用的欲标，没有自我作为欲望人所要的任何有助于满足特定欲望的东西，那么，自我作为欲望人便不会与之建立任何联系。可以想见，你联系一个人，可能是为了办某件事，这个事就是你的欲标，而这个人其实并不是你的欲标。如果这件事是由另一个人掌控着，或只有另一个人才能协助办好这件事，那么，你就不会去找其他人，而毫无疑问要去找另一个人。这是欲望人与欲权人和欲标资源之间存在的特定三角关系。虽然我们联系的对象有时并不是欲标本身，而是占有欲标资源的欲权人，但这仍然改变不了欲标在联系中所具有的媒介性作用和目的性作用。

关于第六个要素，即欲权人。从上面的论述中我们已经明确了：欲望的直接对象是欲标，而建立联系的对象却大多是占有欲标资源的欲权人。一个人的欲望只有通过与欲权人取得联系，只有与欲权人实现一定程度的通融和允诺，才能从欲权人那里获得想要的欲标，否则，欲标作为一种特定的资源一般不会自己飞过来。人们在满足欲望过程中通常必须获得欲权人的允诺和成全，但这一点何其难也！人们因为困扰于“求人难”的问题，有时会把希望寄托在上帝或神祇那里，祈求依靠神的力量使自己进入“要什么便有什么”的欲望满足机制，这是为了超脱“求人难”的苦恼而生出的美好向往，事实上却是根本做不到的。

以上所讨论的事关“联系”的六个要素，既是欲望系统满足程序中不可或缺的重要环节，也是情感链接不可或缺的关键点位。这六者的关系，我们可以借用一条河流来描述：自我相当于一条河流的发源地，欲望是这条河流的源泉，目标（欲标）是这条河流最终的归宿地（比如大海），而联系则是从发源地到归宿地之间的涓涓流水，即包括流向归宿地的路径（河床），也包括流向归宿地的运动形式（流动速度、方向），事关联系的所有环节和过程都有源源不断的水流润泽其间。

其中值得说明的是，欲标作为欲望的对象和欲权人作为联系的对象，在本质上是不同的。如果我们把欲标作为欲望的直接对象看待，那么，欲标就绝不是指一个特定的人。要知道，一个人不能成为另一个人的欲望目标或对象，这是欲望系统的目标对象填充定理。但在现实社会生活中，人们的欲望目标对象通常总是掌握在特定的欲权人那里，总是要通过与欲权人取得某种联系之后才能获得填充物目标，才能获得这个特定欲标的满足。这就是说，我们联系的对象通常并不是欲标本身，而是掌握欲标资源的欲权人。所以，作为欲望直接关系的对象，通常只能是欲标；作为主体直接联系的对象，通常只能是欲权人。事实上，作为欲望联系的填充物对象和作为自我联系的欲权人对象常常会发生混淆。这一点，我们应该分清楚才能更好地理解欲望，更好地把握好和处理好欲望系统中的各种关系，才能充分利用好欲望系统的运动规律和有效实现欲望的满足。

但同样是具备了这六个要素，为什么我们感到与某些人的情感更亲近更深厚，而与另一些人的情感却比较疏远和浅淡呢?

我们知道，联系是不可或缺的情感要素。没有联系就不可能在人与人之间产生感情和发展感情。从欲望系统的逻辑结构上看，情感是内在的欲灶与外在的欲标或内在匮欠与外在目标相互对应和相互关联的产物，是欲灶拥有者的欲望人与欲标拥有者的欲权人二者之间通过彼此双方的实际联系事件而产生的互动效应和心理感应。

这就是说，只有与欲望有关的联系才会产生某种情感或情绪，只有在匮欠与目标之间发生助力或阻力的干扰关系、或者与目标直接相连的有益或有害的欲望关系，才能产生某种情感或情绪。

欲望产生联系，联系产生情感和情绪，情感或情绪产生后还会对联系产生反作用。越是有情感有情绪便越会产生更多的联系。联系的紧密度表明的是与对象之间相处的频繁度和相互吸引度，体现在相处时间的多少，利欲对缺互补的程度，彼此合作程度，投机程度，等等。相处时间越长，接触沟通越频繁，相互之间越具有吸引魅力，双方越是相互需要，性格越投缘，则彼此之间的感情越深越浓；反之则越浅越淡。所谓“同声相应，同气相求”“志同道合”“道不同不足与之谋也”等等皆为产生紧密性联系的案例或现象。

四、情感的辐射效应

人与外界人事物的所有联系都缘于欲望人对目标的美好期待或获得欲权人给予欲望成全的心灵观照。一个欲望产生后必有一个目标与之相对应，也必有一个或几个欲权人成为其关注的对象。因此其匮欠获得填充的希望只能寄托于这个对象上，并对这个对象发动攻势。

其发动攻势的方式可以是直接找过去见面接触，可以是打电话发信息沟通，可以是间接地找中间人介绍，托人说项，也可以是通过其他委婉的途径或特定的机缘与之接洽联络。从而在彼此之间建立了实实在在的联系，并通过联系实现信息的反馈、沟通与交流，从而按照成功或失败的方向产生喜欢、欣慰、惬意或恼怒、忧愤、嫉恨等情感。

对于能够给予满足或带来满足希望或助益的对象，主体自我便会产生爱的正面情感，反之便会产生恨的负面情感。这就意味着，情感具有一定的辐射效应，不限于目标本身，也包括与这个目标有关的人、事、物，依其对自我欲望所施加的作用力或影响力的大小和范围，都会与之产生或多或少的情感关系。

一般地，对给予自我欲望以善待的人，比如慷慨地给予满足、积极地给予帮助、无私地给予成全的直接欲权人或与欲权人有关联的中间人，主体自我会产生喜爱、乐观和积极的情感反应或情绪反应；对自我欲望期待采用怠慢的态度、设置妨碍的羁绊、施加负面影响的直接欲权人或与欲权人有关联的中间人，主体自我会产生怨恨、悲观或消极的情感反应或情绪反应；而那些对于自我欲望满足起较小作用或未起作用的欲权人或中间人，尽管存在一定的联系，但也不会产生深厚的感情或情绪，而只会产生一些与其所施加的作用力大体相当的情感或态度。

这说明人与人或人与事物之间的感情也遵循作用力与反作用力等值等效的互动规律。一个人在欲望系统中获得对象助益的大小决定与其产生感情的厚薄。中国人有“滴水之恩涌泉相报”的典故，说的就是感情的“礼尚往来”的双向关系，所谓“滴水之恩”往往是对自己的欲望满足方面给予善良的态度和行动上所做出的积极应答、承诺、履践等表现，体现了一种情感的互动效应。

而对那些在满足自己欲望的经历中没有起到良善助益作用的人，则可能招致的是对等的回报，正所谓“善有善报，恶有恶报”是也。一些小肠鸡肚的欲望人，则可能会对那些妨碍欲望满足的“施恶者”产生睚眦必报的念头。

非但如此，感情产生后还具有“爱屋及乌”或“恨屋及乌”的屋乌辐射效应，即一个人在寻求欲望满足过程中，对于施加或给予某种特定影响的人产生的感情，也会辐射到与之有关联的其他人、事、物上，对于其他人、事、物也会产生相类似的感情。我们把这种现象称为屋乌辐射效应。

屋乌辐射性情感的产生在于人们相信世间万般人、事、物也都于冥冥中存在着某种联系或某种感应，相信有什么样的环境便会塑造出什么样的人。喜欢、感谢或怨怒某个人，也会喜欢、感谢或怨怒那个塑造他或成就他成为如此一类人的特定环境。中国古代有“钟灵毓秀”“人杰地灵”或者“穷山恶水出刁民”之说，揭示的就是环境对一个人之所以成为这个人的特殊影响作用。当然，这种由屋乌辐射效应产生的感情，因为是间接关系的产物，所以也会显得缥缈杳然，浅淡模糊。

一个人在成长过程中，在不同的历史阶段大都经历过与父母、兄弟、姐妹、老师、同学、同事、领导等各类人直接相处的机会，并产生了与之相应的各类感情，同时也必然产生相应的屋乌辐射性情感，主要体现在对家乡、家庭、母校、工作过的单位及其人事物的特殊情感。这种特殊情感往往与其当年所经历的直接情感相类似。

如果一个人在一个单位受到了排挤、压制或惩处，他就会对这个单位的有关领导同事产生厌恶、憎恨的情感，这种情感往往使他对这个单位中与特定事件有关的其他人、事、物也不会产生好感，甚至可能也会产生厌恶、憎恨的情感反应。相反，如果在这个单位工作过程中，有很多欲望，包括官欲、荣誉欲、价值欲、财产欲、尊重欲等都获得了较好的满足，那么，不管他处身于这个单位当时，还是离开了这个单位很久以后，可能都会对这个单位及其人、事、物具有良好的感情。这些都属于屋乌辐射情感效应在实际生活中的反应和表现。

个体自我与事物之间的联系也有远近之分，这就是联系的远近度问题。远近度表面上指的是时空上的距离。但从深层次上看，则指自我与对象之间的欲望干预程度和联系密切程度。其与特定的时空距离不无关系。一般地，越是近期相处的感情、越是近距离相处的感情越熟络，越亲近，越明确。相处的时间期限越短、相处的空间距离越远的，其感情也越生分，越疏远，越模糊。

一个人与亲属之间的感情也莫不如此，越是离自己辈分近的亲属，联系越多，产生的感情也越深厚；越往上几辈追溯，越失去了联系的纽带，其情感也便越来越淡薄，有些甚至已经变得很渺茫。这就是说，人们大多只对几个近亲属有直接联系和直接关系，并产生较深的感情，而对隔代人或远房亲属却不甚了然，感情淡薄。

个体自我总是生活在一个特定的时空序列中，对与自我有直接关系或直接联系的各种事物在欲望力驱动下必然会产生一定的感情，而对于自我平时看不到、听不到、嗅不到、摸不到、想不到或感应不到的事物不会产生任何感情。因此人的感情往往来自于与欲望有关的利害关系或联系。有利者则欣之喜之乐之，有害者则怨之怒之恨之，由所谓利与害所造成的情绪反应，其实都是特定欲望力发生作用的结果。

显然，没有欲望力的驱动，便不会产生注意力，便不会产生与各类目标对象的联系。任何欲望都不是孤立存在的，都是相感相生的。低层次的欲望推动出高层次的认知，高层次的认知推动出高层次的欲望，而高层次的欲望也会对低层次的欲望产生反作用。

图 3–3 是个体自我在欲望驱动下的社会性情感辐射效应示意图。自我作为特定欲望人，除了与自身欲望有关的事物产生情感关系之外，也与掌控各种目标资源的欲权人产生情感关系。而且，针对同一个目标资源，其周围可能还会有很多其他欲望人觊觎着、盯梢着和追逐着这一目标，并与主体自我构成竞争关系或合作关系，这是人与人之间产生和建立社会关系的第一层基础（图 3–3 中用粗线联结者即为以自我为中心而建立的第一层社会性情感辐射关系，用虚

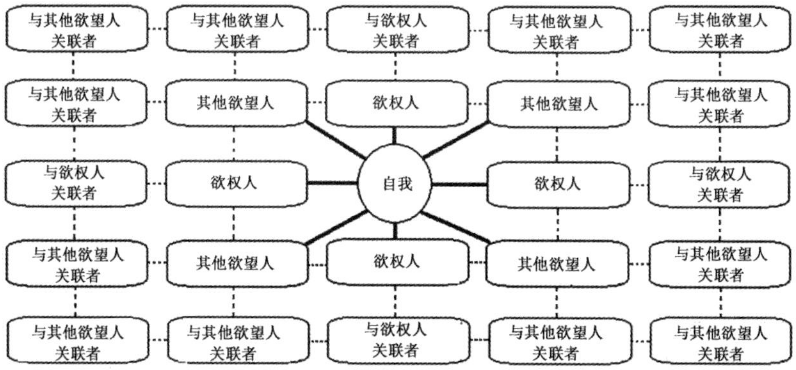

图 3–3 个体自我在欲望驱动下的社会性情感辐射效应

线联结者则为第二层次、第三层次或其他更多层次的社会性情感辐射关系）。

同时，一个人的欲望有很多，因此也要面对很多欲权人，而不同的欲权人同时也是欲望人，他们也同样面对很多其他欲权人。我们把其他欲望人、其他欲权人或与欲权人存在某种欲望关系的人统统称之为关联者。而且不止于此，处于目标资源周围的其他欲望人也有很多合作者、竞争者或关联者，这些合作者、竞争者或关联者以其对其他欲望人或其他欲权人的爱恨情仇关系而成为主体自我的间接情感关系。这样以主体自我为中心，一圈一圈、一层一层辐射开去，构成了人与人之间盘根错节、纷繁复杂的社会关系。很显然的，在欲望系统中，每个人的社会关系都是以几何级数递增和扩展开来的。

人与人之间情感的远近亲疏、深浅厚薄是由欲望者与欲权人、欲望者与欲望者、或与欲望关联者之间联系的密切度决定的。欲望驱力越强，自我对于欲望目标、欲权人、关联者、其他欲望人产生的情感也越深越重，反之则越浅越轻。在一个社会系统中，个体自我与直接欲权人（图 3–3 中以实线连接的形式表示）因联系而建立的情感关系，为第一层人际关系；个体自我基于同一目标资源而与其他欲望人之间所存在的合作与竞争关系为第二层人际关系，除此之外的关系都是间接关系。其中大多是欲望主体未必能够直接接触的关系，所以也不会产生直接的或深厚的情感关系。

当然，间接关系中有的通过一定的媒介或机缘也有可能变成直接关系，即可以直接接触的关系和直接认识的关系。社会关系与家庭关系非常相似，甚至是家庭关系的延伸和拓展，都可以归属于人类欲望系统内的情感关系。

主体自我就像一个家庭正待成长中的少年，如果这个家庭的主人是父亲，那么其父亲即是他的欲权人，其所有需要供养自己的目标资源，都由父亲掌控着分配权，父亲决定给什么、给多少，儿子就会满足什么、得到多少，而母亲则可以被理解为作为欲权人的父亲的关联者。儿子为了达成某种欲望的满足，在未能直接获得父亲应允的情况下，有时也会借助母亲关系来做工作，托付母亲向父亲说项，从而获得欲望的满足。如果这个少年还有兄弟姐妹，那么这些兄弟姐妹便是与他争宠的其他欲望人，针对同一有限的目标资源，大家都想得到，彼此之间便产生了竞争与合作的关系。

待到自己和其他兄弟姐妹们都长大成家，便又会使这个特定的家庭圈子朝着社会纵深方向无限扩展开来，延伸开去，一圈一圈、一层一层演变并延宕成错综复杂的社会关系。

第七章 欲望指数、情绪指数与幸福指数

我们在《欲望与行为心理学》一书中解读了欲望系统中的五个元素，即欲因、欲灶、欲缺、欲壑和欲标。这五个元素的关系很简单：没有欲因，便没有欲望；没有欲灶，便没有欲缺；没有欲缺，便没有欲壑；而有了欲灶和欲缺之后便开始有了欲标。

但欲标的取值或价值——欲值的大小既与欲缺有关，也与欲壑有关。鉴于欲望力等于内在匮欠性驱动力与外在目标性吸引力之和，所以在一般情况下，欲壑等值等效于双倍的欲缺，属于欲望膨胀后的需求体量。欲壑产生的欲望驱力也同样双倍于欲缺产生的欲望驱力。如果按照欲壑的体量兑现足够的欲标数量，其欲值自然会显著提高。

一般地，一定欲值所对应的欲标数量、质量及其满足方式只要能够满足欲缺（匮欠）所代表的底线欲望（基本欲望度），那么，整个欲望系统就会达到一种舒适与平衡状态。一个社会能够保证民众的基本物质生活需求和精神生活需求，其实也就是满足了民众的底线欲望，这是维护社会和谐稳定的基础。

欲望动力心理学认为，人类的幸福指数最终是由其所能达到的欲望指数和情绪指数决定的。下面就分别阐述一下这三大指数及其关系。

一、欲望指数

我们把底线欲望作为一种基本的欲望指数，以此来衡量社会的和谐度和幸福度。就某一种特定欲望而言，计算欲望指数的公式可布列如下：

欲望指数 =[满足方式 /(目标满足度 - 自我匮欠度)]× 欲望重视度系数

对这个公式解释如下：

目标满足度等同于目标之所有，包括所拥有的目标的数量和质量；自我匮欠度等同于自我之所缺，包括匮缺大小等。当目标满足度大于或等于自我匮欠度时，表明匮欠已经被填平，自我已经获得了满足，欲望已经消失为零，自我已经游离了特定欲望系统，再寻求计算欲望指数的意义已不复存在。

所以，只有在目标满足度小于自我匮欠度时，整个自我才处于特定欲望系统之中，上述计算欲望指数的公式才具有现实意义。

这就意味着，欲望指数公式所计算的结果，在以负值呈现的时候，才具有真正的欲望意义。由此我们可以认定，在欲望系统之内，自我匮欠度是绝对的匮欠度，而只有在自我内在欲望系统与自我外在目标系统处于交叉状态时，“目标满足度 - 自我匮欠度”所体现的匮欠度则只能是相对的匮欠度。但不管是绝对的匮欠度，还是相对的匮欠度，都跟欲望指数成反比。

欲望的满足方式是由时空等因素决定的，可以比照物理学速度公式中所包含的意义即 $v=s/t$ 来分析，但针对以自我为中心的主观世界而言，对这个公式的理解需要提供不同的观照视角。

要知道，物理世界中的速度所描述的是以作为考察者的内在自我为中心，以外在时空距离实况为参照系，以被考察的外在物体目标为质点的运动速度，而主观世界中的速度所描述的是以作为考察者的内在自我为中心，以内在时空距离效应为参照系，以被考察者的内在自我欲望性目的为“质点”的运动速度。

即你的目的达到没达到、达到的速度是快还是慢，关注的根本点在于自我外在目标回馈于自我内在匮欠的速度和效果，而非在于自我与目标物之间的可见性时空速度，而是自我产生匮欠不适性感应与获得目标满足性感应之间的时空速度，两种感应都发生在同一个自我的特定质点上，所以空间距离可以忽略不计，而只有时间距离作为同一质点上两种感应的实质性间隔。

匮欠与目标一旦发生重合性反应，时空距离便彻底交叉为零，欲望随即因获得满足而消失。所以，我认为，自我欲望的满足速度，跟自我产生内在匮欠引起的不适感与自我获取外在目标引起的满足感之间的时间间隔成反比，时间间隔越长，获得满足的速度越慢，反之则越快。如果自我欲望用 x

表示，则：

$$v=x/t$$

从这个公式中可以看出，v 为欲望获得满足的速度；x 为欲望本身，实际数值等于匮欠的多少，可以代换为填充物目标的数量，以目标质量来表示即可；t 为匮欠获得目标填充的时间跨度，可以用自我发生匮欠时到自我获得满足时的相隔时间段来表示。当 t=0 时，就意味着没有匮欠感发生，没有欲望发生。但是，只要有匮欠发生，自我不适感与自我满足感之间便具有了时间意义和速度意义。这说明此公式只能在欲望系统中成立，只能在主观世界中成立，并作为计算和评估自我欲望满足方式的基本数据模型和理论依据。

欲望得到满足越快，意味着满足方式越好，越对自我有利，反之则越差和越不利，说明欲望指数与满足方式成正比。

如果欲望指数用 d 表示，满足方式用 v 表示，目标满足度用 x 表示，自我匮欠度用 y 表示，欲望重视度系数用 i 表示，则：

$$d=[v/(x-y)]\cdot i$$

按照上面对于满足方式的分析，得到 v=x/t. 则上述公式简化为：

$$d=ix/(x-y)t$$

一般地，对于个体自我某一种欲望而言，目标满足度与自我匮欠度应该是接近于相等的，比如一个人产生饥饿性匮欠，预计可用一个面包来充饥，即便有人给他送来十个面包，他也只能取一个面包即可达到饱食目的（底线欲望），这时 x-y=0，此时欲望消失，自我已经游离开欲望系统，再计算欲望指数已经没有实际意义了。

倘若他接着再多吃一个面包，x-y>0，这时计算的欲望指数只能是欲壑（超线欲望）意义上的欲望指数了。所以，在正常情况下，x 的最大取值只能接近于 y 的取值，即 x-y<0，表明人的欲望永远以负值的形态出现才具有真正的欲望意义。

而且，任何一个匮欠的绝对值都可以设定为一个常数 1 来表示，即 y=1，

而在 $x-y<0$ 的实有欲望系统中，x 的取值只能被限定在大于 0 和小于 1 之间，表明 x 作为目标满足性存在既不可能等于零（等于零欲望便会消失），也不可能小于零（小于零意味着没有目标，而没有目标的欲望是不存在的）。由此可以看到，x−y 在这里表达的是一种相对匮欠，其计算结果永远是一个小于 1 的负值，且原则上其绝对值永远大于零。这样一来，欲望指数公式便为：

$$d=ix/(x-1)t$$

上面的欲望指数公式涉及到两个运算单位，x 可以用质量单位来表示，比如克 g；t 表明人针对于任何目标质量的欲望满足都有实现的可能性，但只是时间问题。只因为人生有限，使得我们总会有许多欲望难以实现。公式中 t 的时间单位或用秒、分、时、日、月、年等均可，但根据不同欲望的性质，采用大的时间单位还是小的时间单位，取决于欲望属性和欲望间隔和循环周期。比如一饭之欲，可以采用小时为单位；再比如寻求职务高就的欲望，一般应采用年作为时间单位，其目标质量 x 可以将较高职务与较低职务所带来的直接或间接物质利益进行折算和冲减，即可获得基本数值。

另外，鉴于人们自身条件和观念条件的不同，对于同一目标资源所激发的欲望会有不同的重视程度。只有受到个体自我重视的欲望，才对个体自我更具有现实意义；对于个体自我不太重视或毫不以为然的目标资源，则对个体自我不会产生更多的现实意义。

所以，个体自我对于某种欲望是否重视，对某种目标资源是否重视，或重视到什么程度，直接影响到个体自我的欲望指数高低。对于欲望重视度系数的取值，可参见我在本章第三节中关于欲望重视度系数取值的设定。

按照这个公式计算，人的欲望指数有时可以出现正数，即当目标满足度大于自我匮欠度时，欲望指数为正，正欲望指数表明人的欲望处于超额满足状态，此时其实际欲望意义已经消失，只有欲壑意义在为欲望指数提供支撑；有时也可以显示为负数，即当目标满足度小于自我匮欠度时，则欲望指数为负，负欲望指数表明人的欲望处于自我煎熬状态，表明个体自我正处在闭合的欲望系统之中，在这种情况下，计算其欲望指数更具有现实意义。

相对于欲望人而言，匮欠和目标必须建立在知性基础上，必须建立在既有见识的范围内。否则，凡是超过欲望人的感知阈限和个体见识而存在的匮欠或目标，都不具有欲望性。因此也不应该被列入欲望指数的计算公式之中。

即是说，如果欲望人对于某种目标资源一无所知，便不会产生与这一目标资源有关的欲望，只有欲望人见识过的目标资源，只有被欲望人体验过了，看到了，听说了，知道了，那么，这个目标资源才可能具有特定欲望的期待意义，才可能引起欲望人的神经反应、意识反应，才可能影响到欲望人的心理活动和行为活动。

鉴于欲望具有间歇性休眠和周期性循环的基本特征，匮欠度的计算需要以一定的次数或时限作为节点。比如食欲的匮欠度，既可以以一次性食欲的匮欠度为衡量标准，也可以以一日三餐的食欲匮欠度为衡量标准，当然也可以以一周、一月、一年，或者三年、五年、八年、十年，或者以一个人一生的食欲匮欠度为衡量标准。

除此之外，欲望匮欠度的计算还要考虑到个体与群体之分别。我们大多数人并不是“一个人吃饱全家不饿”的单身贵族，在评估欲望匮欠度时，我们必然要以其一家人在某一个时段内的实际匮欠为一个单位或一个单元进行衡量。如果你是一位管理者或一个社会群体的头领，你还要考虑以某一个社会群体或某一个地区的全体民众在某一个时期内的实际匮欠度为衡量标准。这说明，匮欠度既要考虑次数，也要考虑时限周期，还要考虑具有欲望主体供养资格的群体性特征。

事实上，人类的每一种欲望都具有相应相宜的发生机制、满足路径和释放方式，对这种相应相宜关系，我称之为欲望原理。欲望既然是人的本性的根本内容和人格架构的基本支撑，那么发生各种欲望和满足各种欲望便是社会上每一个人最基本的人权，任何阻挠、遏制、压抑人类欲望的行为，都是反人性的、背人权的和撕裂人格的，所以也是不人道的、不正义的、不公平的。

这就是说，让每一个人每一种欲望都得到起码的尊重，让每一个人每一种欲望都能够得到及时而有效的满足和兑现，甚至可以任其膨胀，任其发泄，任其满足。这样做会有什么后果呢？社会上会不会到处都盈荡着贪污、受贿、偷盗、劫掠、凶杀、强奸、霸权、独裁等违背道德、伦理和法律的浊流呢？欲望动力心理学认为，放纵欲望相对而言并不可怕，恰恰相反，阻遏欲望的放纵、满足和释放才是最为可怕的。为什么要这样讲呢？

要知道，任何不合理欲望，任何超越常规的欲望，都无一例外地源自于负面的阻遏、限制、压抑、贬损和惩治。欲望作为能量在大脑中的特殊存在形式是可以发生转化的，某人吃不上饭的时候，他的食欲就会转化为对粮食的窃取欲或劫掠欲，如果满足他的食欲，他就会因“仓廪实”而“知礼节”，偷盗、劫掠的事件就失去了发生的动机。

性欲是人的本性的一部分，作为政府不可能强制性地给每个人都找到合适的配偶，但对于他们发泄和满足性欲的路径和方式却承担着提供基本路径的责任和道义。制欲之道就像治水之法一样，对于欲望之水既可以采取堵塞的办法，也可以采取疏导的办法。而中国的大禹之所以成为一代圣人，就在于他在那样一个水灾泛滥的年代，竟能够超越前人的思维而采取疏导的方式，从而实现了治水的目标。

一切犯罪都是欲望驱动下的犯罪，都是欲望诱使下的犯罪。当欲望得不到正当的满足，当欲望找不到正当的释放窗口和路径，当欲望遭遇压抑、阻遏、限制、惩治的强制力措施时，其不满情绪便会自然而生。

凡是欲望的，不管是膨胀性欲望，还是合理或不合理欲望，都是人性的本质内容，而且也都有其相应相宜的满足路径和发泄出口，之所以对有些欲望进行堵塞和压制，一方面可能源自于某些政府部门在当时环境下所具有的目标资源条件的有限性，一方面源自于管理者治理社会的理念可能是偏激的或错误的。

从社会发展史上看，没有任何一种欲望是不能给予满足的，至于那些杀人、放火的罪犯，其原始动机并非为了杀人放火，而是其某种现实的欲望受到了意外的阻挡和惩治而激发出来的畸形报复欲，这正是某种强制力或压迫力激发的反作用力造成的负向转化结果。

当然，至于那些病态的杀人狂则不应该被列入欲望原理的合理范畴之中，而应该当作病人去看待和对待。所以，为民众提供满足欲望的环境、条件、口径和路径是社会管理者的责任，而不是民众的责任。阻遏欲望、压制欲望和惩治欲望绝不是解决问题的最佳途径。民众因欲望而陷自己于被动，或者受到惩处，这在本质上说是无辜的。

作为管理者不应该要求民众只能产生甲欲望，而不允许产生乙欲望；只能允许满足甲欲望，而不允许满足乙欲望；或者是允许甲拥有某欲望和满足某欲望，而不允许乙拥有某欲望和满足某欲望；或者只允许甲欲望得到有限的满足，而不允许存在膨胀性满足，以致激发民众的不满，以致激发欲望发生不应有的、偏离正当路径的转化。这是问题的关键，也是造成社会动荡的根源。

换句话说，社会管理者的基本任务便是设法满足所辖民众的各种欲望，为其满足欲望提供便捷可行的路径，提供安全有效的方式方法，这是管理者天经地义的责任。只有这样，才能获得民众的支持和拥护，才能获得民众的爱戴和心甘情愿的追随与景从，天下才能太平永驻，国家才能长治久安，人民才能安居乐业。这一点可以上升为一种原则，我在这里称之为欲望管理原则。

从严格的意义上说，人类个体没有任何不合理的欲望。套用黑格尔的话说，只要是欲望的，便是存在的，只要是存在的，便是合理的。即便那些在我们通常业已形成的观念里，那些被我们批判的欲望，被我们反对的欲望，对他人对社会有害的欲望，包括膨胀的野心，放荡的情欲，荒诞的奢求，越轨的行为，以及永无止境的霸权统治，独裁专政，等等，其实都是从欲望的社会性标准上进行评价的，而不是以欲望者本人的个体性标准做出的界定。

凡是符合社会性标准的欲望都是合理的欲望，而社会上出现的所有不合理的欲望，几乎都是因为个体合理欲望被高度挤压或阻遏后而朝向负面畸形转化而来的，都是因为个体原始的合理的欲望受到挫折和打击之后而发生的欲望能量转化现象。经过转化后的欲望能量既可能形成对社会的消极的破坏力量，比如怠惰、罢工、偷盗、劫掠、强奸等社会性不合理欲望，也可能形成对社会的积极的推动力量，比如修身、上进、创造、发明等等。

考察所有霸权、独裁、堕落、放荡者的成长历史，都可以看到其早年产生的最基本的合理欲望遭受压迫或挫折的轨迹。这表明从个体性合理欲望转化到另一种形式的社会性不合理欲望，都自有其历史性的原因。

比如中国历史上北方少数民族的战争侵扰破坏了大汉民族的安全欲，破坏了皇上长治久安的统治欲，这种欲望最终转化为修筑万里长城的国防欲。这其间，究竟哪一种欲望是合理的，哪一种欲望是不合理的，似乎很难找到一个严格的评价标准。万里长城劳民伤财，无数贫民百姓为此付出了巨大的代价，这显然是不合理的。但是，它却给中原地区的人民带来了千百年的安宁，这又是合理的。而对于外族而言，又如何看待其合理与不合理的标准呢？所以，合理与不合理只能是相对的，唯有个体自我欲望的合理性才是绝对的。但是，即便欲望不合理，只要给予足够的满足，这个欲望主体也便会安宁下来和平静下来。

皇帝后宫佳丽三千人，是否是合理的欲望呢？皇帝的性欲没有那么强，佳丽们嫁给皇上的欲望未必来自于她们的性欲，而更有可能是来自于她们的生存欲、发展欲和安全欲。这些欲望在当时特定的历史环境条件下转化为嫁入皇门的享乐欲。转化之后，她们的生存欲、发展欲、安全欲也都一并得到了保障。假如那些贫寒子弟，都跟皇帝一样富有，都跟皇帝一样拥有正当的人权保障，那么，皇帝后宫 3000 佳丽，可能就会跑掉 2999 人。这说明欲望能量的社会性转化是使个体自我产生不合理欲望的根本原因之一。

从社会的总体发展而言，禁欲不如纵欲，但在社会发展条件尚不成熟的历史阶段，适度禁欲或适度纵欲或许自有其特定的治理功效。改革开放之初鼓励一少部分人先富起来，就是一种类似于“纵欲”的过程，实践证明，对社会的发展具有显而易见的推动作用。所以，欲望的合理性必须建立在合理的参照系中，这种参照系有时体现在欲望的平均加权上，有时体现在当时社会的平均欲望指数上。

二、社会平均欲望指数

根据上面计算欲望指数的公式，我们既可以计算某一社会个体的欲望指数，也可以计算某个社会群体的平均欲望指数，还可以计算整个社会的平均欲望指数。

其中，作为社会个体，什么东西有，有多少；什么东西缺，缺多少，每个人心里大概都有数。所以，个体欲望指数的计算不过是一道十分简单的算术题。但要计算群体的或社会更多民众的欲望指数就不是那么容易的事情了。原因在于我们站在某个群体或民众的局外，不但无法逐一造访调查，而且也更无法完全站进他人的欲望系统之中，因为他人的欲望不可能是全然公开的，其中必有一些是以一种不可告人的隐私的形式存在的。

我们作为局外人无法洞悉其内幕，更何况作为被考察或被评估的对象，能否真实和诚信地表达自己的欲望匮欠度或期待度也未可知。所以，计算群体或社会性欲望指数有时可能要依靠统计学获取相关数据并作出评估。这样，我们就可以得到群体或社会的平均欲望指数计算公式：

社会平均欲望指数 =[满足方式 /（社会人均目标资源欲望度 − 社会人均匮欠度）]× 欲望重视度系数

社会平均欲望指数的计算可以设定为一年（当然，根据调查者的目的，可以设定任何期限）。从上面这个公式可以看出，社会人均目标资源欲望度（简化为欲标数）= 社会资源总配置数 / 社会实际总人数；社会人均匮欠度 = 社会实际总人数的匮欠总和 / 社会实际总人数。

通常情况下，社会人均目标资源欲望度来自于社会管理者的管理数字或统计数字，其准确度比较高。而社会人均匮欠度，因为来自于对基层群众的调查和评估，其准确度与如下三个方面有关：一是与被调查者的诚信度有关，比如有的告之以欲缺数，有的告之以欲罄数，其差别是很大的；二是与被调查者的人数多少有关，通常情况下，被调查人数越多，社会人均匮欠数越接近实际值；三是与被调查者的现实生活状态和社会观念也有一定的关系，有的人胃口不高，知足常乐；有的人利令智昏，如蛇吞象，各有不同。对于欲望重视度的调查统计也基本遵循同样的道理。

当然，社会人均匮欠度也可以通过社会科学权威机构的评估来确定，这样，可能比单一地依靠调查和统计得来的数据更接近实际值，而且还要显得简单和省力得多。

作为社会个体，计算欲望指数的实际意义不大，而作为社会管理者或统治者，计算社会平均欲望指数的意义就显得尤其重要了。通过计算社会平均欲望指数，可以考察社会的需求度和满足度水平。从经济学角度上看，也可以借此考察经济供需平衡关系，以保证经济发展的长远规划；从社会学角度上看，可以借此考察社会和谐与稳定状况，从而有针对性和预见性地提高和调整社会管理水平；从心理学角度或政治学角度上看，可以借此考察百姓的生活满意度和幸福感，以便更准确地和更深透地了解民情、民生和民望，为获得老百姓真心实意的拥戴奠定良好的政治基础。

当然，社会平均欲望指数也是随着社会的文明进步和民众意识的觉醒而不断发展和变化的。如果说在饥饿的年代里，民众以吃得饱为满足的话，那么，在温饱年代则要以吃得好为满足了。一个乡下男子鉴于自己地位低下，处境卑微，颇有自知之明，认为能够娶到一个老婆就算烧高香了，至于老婆的性格、长相和其他条件似乎没有供他挑剔的资格。两人果真结婚了，他如愿以偿，倍觉幸福。两人生儿育女，男主外，女主内，甜甜蜜蜜生活了十几年，一直相安无事，幸福美满。

后来这个男子搞了一项重大发明，获得了巨大的成功，金钱无数，美女缠身，几年后，他渐渐发觉自己的结发妻子如今不但变成了黄脸婆，而且想起其年轻时的姿色气质也无法与身边的美女相比，于是其关于婚姻的欲望指数立刻发生逆转，很快起意离婚，而选择了一位更漂亮的美女结婚了。由此可见，人的欲望指数可以随着个人地位、处境、观念、境界的变化而变化，要想让一个人始终如一地拥有一颗海枯石烂和一成不变的心，该是何其难也。

但在社会实际生活中，不管是缘于个人能力方面的原因，还是缘于社会机缘方面的原因，或者缘于社会不公或腐败方面的原因，或者缘于地区差异方面的原因，或者缘于针对不同地区和不同人群分配规则和分配标准存在严重差异方面的原因，社会既有目标资源并不是平均发放给每一个人的。不同个体之间、不同家庭之间、不同群体或集团之间、不同地区的人员之间，不同级别的公职人员，其目标资源占有量等级分明，差别迥异，欲望满足水平相去甚远。这就使得所谓社会人均匮欠度的统计和评估很难实现严谨的科学化。

为了公平起见，我们还要侧重考虑那些低于社会目标资源平均值的人群数量，在一个腐败或分配不公的社会里，这部分人群往往占据绝大多数。比如在21世纪初叶的中国，一个亿万富翁所占有的目标资源，往往是社会平均目标资源的1000倍，如果按照统计学把这个亿万富翁统计为一个单独的社会个体，那么，就至少使得999个人吃了这种统计方法的亏。

为此，我们在计算社会平均欲望指数的时候，应该减去富翁们所占据的超过社会平均水平的目标资源数，不能将这部分资源无中生有地平均到那些穷苦的匮乏的人头上去，让他们在饥肠辘辘的条件下背负一个“有钱”的虚名是极不公平也是极不道德的。那么，如何将这种徒有虚名地计算在社会底层匮乏者账上的好处从欲望指数的公式中划出去，而代之以更科学和更实际的统计数字进行运算，应该是社会权威机构比较容易把握的事情。比如，我们可以利用二八法则，将富翁们所占据的目标资源量乘以20/100，以此作为社会个体的统计数字，计算在社会目标资源的总量里。虽然相对于社会平均值犹显得偏高，但这样打了一个折扣，也算比较趋于公道了。

现在，我们以欲望指数公式来分析一下人们在不同指数区段中的社会生活状态。

一为欲望和谐期，或欲望零和期。此期欲望指数接近于0，个体自我身心即将达到完全平衡的状态，也是趋近于最幸福的状态，或几近无欲无求、无烦无恼的状态。这时的人虽然很幸福，但由于没有太大的生活压力和心理压力，缺少欲望驱力作用，因此上进心一般表现不足，相对比较怠惰，慵懒，工作效率低下，思想观念不易更新，大家都比较恪守规矩。人与人之间虽能和睦相处，但往来较少，“万事不求人”，日常表现也很容易做到你谦我让，彬彬有礼。不过，大多数人在这个区间都还算自得其乐，他们随遇而安，且胆小怕事，很少冒险。一个人发展到这一欲望阶段，相对比较幸运，一个社会发展到这一欲望阶段，相对比较和谐，但社会发展却进入相对缓慢状态。

二为欲望顺随期，即欲望指数在大于 -0.5 而小于0之间，这时的人比较容易接受管理，他们虽然拥有一些基本的生存保障，但感觉尚不足备。他们对生活充满希望，觉得有前途，有干头，坚信目标能够实现。他们的表现比较乖顺、听话、服从，只要制定了满足欲望的竞合机制和游戏规则，并按照规则行事，他们就不会轻易采取对抗、顶撞和粗暴的方式满足自己的欲望。这个区间的人，文明教化很容易得到推进和认同，社会管理者一定要珍惜和利用好欲望顺随期的大好时机，最大限度地调动被管理者的积极性，以推动社会文明进程。

三为欲望危险期，即欲望指数在大于 −1 而小于 −0.5 之间，我们权且界定为欲望危险期。在这一时期的人处于物质非常匮乏或精神极度苦闷状态，幸福指数明显居于下位，此期为欲望的活跃期。但这个时期，人的思维和行为既是最活跃的，也是最好管理的，为了满足欲望，他们可能很愿意听从管理者的指挥，可以甘愿为某件事尽心，可以甘愿为某个人或某个组织效力，社会发展的脚步在这个时期也是最快和最有效率的。

但同时在这个区间中，人也很容易铤而走险，无所畏惧，什么事情都可能干得出来，为了争取获得欲望的满足甚至可以不顾及道德法律的底线。比如“饥民出暴徒”“禁欲出强暴”，再比如穷苦的人最容易被调动起来闹革命，“光脚的不怕穿鞋的”即为这一区间常见的社会表现。社会管理者和政治家，都应该特别关注欲望指数的危险区间，以免影响社会和谐与社会稳定。

但是鉴于欲无止境的特点，世上所有人的欲望指数都处在 0 位以下，在 −1 到 0 之间，蕴藉着人生与命运的无数感叹。

三、欲望重视度

一个人通常会拥有很多欲望，按照其属类可鉴别其重要程度和重视程度的不同。有的欲望得不到满足可能事关生命和生存，比如食欲中的食物匮乏，就会导致欲望指数偏低，幸福指数下降。也有的欲望得不到满足无关生命健康，无关生活大体，比如一场好看的球赛没有机会欣赏，虽然其欲望指数也同样小于 0，但对其幸福指数的影响却可能微乎其微。

一般地，人们对于以物质性目标作为填充物的生理性欲望的重视程度更高一些；以观念性目标作为填充物的精神性欲望，因非直接关乎生命健康，所以其重要程度也会偏低一些。但也并不尽然，有些诸如尊严欲、荣誉欲、嫉妒欲等，虽然属于心理欲望或精神欲望范畴，但不同的个体在不同的观念背景和环境条件下，可能会做出不同的选择，表现出不同的重视程度，有的可能“宁为玉碎而不为瓦全”，或者“杀身成仁，舍生取义”，其重视程度可能至高无上；有的可能视仁义道德情操骨气荣誉之类如敝屣，只要无关生命与生存，便觉得无所谓，不足惜，这种情况下，其重视程度就会很低。

这说明，在某一个时段，在不同人的心目中，针对同一种欲望，可能会具有不同的欲望级别列表，其欲望满足顺序是按照重视程度排列的。

我们可以把欲望重视度简单地划分为六个等级，即极度重视、非常重视、很重视、较重视、一般重视、不重视，并分别设定 5、4、3、2、1、0 六个数字作为欲望重视度的基本取值，将它们分别除以6则可作为欲望重视度系数。这样，极度重视度系数为 5/6，特别重视度系数为 4/6，很重视度系数为 3/6，较重视度系数为 2/6，一般重视度系数为 1/6，不重视的系数为 0/6=0. 其中重视度系数等于零的情况，属于无欲无求的状态，属于没有匮欠没有欲望的零和状态，意味着整个自我没有进入欲望系统之中，因此也不会有任何所谓“重视度”产生出来。

根据上面的欲望指数公式，我们既可以计算出个体某一属类欲望的欲望指数，也可以计算出人类十大基本欲望（参见《欲望与认知心理学》）的平均欲望指数。

比如，目标满足度的计算一般以个体资源可占有量为标准，对于全社会而言则以社会整体可供给量为标准；自我匮欠度则以个体需求量为标准，对于全社会而言则以社会整体需求量为标准。这样，针对于某一个人的欲望指数和针对于某一个社会的欲望指数便都可以进行计算了。

一般地，我们可以根据社会的文明程度和基本现状而列出全社会共同关注的主要欲望属类，并排出顺序，分别计算其欲望指数。欲望指数趋近于 0，全社会的幸福指数处于高位，社会趋于和谐稳定，欲望指数越小于 0，幸福指数越处于低位，越不利于社会和谐与稳定。

我们通常不可能计算人的所有欲望的欲望指数，比如看一场电影、玩一次游戏、吃一顿饭、喝一杯水、结交一个朋友、听到一句赞美等等，不可能都列为欲望指数的计算公式里去，那就会显得麻烦而且缺乏欲望指数评估的普遍意义了。

但在实际生活中，人们的欲望匮欠经常被欲壑所掩盖和所替代，这就使得人们的欲望指数总是表现为明显偏低的倾向。

欲壑代表的是超线欲望，即欲值超过欲缺限度而满足整个欲壑所指向的欲望。满足超线欲望是人们寻求利益最大化和索取无度、追求无止境的根本动力，也是造成资源浪费、社会不公和个人幸福指数下降的重要原因之一。

四、情绪指数

人的情绪源自于欲望的驱力作用，没有欲望驱动的情绪是不存在的。按照欲望指数公式，我们可以推导出情绪指数：

情绪指数＝欲望指数 × 欲望重视度系数＝[欲望满足方 /(目标满足度－自我匮欠度)]× 欲望重视度系数^2

设情绪指数为 f，按照欲望指数公式可得：

$$f=i^2x/(x-1)t$$

这说明，情绪指数与欲望目标成正比，与欲望重视度系数的平方成正比，与相对匮欠度和欲望满足时间成反比。即欲望指数越高，欲望满足水平越高，欲望主体越舒适，越快乐，此时情绪指数接近于 0，重视程度越高的东西越容易引起欲望主体的注意、兴趣和情感倾向，且人类对于自己特别重视的欲望常常会产生双倍于实际匮欠的欲壑，即对于倍感兴趣的东西总会在不自觉之中产生双倍加大的趋向；同时匮欠度越大，欲望主体的情绪越差，情感倾向越趋于消极，此时情绪指数就会比 0 位越低。

在情绪指数的计算公式中，唯有欲望重视度系数是一个虚拟的数字，但这个系数却具有实实在在的意义，因为每一个人都能够按照自己的实际境况、客观需要、人生观念、价值观念、生活习惯、以及个人爱好、情感倾向而设定和排列出属于自己的需求顺序和重视程度来。

就某一属类的欲望而言，其情绪指数值越小，说明其自我匮欠度可能越大，或者满足度过小，这就意味着该欲望引起的情绪越低迷，越悲观，越消极，越躁动，越激烈，越容易被激化成悖逆社会和谐与稳定的负面行为力量。其情绪指数值越高，说明其目标满足度越高，或者欲缺匮欠度越小，这就意味着该欲望引起的情绪越高昂，越积极，越乐观，越愉快，越容易成为促进社会和谐与稳定的正面行为力量。

一般而言，即便在欲望指数有一定波动的情况下，通过情绪指数公式也可以看出：凡是重要的欲望（即重视度高的欲望）总能带来更激烈和更急切的情绪反应；凡是次要的欲望（即重视度低的欲望）通常只能引起更柔缓和更平和的情绪反应。

根据情绪指数公式，每个人都可以依据自己的欲望列表而计算和分析一下自己近一个时期以来的情绪问题，既可以计算和分析一下每一种欲望引起的情绪反应，也可以计算和分析一下若干关键欲望所引起的情绪指数的平均值。以便更好地把控自己的情绪波动，并尽可能理性地处理好欲望与情绪之间的关系。

人的情绪与欲望的关系十分微妙。一方面，欲望可以激发情绪，凡是有利于增强正欲望的事物目标，都会给欲望主体带来积极的、乐观的正情绪反应；凡是引起和促使负欲望的发生或者妨碍、阻止正欲望实现满足的对象或事件，都会给欲望主体带来消极的、悲观的、抵触的、不良的负情绪反应。另一方面，情绪又会反过来影响欲望的方向、程度、态度和行为方式，良好的情绪起到推动、促进、提升和增强即时性相应欲望的作用，使得针对于这一欲望的态度更积极，行为更主动，要求更急切，而不良情绪则会降低、减退、扭转和改变即时性相关欲望的方向和行为方式，使得针对于这一欲望的态度由热变冷，追求进度由急变缓，甚至在欲望方向上发生程度不同的改变。比如由爱变恨，由喜变怒，由好变坏，由亲变疏，由合变离，由近变远。

我们都曾遇到过这种情况，参加某个活动的兴趣（欲望）被人泼了一瓢冷水，使得大家情绪低落，扫兴而归，对整个活动不再抱有好感，不再抱有激情。还有的时候，我们也许经历过，当坐在餐桌上食欲正浓、酒兴正酣之时，偏偏遭人羞辱了一番，使得我们的食欲大减，酒兴回落，以致情绪愤懑，怒目圆睁，拍桌甩袖离席而去。生了一肚子气（情绪），哪里还有心思吃饭（食欲）和喝酒（饮欲）呢？但这种不愉快的经历会变成一种激励，在一定程度上改变欲望主体的某些观念，使得欲望主体很可能会沿着被羞辱的相反的方向产生强劲的成全自我的意志力，甚至有可能会变成一种抱负而矢志不渝，刻骨铭心。

还比如一对男女夜晚正在享受床第之欢，恰恰在雨腻云香之时，突然有一伙盗贼破窗而入，手举大刀巨斧悍然闯到床边，这时男女二人渐已进入高潮的性欲哪里还会保持得住？恐惧、疑惑、愤怒的情绪反应立刻把荡漾的性欲彻底扫除了，但这样的经历也可能会改变他们的世界观，使得他们不得不产生和增强了与其所遭遇的不安全事件相反的安全意识和防范心理。这足以说明，对于欲望而言，情绪相当于一种特殊的力量，对欲望具有推与拉的作用，好的时候则向前推，坏的时候则向后拉。由此我们发现了情绪与欲望之间的奥秘，即情绪的波动对于欲望而言，在程度上具有增强与减弱、提升与降低的作用，在方向上具有推进与拉退、逆转与改变的作用，在心理上具有潜在的正向激励和反向激励的作用，我们将情绪对于欲望的这三大作用统称为情绪与欲望互激效应。

在现实生活中，情绪与欲望互激效应十分常见，男女做爱时在性欲方面的表现尤其显著，一旦有某句话、某件事、某个动作而使得某一方的心情、情绪忽然变坏，烦躁的心情，恼怒的情绪就像一瓢冷水一样，使得原本旺盛的性欲之火立刻被浇灭了，几乎在几秒钟之内，性的兴致便会荡然无存，这就是情绪的力量，这就是情绪与欲望的互激效应使然。

五、幸福指数

社会管理者不但要密切关注人们的欲望指数，也要关注人们的情绪指数，同时还要藉此关注一下人们的幸福指数。原不丹国王吉格梅·辛·旺楚克曾提出国民幸福指数（GNH）概念，他认为“政策应该关注幸福，并应以实现幸福为目标”，人生“基本的问题是如何在物质生活（包括科学技术的种种好处）和精神生活之间保持平衡”。在这种执政理念的指导下，不丹创造性地提出了由政府善治、经济增长、文化发展和环境保护四级组成的“国民幸福总值”（GNH）指标。

如果说“生产总值”体现的是物质为本、生产为本的话，“幸福总值”体现的就是以人为本。时任世界银行主管南亚地区的副总裁西水美惠子对不丹的这一创举给予了高度评价。她说，完全受经济增长左右的政策往往使人陷入物欲的陷阱，难以自拔。几乎所有的国家都存在相同的问题，但是我们决不能悲观。因为“世界上存在着唯一一个以物质和精神的富有作为国家经济发展政策之源，并取得成功的国家，这就是不丹王国。该国所讴歌的‘国民幸福总值’远远比国民生产总值重要得多”。

如果说 GDP（国内生产总值）、GNP（国民生产总值）是衡量国富、民富的标准，那么 GNH（国民幸福总值）便是一个衡量国民幸福快乐的标准。有人认为，幸福感可以理解为满意感、快乐感和价值感的有机统一。

本书侧重研究的是个人幸福指数，并设定了幸福指数的计算方法。但基于对幸福指数的不同理解和界定，人们对幸福指数的数学解释却各有偏重，各循一理。正如有人所认为的那样，幸福感是一种心理体验，它既是对生活的客观条件和所处状态的一种事实判断和体验，又是对生活的主观意义和满足程度的一种价值判断和感受。幸福指数是社会个体对自我生存状态做出的一种集客观处境与主观感受于一炉的舒适性评价和程度性判断，并将这种评价与判断设定和签注为具有一定衡量标准的指标数值。

我认为，幸福是个体自我对于欲望满足及其满足过程的切身体验。根据我在上文提到的舒适二感同一律原则，幸福指数是主体对客观世界的神经感觉性舒适与对主观世界的心理感受性舒适的总和。不管是神经感觉性舒适，还是心理感受性舒适，二者都离不开一个“感”字，这个“感”字，在幸福感的概念之下，不但含有感觉、感受之意，而且还含有感应、感情、心情和情绪等诸多主观内容。这样，按照欲望动力心理学理论就可以得到幸福指数的简单计算公式：

幸福指数 = 欲望指数 + 情绪指数

设幸福指数为 h，按照上面欲望指数和情绪指数公式，则：

$$h= ix/(x-1)+i^2x/(x-1)t$$

简化后可得：

$$h=ix(i-1)/t(x-1)$$

这个公式表明，幸福感既与欲望有关，也与心情（情绪）有关，或者说与欲望重视度和欲望满足度时间有关。当幸福指数趋近于 0 时，个体自我的幸福感较强；当幸福指数明显小于 0 时，其幸福感会变得越来越差；如果一个人的情绪指数大于欲望指数时，表明此人即便在某种欲望得不到满足的情况下，也可能依然拥有一份好心情，其幸福指数也未必绝对很差。

人对于幸福感的认识和判断自始至终都是相对的，不会是绝对的。除了个别事关生死存亡的事件之外，并不是有了什么或多了什么便一定是幸福的，而没有什么或少了什么便一定是不幸福的。幸福是一种心情，一种心境，这种心情或心境与个体自我对某个事件某个欲望的重视程度不无关系，重视的和在乎的东西才能带来幸福感或不幸福感，而主体不予重视不予在乎的东西，即便堆积如山，天天摆在眼前，也不会给人带来多少幸福感。

根据一个人的欲望指数，可以判断这个人的心理舒适程度和满足程度；根据一个社会的欲望指数，可以判断这个社会的和谐程度和稳定程度。就整体状况而言，欲望指数越低，社会的和谐度越差，稳定度越低，反之则越好和越高。

根据一个人的情绪指数，可以考察其脾气秉性、格调涵养以及管控情绪的能力。根据一个社会的情绪指数，可以分析和判断这个社会的和谐程度和稳定程度。

根据一个人的幸福指数，可以推测这个人的客观状况、主观状态、思想境界和生活态度。根据一个社会的幸福指数，可以分析和判断这个社会的和谐程度、稳定程度、文明程度、经济发展程度、政治治理水平和文化发展水平。

幸福感是一种主观心理感受。自 20 世纪 60 年代以后，心理学家对于主观幸福感的探讨更多地来自生活质量、心理健康和社会老年学三个学科领域。由于社会学家和经济学家陆续加入幸福感研究的行列，幸福感的丰富内涵和表现形式获得了更多的观照视角。

从严格的心理学意义而言，一切主观感受都是个体自我的心理感受，社会群体并不具有心理感受性。所谓社会性的主观也仅仅是无数个体之主观的简单相加，对于一个具体的个体的人而言，社会性的主观感受仅仅是一种作为对象性他者的客观存在，社会群体中每个人的心理感受具有相互影响、相互感染的作用。

生活在同一个社会群体中，某些人可能是幸福的，而另一些人可能是不幸福的，甚至某些人的幸福可能是建立在其他人的痛苦之上的幸福。如果社会学家把幸福感平均计算，那么，对于不幸福的那一批人就是不公平的。这就像在统计学上计算一个社会群体的平均工资一样，有极少数中的几个人年薪上千万元，而更多的人年薪只有三万元，如此计算出来的平均工资对于低收入者不啻为一种亵渎和羞辱。所以，社会幸福感不过是一个虚拟的概念，并不具有真实的个体心理感受性，而只能作为统治者或社会管理者对于辖区社会基本和谐度的宏观衡量指标。

作为社会心理体系一部分的幸福感，受到许多复杂因素的影响，主要包括：政治因素，如民主权利、参与机会等；经济因素，如收入水平等；社会因素，如教育程度、婚姻质量、人际关系等；文化因素，如价值观念、传统习惯等；心理因素，如民族性格、自尊程度、生活态度、个性特征、自我成就动机等。

此外，人的主观幸福是一个自我封闭性指标，具有相对性特征，其与个体认知水平、视野见识密切相关，外在社会性环境和社会关系对于个体幸福感的形成具有绝对的影响作用和调控作用。比如在一个封闭的社会中，由于缺乏与其他社会之间的比照，尽管这个社会的物质发展水平不高，但由于心理守常和习惯定势的作用，其成员缺乏比较性参照系，常常会表现出自得其乐的幸福感；而一个处在开放的社会，面对外来因素构成了比较性的新的参照系，因此，其成员的幸福感便可能呈现下降之势或上升之势，其原有的幸福观念和幸福指数受到了前所未有的冲击。

我认为人类的一切主观内容都是后天形成的，都是在后天成长过程中，主体自我通过神经智能对于外在事物所形成的影像信息资料而产生的具有特定欲望指向的意志、意识和观念，而人的主观幸福感就是一种具有特定欲望倾向的自我体验和自我评价。我们知道，按照欲望定理，人类欲望总是朝着更高、更好、更全面、更完美、更实惠、更安全、更有益、更便捷的方向发生和发展的。而且，这种方向的产生必然经历社会横向性或自身纵向性的比较过程，从而在好和坏、优和劣、尊和卑、高和低、显和隐、利和弊之间做出选择。而只有实现了优越的如愿的选择才能产生幸福感。

比如个体自我安全感即是构成其幸福感的重要指标之一，安全感来自于个人对于自我认同的连续性以及对于所处自然环境和社会环境表现出的信心。这种源自于人和物的可靠感，对于形成个体的信任感是极为重要的，而对于外在世界的信任感，既是个体安全感的前提，也是个体抵御焦虑并产生主观幸福感的基础。

幸福指数是描述和评价个体心理状态的“晴雨表”，也是分析和判断社会发展状况及其问题的“风向标”。社会心理体系不仅包括理性层面的认知评价内容，也包括感性层面的情绪感受内容，在幸福感中情绪感受这一感性层面常常占据主导地位。

所以，对于幸福的理解涉及哲学、心理学、社会学、经济学、政治学、文化学、认知神经科学等多个学科。鉴于人们对于主观世界的构成要件缺乏实际可操作的物理性测量手段，所以，我们借用幸福感概念只能更理性地分析和评价本体自我的心理感受和生活体验，而很难有效地介入社会上其他人的主观领域，或利用数学方法给出精准的计算数据。一些通过调查问卷的方式或统计学原理来推定社会上某个人或某些人的主观幸福感，对于某个特定个体自我而言，显然不具有足够的代表性和可信度。

以上由我设定的有关于欲望指数、情绪指数、幸福指数的三大公式，另加社会平均欲望指数公式,在我来说不过是一家之言而已,缘于我的个人职业经历、学识水平、研究条件和创作时间所限，其中难免存在考虑不周详或推演不严谨之嫌，其科学性和实用性有待后学者做出进一步的论证和验证。

我想，对于构成人类心理世界的组元及其关系的描述，只有设法转换到物理世界的数学计算系统中来，才能更精准和更有效地揭示出它们之间内中隐含的运动规律和转化原理，并作为科学工具运用到社会实践中来。

后　记

当我创作完成《欲望动力心理学书系：欲望的世界》这一百多万字的书稿之后，疲倦地打上最后一个句号时，心情倏然感受到了一种莫大的轻松和解脱。好像从此以后，我终于从欲望的世界里逃离出来，再也不必为人的欲望问题而焦灼和纠结了。

要知道，我在整个前半生的五十多个年头里，差不多每一天都被各种各样的欲望包围着，蛊惑着，困扰着，差不多每一天都有自己的欲望与别人的欲望交叠在一起，纠缠在一起，振荡在一起，搅得我心乱如麻，躁动不安，压得我常常喘不过气来，笑不出声来。这也许是我决定把欲望这根硬骨头啃烂嚼碎的原因。现在是啃完了，嚼完了，似乎也到了该向欲望告别的时候了。

想到本书系的写作过程，与其说是一种创作，不如说是一场修炼。但真正修炼到彻底告别欲望的程度，目前似乎还真是做不到。因为我们都活在欲望的世界里，在欲望的世界里兀兀穷年，疲于奔命。欲望是伴随人生之始终的魔咒，你不从这个世界上灭失，它就一直缠着你不放。不论你，不论他，不论我，任谁都不能幸免。

不过，我想大概也不必如此悲观。我们正是因为每天都活在欲望的世界里，每天都受到欲望的驱策，才使得我们活得有声有色、有滋有味、有情有义，才使得我们不断参与社会的合作与竞争，才使得我们不断追求人生的幸福和满足，才使得我们不断寻求和感受人生的意义之所在。

关于人类欲望问题，几乎每一位哲学家和心理学家都或多或少地做过程度不同、角度不同和观点不同的讨论。但到目前为止，基于我个人的阅历所限，还没有看到任何一部长篇大论和穷原竟委的专著。本书系的写作经历了八年的时间，我为此也付出了不少精力和代价，如能引起相关领域的专家和学者给予热心关注、支持、赞导和批评，我将足以欣慰并感戴不尽。

这里还需要特别说明的是，为了阐述问题起见，我还在本书系中绘制了上百幅图片，试图对一些抽象、玄奥、高深的欲望问题做出形象化和视觉化的解读，其效果如何相信读者诸君会看得明白。其中也有个别几幅引自于网上现成的图片，这几幅图片连同内文中引用和借鉴的一些专家或学者的优秀理论观点，对于我阐述欲望问题起到了很好的启发作用和支撑作用，由于无法与作者取得联系，我对此深感不安，并致歉意。如日后有机会取得联系，我将合理支付报酬，表达我对他人劳动成果的理性尊重。

另外，鉴于近年来国内学术环境和图书市场出现的一些乱象，让我产生了一些令人尴尬的联想。所以我不得不在此做出一个简短声明：本书系为原创作品，凡引用本书系观点，敬请注明出处！本书系作者愿意看到正当的学术讨论、引用或翻译。凡未合理注明出处的，或对本书系内容进行改写并将本书系观点当作自己的观点进行发表的，将视为抄袭或篡改。一经发现，将追究其法律责任。

本书系虽为学术专著，但考虑到内中所阐述的欲望事件与每个人的一生都息息相关，所以，在写作手法上，我尽量避免使用高深的专业术语，力求把问题阐述得简单浅近，通俗易懂。所以，本书系既适合有志于从事心理学领域研究工作的同仁作学术讨论之用，也适合那些拥有普通学历的心理学工作者、心理咨询师、教师、大学生、一般爱好者或为自我心理问题长期受到困扰的人士阅读，但愿每个人都能从中受益。

作　者

2017 年 4 月于北京

张振学

1962年生，辽宁人
做过教师，记者，编辑
出版过多部社会科学类著作
作品多次荣登全国畅销书排行榜
后常年从事欲望心理学研究工作
创建了欲望动力心理学
欲望层次心理学
欲望场心理学
质能结构主义心理学
以及现代量子心理学理论
首开上述理论领域研究之先河

扫描下面微信二维码可直接与作者取得联系